流域分布式侵蚀产沙模型研究

袁再健　著

国家自然科学基金项目

广东省科学院引进高层次领军人才专项资金项目　　资助出版

广州市科技计划项目

科学出版社

北　京

内 容 简 介

土壤侵蚀预报模型是评价水土流失状况、进行水土资源管理有效的技术工具。本书主要论述流域分布式侵蚀产沙模型实例。全书主要包括以下内容：第 1 章全面回顾和总结国内外水蚀预报模型研究进展；第 2 章介绍主要研究区及数据来源问题；第 3 章探讨侵蚀产沙的尺度问题；第 4~5 章分别构建鹤鸣观小流域、李子口小流域与崇陵小流域分布式侵蚀产沙模型；第 6 章基于分布式模型，探讨紫色土地区泥沙输移比；第 7 章论述水土保持措施的减水减沙效益及土地利用/覆被对土壤侵蚀的影响；第 8 章基于模型，探讨土地利用变化情景下的流域产流产沙。书中运用大量的实际资料，内容丰富，并且所构建的模型操作简单、易于推广。

本书可供从事水土保持和环境治理、自然地理学、国土整治、生态环境保护研究的科技工作者与高等院校相关专业的师生使用。

图书在版编目（CIP）数据

流域分布式侵蚀产沙模型研究/袁再健著. —北京：科学出版社，2017.1
ISBN 978-7-03-051571-1

I.①流… Ⅱ.①袁… Ⅲ. ①流域–侵蚀产沙–试验模型–研究 Ⅳ.①P512.2

中国版本图书馆 CIP 数据核字(2017)第 014481 号

责任编辑：万　峰　朱海燕 / 责任校对：何艳萍
责任印制：肖　兴 / 封面设计：北京图阅盛世文化传媒有限公司

科 学 出 版 社 出版
北京东黄城根北街 16 号
邮政编码：100717
http://www.sciencep.com

新科印刷有限公司 印刷
科学出版社发行　　各地新华书店经销

*

2017 年 1 月第 一 版　　开本：787×1092　1/16
2017 年 1 月第一次印刷　　印张：10 3/4
字数：254 000
定价：79.00 元
(如有印装质量问题，我社负责调换)

序

    很高兴能提前阅读该书，尽管只是粗读，但感觉很不错，有一些新意之处，相信该书的出版对推动我国土壤侵蚀与水土保持学科的模型研究与发展大有助益。

    分布式侵蚀产沙模型是土壤侵蚀研究领域的热点与发展方向。由于侵蚀产沙过程的复杂性，发达国家往往动员大量的人力物力，基于长序列的观测数据，多部门共同研发了 USLE、WEPP、EUROSEM 等模型。我国自 20 世纪 50 年代开始研究土壤侵蚀预报模型，到目前为止，已有很多土壤侵蚀经验模型问世，但尚未取得能和 WEPP、AGNPS 等媲美的侵蚀产沙模型，并且由于国内缺乏大量的观测数据验证，国外的模型不能直接应用到我国的大部分地区。该书较系统地介绍了广东省生态环境技术研究所袁再健教授近年来在分布式侵蚀产沙模型方面的相关学术积累和研究成果。作者着眼于不同地区和下垫面条件的差异性，分别建立了适合于四川紫色土地区和海河流域土石山区的分布式侵蚀产沙模型，并且把模型运用到流域泥沙输移比和土地利用变化情景分析中，在科学理论和实践应用上均有其创意特色和新意之处，这是难能可贵的。相信这些研究成果对区域水土保持治理和环境保护实践将大有裨益。

    袁再健教授是我 10 年前的博士生，他在博士生学习期间就表现出很好的科研素质与创新能力，以及为人谦和的品质，近 10 多年来，他在博士学位论文的基础上，开拓进取、孜孜不倦，始终坚持在水土保持与生态水文研究的第一线，我很赞赏他奋发图强的治学精神和坚忍不拔的毅力。一分耕耘一分收获，该书凝聚了他多年来的辛勤、执着与智慧，其付梓问世也使我备感欣慰。祝愿袁再健教授在以后的研究工作中"百尺竿头，更进一步"！

    谨写以上些许文字为序。

蔡强国

申猴年夏晴佳日于中国科学院地理科学与资源研究所

前　　言

　　土壤侵蚀产沙模型是进行水土资源管理、定量评价水土保持效益的有效工具。电子计算机技术和地理信息系统（GIS）技术的快速发展，为数据的提取、储存、处理和计算提供了灵活方便的手段，分布式侵蚀产沙模型成为当今土壤侵蚀领域的研究重点与发展方向。但目前国内的侵蚀产沙模型多为经验模型，其通用性不高，分布式侵蚀产沙模型并不多见，并且研究区集中在黄土高原，模型的推广受到限制。分布式侵蚀产沙模型以流域网格（或地块）为计算单元，在每个计算单元上进行参数的输入，然后依据一定的数学表达式来计算，并将计算结果推算到流域出口，得到流域土壤侵蚀产沙总量。可对流域内任意一个计算单元进行产汇流、产输沙模拟和描述，相对于经验模型而言，其运行结果可信度、通用性更高。

　　四川紫色土地区和海河流域土石山区都是我国水土流失较为严重的区域，在博士学位论文《基于 GIS 的四川紫色土地区典型小流域分布式侵蚀产沙模型研究》的基础上，在国家自然科学基金项目（40901130）"大清河山区分布式侵蚀产沙模型的构建与空间尺度转换研究"、广东省科学院引进高层次领军人才专项资金项目（2060599）"农田土壤重金属污染防治技术研发与产品创制"（粤科院人字[2015]20 号）与广州市科技计划项目"广州海绵城市建设背景下的面源污染过程模拟与防治措施研究"的支持下，以四川紫色土地区与海河流域土石山区典型小流域为研究对象，基于计算机 VB 编程与 GIS 技术，系统研究小流域分布式侵蚀产沙模型，基于分布式模型探讨小流域泥沙输移比，并分析不同土地利用变化情景下的流域产流产沙特征。

　　我国土壤侵蚀产沙模型研究已经走过了近 60 年的发展历程，但由于土壤侵蚀过程的复杂性、实际观测与室内试验存在诸多困难，土壤侵蚀产沙模型研究滞后于生产实践的需要。侵蚀产沙预报模型的研发是一个庞大的科学系统工程，涉及土壤侵蚀与水土保持学，水文学、水力学、泥沙运动学、土壤学、GIS、计算机等多个学科。希望本书能对我国水土保持与环境治理工作有所裨益，对促进区域农业可持续发展有所帮助，对国内分布式侵蚀产沙模型系统研发有所启迪。

著　者

2016 年 8 月于广州

目　　录

第1章　侵蚀产沙模型研究进展

土壤侵蚀是指土壤及其母质在水力、风力、冻融或重力等外营力作用下，被破坏、剥蚀、搬运和沉积的过程。土壤在外营力作用下产生位移的物质量，称为土壤侵蚀量。在特定时段内，通过小流域出口某一观测断面的泥沙总量，称为流域产沙量。土壤侵蚀是土地退化的主要原因，是世界性的环境问题。当前，世界各国都遭受到不同程度的土壤侵蚀，而中国是土壤侵蚀最为严重的国家之一（张建波，2009）[①]，遥感监测结果显示，2010 年我国土壤侵蚀轻度以上面积达 $4.78 \times 10^7 \ km^2$，占全国监测总面积的 50.26%（张增祥，2014）。

土壤侵蚀预报模型是评价土壤流失状况及其对环境和农业长期生产力的影响，并进行土地资源管理和农业生产管理的有效技术工具（刘宝元等，2001）。国内外已对其进行了大量研究，并取得了大批研究成果。但目前国内的侵蚀产沙模型多为经验模型，分布式侵蚀产沙模型并不多见，并且研究区集中在黄土高原，模型的推广受到限制。分布式水文泥沙模型可反映时空变化过程，可对流域内任意一个计算单元进行产汇流、产输沙模拟和描述，其成为当今土壤侵蚀领域的研究重点与发展方向（蔡强国等，2006）。

1.1　侵蚀产沙模型分类

目前，国际上侵蚀产沙模型可做如下分类。

（1）就应用规模和尺度而言，模型主要有坡面模型（hillslope model）、流域模型（watershed model）和区域模型（regional model）。

（2）就模型建立的途径和所模拟的过程而言，模型通常分为经验模型（empirical model）或黑箱模型（black-box model）、物理模型（physically-based model）或过程模型（process-based model）、概念模型（conceptual model）或随机模型（stochastic model）（merritt et al.，2003）。经验模型是在一定条件下，以实地观测或实验数据为基础，基于统计方法建立的经验关系式，只是将输入的数据通过一定的算法转变为输出结果，而对物理过程缺少描述，因此经验模型也常称为黑箱模型。物理模型模拟的是整个事件或系统的过程，这种模拟方法采用的是原理和理论的推导，而不是过程的简化。模型的物理参数可以通过实测获得，也可以通过方程求得。概念模型是按成因分析建立的概念性流域产沙数学模型，即侵蚀产沙的理论模型，它能较好地反映侵蚀产沙机理，所考虑的因素较为全面、合理。概念模型与经验模型和物理模型不同，它能阐明一种机制或过程，粗略地说，也可以是物理模型，但是物理过程不明显。

（3）按模型模拟对象的不同，可分为基于场次的模型（event-based model）和连续

① 张建波. 2009. 基于 DEM 的流域地貌形态特征量化及侵蚀产沙模型研究.武汉：华中农业大学硕士学位论文.

模型（continuous model）两类。基于场次的模型用作在设计暴雨条件下，流域管理措施对流域径流的影响，在模型中一般不考虑土壤水分蒸腾损失和作物因子，但需要对土壤湿度、地表状况进行初始设定。而连续模型则是对流域管理各种措施对径流长系列的影响进行模拟。连续的时间模型需要自然子流域的边界条件，从而需要较多的子流域输入参数。

（4）按模型模拟结果的行为描述，又可将模型分为集总式模型（lumped model）和分布式模型（distributed model）；集总式模型通常描述流域侵蚀产沙的总体行为，而分布式模型可以描述流域侵蚀产沙的空间分布过程。集总式模型把影响过程的各种不同参数进行归一化处理，进而对流域侵蚀过程的空间特性实行平均化模拟，其模型结果不包含流域侵蚀产沙过程空间特性的具体信息。这类模型所采用的实际上是一种经验方法，所以其精度较低，通用性不高。分布式模型所需数据量大，模型充分考虑到流域各个子因子的空间差异性，将流域细化为多个连续的小单元，不同单元中的流域因子不同，而每个单元流域因子近似相同。因此，模型可以反映时空变化过程，可对流域内任一单元进行模拟和描述，从而将各个单元的模拟结果联系起来，扩展为整个流域的输出结果，同时还能兼容小区试验分析得出的关系，能更恰当地模拟流域的自然时空过程，其运行结果可信度也较高，是侵蚀产沙模型的发展方向。

1.2 国外主要侵蚀产沙模型

1.2.1 USLE 模型和 RUSLE 模型

美国通用土壤侵蚀模型（universal soil loss equation，USLE）是土壤侵蚀研究过程中一个伟大的里程碑，是国际上影响最大的土壤水蚀模型。它是由 Wischmeier 和 Smith（1960）在对美国东部地区 30 个州 10000 多个径流小区近 30 年的观测资料进行系统分析的基础上得出的，其方程如下：

$$A = R \times K \times LS \times C \times P \tag{1-1}$$

该方程比较全面地反映了影响坡面土壤侵蚀主要的自然与人为因素。式中，A 为单位面积上时间和空间平均的土壤流失量，单位取决于 K 和 R 的单位，实际应用时为美制单位 ton/（acre·a）[1] [美吨/（英亩·年）]，国际制单位 t/（hm²·a）[吨/（公顷·年）]，以采用美制单位为主；R 为降雨–径流侵蚀力因子，它是降雨侵蚀力同时考虑融雪径流侵蚀为因子，美制单位为 100ft·tonf·in/（acre·h·a）[2] [百英尺·美吨力·英寸/（英亩·小时·年）]，国际制单位为 MJ·mm/（hm²·h·a）[兆焦耳·毫米/（公顷·小时·年）]；K 为土壤可蚀性因子，由标准小区测得某种给定土壤单位降雨侵蚀力的土壤流失速率，美制单位为 ton·acre·h/（100acres·ft·tonf·in）[美吨·英亩·小时/（百英亩·英尺·美吨力·英寸）]，国际制单位为 t·hm²·h/（hm²·MJ·mm）[吨·公顷·小时/（公顷·兆焦耳·毫米）]，标准小区定义是 22.1 m（72.6 ft）长，坡度为 9%，无作物种植的连续光板耕作休闲地；L 为坡长因子，指某一坡长的坡

---

① 1ton=907.18474kg；1acre=0.404856hm²。
② 1ft=0.3048m；1tonf=9.80665×10³N；1in=2.54cm。

地产生的土壤流失量和同样条件下 22.1 m 坡长的坡地产生的土壤流失量之比；S 为坡度因子，指某坡度的坡地产生的土壤流失量与其他条件相同情况下 9%坡度的坡地产生的土壤流失量之比；C 为覆盖–管理因子，指一定覆盖和管理水平下，某一区域土壤流失量与该区域犁耕-连续休闲情况下土壤流失量之比；P 为水土保持措施因子，指有水土保持措施时的土壤流失量与直接沿坡地上下耕种时产生的土壤流失量之比。这些水土保持措施包括等高耕作、带状耕作和梯田（刘宝元等，2001）。由于 USLE 模型考虑因素全面、因子具有物理意义、形式简单、所用资料广泛、统一了土壤侵蚀模型形式，因此其不仅在美国而且在全世界得到了广泛应用。该模型考虑了水土流失发生的各因子，如地形、植被、降雨、土壤和人类活动等，具有客观、全面和科学性的特点；另外，多因子被整合到一个数学方程中，只要因子数据来源充分可靠，估算坡面水土流失就操作方便、快捷和实用。

但是该模型使用的数据主要来自美国洛基山山脉以东地区，建立在坡度小于 9°和坡长为 22.13 m 的缓坡条件下，并由春天顺坡翻耕一次裸土状态下的标准小区实测资料研发而成。该模型仅适用于平缓坡地，所以其推广应用受到限制。另外，该模型只是一个经验模型，缺乏对侵蚀及其机理的深入剖析。

80 年代起，美国农业部（USDA）决定开发一个基于新数据新方法的土壤流失方程式，以取代 USLE 模型（李义天等，2001；陈云明等，2004）。1992 年，Renard 等提出了 RUSLE（the revised universal soil loss equation）模型，1997 年开发出了基于 Windows 的 RUSLE 模型（Renard et al.，1997）；RUSLE 模型相比 USLE 模型的数据源更广，其采用计算机模拟分析；在 RUSLE 模型中各侵蚀因子的测算方法也有了改进，增加了细沟和细沟间侵蚀，可以处理复杂坡型；把 USLE 模型集成加载到了 Windows 系统中，与计算机联系到一起，提高了数据的处理分析能力，使地域尤其是地形、地面覆盖等适应面扩大、准确性也增强了。RUSLE 模型用于预报长时间尺度、一定的种植和管理体系下、坡耕地径流所产生的多年平均土壤流失量（A），也可预报草地土壤流失量。在美国，RUSLE 模型代替 USLE 模型用于农耕地、草地、林地和建设用地的土壤流失预报。

需要说明的是，坡地不同点的土壤流失量变化很大，但 RUSLE 模型预报的土壤流失量 A 只是整个坡地的平均流失量，而且是长时期年平均土壤流失量。在坡长较长、坡度均一的坡面上，顶部土壤流失量大大低于坡面平均土壤流失量，底部土壤流失量最大。如果坡度随坡长变化，则土壤流失量的变化会更大。这表明，即使忽略 RUSLE 模型未涉及的临时性切沟和其他侵蚀类型，整个田块的土壤流失量如果是"T"，则某些部分坡面的土壤流失量会达到或超过 $2T$。这些高于平均值的侵蚀速率往往年复一年地发生在同一部位，最终，严重的侵蚀将会导致土地资源的破坏（刘宝元等，2001）。RUSLE 模型结构简洁、参数定义明确、计算简单、应用广泛。但是它是一个缓坡地模型，主要应用于平原地区和缓坡地形区，很难适应中国复杂的地形。作为一个基于年降雨侵蚀产沙模型，对于我国长江流域等高强度次降雨占侵蚀产沙主导的地区，其实用性受到限制，对于 LS 因子，如何将其计算方法扩大到陡坡地区，是 RUSLE 模型在中国应用的关键（Nearing，1998），针对陡坡地提出的 S 因子计算公式，使得 RUSLE 模型能更好地应用于陡坡地区。对于 C、P 值，如何定义符合我国国情的测算标准，到目前还没有统一的看法。另外，对 K 值的计算存在很大的争议（吕玉玺，1992）。蔡崇法等（2000）依据实地调查资料，建立了典型小流域地理数据库；应用径流小区观测结果，确定了定量计算通用土壤流失方程 USLE 因子指标的方法。在地理信息系统 IDRISI 支持下，根据土壤侵蚀预测模型对数据库实施运算操作，预测了小流域土壤侵蚀量，由于没有对 LS 因子进行修正，使得模型应用时超过了 USLE 模型本身的边界条件。刘海涛（2001）建立了一个基于 USLE 模型的网络土壤侵蚀模型，使土壤侵蚀模型的参数输入输出及计算过程简单、直观，为开发更精确的土壤侵蚀模型提供了方便，网络地理信息系统的介入可以为土壤侵蚀模型的研究及应用提供更广阔的前景。

1.2.2 WEPP 模型

为了克服 USLE 模型的缺点，美国农业部推出水蚀预报模型（water erosion prediction project）模型，以替代 USLE 模型（张玉斌等，2004）。WEPP 模型的研究始于 1985 年，1987 年完成用户需求报告，规定了模型基本框架，1989~1995 年不断进行了验证和改进，并在 1995 年发布了第一个官方版本 WEPP'95，1998 年推出 Windows 平台下的模型，2000 年和 2001 年又分别颁布了不同版本。WEPP 模型有坡面、流域和网络 3 种版本（Foster and Lane，1987；Flanagan et al.，1995；Cohrane and Flanagan，1999）：坡面版是对 USLE 模型和 RUSLE 模型的直接替换，但增加了估算坡面泥沙淤积的功能；流域版包括估算坡面侵蚀量的坡面版，适用于对一定面积流域的产沙预测，可以计算河道泥沙的输移、淤积和土壤冲刷量，也可以计算小型蓄水工程的泥沙淤积；网络版适用于和流域边界不吻合的任意地理区域，这些区域被划分为多个单元，在每个单元内应用坡面版计算侵蚀量，也可以估算泥沙从一个单元到另一个单元的输移，以及某个出口断面的泥沙输出。在模型开发过程中，先后采集了 1800 个土样，采用了近 30 年的基础气象资料（刘宝元和史培军，1998；Savabi et al.，1996a；Savabi 1996b；Liu et al.，1997；Baffaut et al.，1996；Laflen et al.，1998；Cochrane and Flanagan，2001；Joan et al.，2002；谢春燕等，2003）。

WEPP 模型可以预测农田、山地、林地、牧场、城区等不同区域的产沙和输沙状况。它根据每次降雨确定地表状况的最新系统参数，属于连续的物理模型，该模型以 1 d 为步长，运行过程中输入每一天对土壤侵蚀过程有重要影响的植物和土壤特征，当降雨发生时，这些植物和土壤特征被用于决定是否将会有径流发生。如果预测有径流产生，则该模型将计算出沿纵坡面上一定空间位置的土壤侵蚀量、河道的输沙量和水库的泥沙淤积量，对一天时间内的降雨及侵蚀过程进行模拟（张玉斌等，2004）。

WEPP 模型参数包括气候参数（降雨、温度、太阳辐射和风）、灌溉、水文要素（入渗、填洼和径流）、冬季参数（冻融、降雪量、融雪量）、水量平衡、土壤、作物生长、侵蚀（片蚀、细沟侵蚀）、耕作对入渗和土壤可蚀性的影响、沉积、泥沙搬运、颗粒分选和富集等。

和其他传统侵蚀模型相比，WEPP 模型具有以下特点：①可以模拟土壤侵蚀过程及流域的一些自然过程，如气候、入渗、土壤蒸发、作物蒸腾、土壤结构变化与泥沙沉积等；②可以模拟陡坡、土壤、作物、耕作及管理措施对侵蚀的影响；③该模型能很好地反映侵蚀产沙的时空分布，模型的外延性好，易于在其他区域应用；④该模型能较好地模拟泥沙的输移过程，包括某一特定点的侵蚀产沙信息（张玉斌等，2004）。WEPP 模型是能用于准确预报侵蚀的模型，但是从 WEPP 模型的应用范畴看，它适用于田块尺寸范围内，最大范围约为 260hm²，林地能用 800hm² 的地块；该模型只能用于浅沟为止的土壤流失量，不能应用于切沟和河道侵蚀，它只能用于对农田临时切沟、草皮水路的侵蚀（刘宝元和史培军，1998）。目前，坡地版已开始应用，而流域版仍局限于较末级集水区，多级流域的组合尚在进行研究当中。在 WEPP 模型中，没有充分考虑表土结皮与土壤侵蚀的关系等（蔡强国，1998）。近年来，又推出了简化的 WEPP 模型，即 WEPP 能用于计算每 1km² 的栅格单元的坡面侵蚀，矩阵按坡面现存的每一栅格的特征，而不是在每一个栅格内分别运行模型。这将大大减少模型的运行次数，同时也使得模型的使用者将模型扩展应用到 1400km² 的流域。该模型在计算时通常让降雨强度在当前条件下保持不变，这样影响到模型的计算结果。此外，土地利用变化也让模型难以精确地估算侵蚀和产沙。

1.2.3　SHE 模型

20 世纪 80 年代初，英国水文研究所、法国索格利（SOGREAH）咨询公司和丹麦水利学研究所（Danish Hydraulic Institute，DHI）联合研究了 SHE（system hydrologique European）模型（Abbott et al.，1986）。在 SHE 模型中，流域在平面上被划分为许多矩形网格，这样便于处理模型参数、降雨输入，以及水文响应的空间分布性；在垂直面上，则划分成几个水平层，以便处理不同层次的土壤水运动问题。SHE 模型可应用于河流流域，研究其水流及泥沙运动空间分布情况的模型，模拟土壤侵蚀和泥沙输移的方程包括雨滴击溅侵蚀、面蚀、面蚀中的二维负荷对流，以及河床侵蚀等。SHE 模型考虑了流域上的截留、下渗、土壤蓄水量、蒸散发、融雪径流、地表径流、壤中流、地下径流、含水层与河道水交换等水文过程，在后来不断发展的过程中增加了土壤侵蚀、溶质运移等相关模块。

SHE 模型的主要水文过程可由质量、动量和能量守恒偏微分方程的有限差分表示，也可由经验方程表示：①截留和蒸散发模块可选择 Rutter 模型和彭曼方程，或者 Kristensen-Jensen 模型；②地表径流采用圣维南方程组二维扩散波模型，计算水平方向的二维流动，河道内采用一维圣维南方程组；③土壤水模块考虑了重力、土壤水吸力、蒸散发的影响，采用了带源汇项一维的 Richards 方程，只研究垂直方向的蒸散发、补给和渗流问题；④地下水模块采用了三维的地下水运动方程，源汇项考虑了与非饱和带的交换水量、与河道的交换水量、抽取或注入量、蒸发损失，以及排水沟排水量；⑤含水层与河道水量交换采用了达西定律来近似计算；⑥融雪模块可选择积雪场内物质能量平衡的能量方法或者每日温度法进行计算。模型中使用的基本方程如下：

$$D_n = K_r \times F_w \times (1 - C_g) \times [(1 - C_c) \times (M_r + M_d)] \qquad (1-2)$$

式中，D_n 为单位面积上的侵蚀量；K_r 为雨滴击溅土壤侵蚀力指数；F_w 为雨滴击溅分配给土壤的能量；C_g 为地面覆盖对地表保护的比例；C_c 为林冠覆盖对地表保护的比例；M_r 为雨滴直接落到地面的动能；M_d 为击溅雨滴动能。面蚀计算公式如下：

$$Df = Kf\,(\tau/\tau c - 1) \qquad (1-3)$$

式中，D_f 为单位面积剥蚀量； K_f 为面流侵蚀力指数；τ 为水能剪切力；τ_c 为泥沙运动的垂直剪切力。

SHE 模型属于连续的、能反映流域空间分布的物理模型。该模型把流域分割成一个由矩形栅格组成的栅格网，然后针对每一栅格进行计算。该模型可以应用于大中流域的侵蚀产沙模拟。SHE 模型是一个分布式过程模型，它整合了径流在地表的水文过程。此模型应用的关键在于栅格大小的选择，以及模型参数的校准。

SHE 模型的特点如下：①参数具有物理意义，可由流域特征确定它的物理基础和计算的灵活性，使它适用于多种资料条件；②该模型可用于水资源的管理，如供水、流域规划、灌溉与排水、气候变化与土地利用改变后的水文响应，也可用于环境规划，如工农业污染物迁移、土壤侵蚀、湿地生态保护等，在欧洲和其他地区得到了应用和验证；③由于该模型按规则矩形网格对流域下垫面进行划分，在精度和计算量上较难取得平衡，对于较大流域来说计算量较大，存在"过参数化"等难以克服的问题。

随着 SHE 模型的广泛推广与应用，它被越来越多地应用到洪水预报中，但由于该模型结构太复杂，在洪水预报和实时预测方面遇到很多困难，因此有学者针对这些问题提出了 MIKE SHE 模型，该模型在原来的 SHE 模型上做了 3 点改进：①许对洪水过程用不同的物理模型、数学公式进行解释，只要对该场洪水适用，就可用该模型或数学公式对洪水进行演算；②对河道汇流进行完整清晰的模拟，对洪水水量、水库、大坝的调蓄、河流的沉积物等进行计算；③可对地理信息系统（GIS）网格数据进行直接调用（朱德华，2005）[①]。

1.2.4 AGNPS 模型

农业非点源污染模型（agricultural nonpoint source，AGNPS）是由美国农业部农业研究局（USDA-ARS）与明尼苏达污染物防治局共同研制的计算机模拟模型（Young et al.，1989；Yu，2003），是一个基于方格框架的流域分布式事件模型，按照栅格采集模型参数，由水文、侵蚀、沉积和化学传输四大模块组成，用以 N、P 元素等土壤养分流失预测，并对农业地区的水质问题以重要性为顺序进行排列，同时对次暴雨径流和侵蚀产沙过程进行模拟（张玉斌和郑粉莉，2004a）。流域的尺度大小从几公顷到大约 20 000 hm²，流域被 0.4～26 hm² 的像元进行均等分割，用每个网格（像元）采集模型参数，模拟次暴雨径流和侵蚀产沙过程。该模型主要用于流域面积大于 2×10^4 hm² 的农村流域的非点源污染分析。在流域景观特征、水文过程和土地利用规划等研究领域均具有良好的适应性，但不适用于流域物理过程的长期演变特性，以及土壤侵蚀的时空分布规律等方面的研究。其研究重点是河流水质，主要研究对象是多级固体颗粒及附着的 N、P 营养盐。

AGNPS 模型包括水文、侵蚀和化学物质迁移三部分。水文部分采用美国径流曲线法（soil conservation service curve number）Method，计算地表径流量、峰值流量及网格单元的径流分配。其中，径流量由以下公式计算：

$$Q_d = (P - I_a)^2 / (P - I_a + S) \tag{1-4}$$

① 朱德华. 2005. 基于 SHE 模型的分布式流域洪水模拟——以流溪河流域为例. 广州：中山大学硕士学位论文.

式中，Q_d 为径流量（mm）；P 为降雨量（mm）；S 为流域饱和储水量（mm），由 CN（curve number）确定，$S=(1000/CN)-10$；I_a 为初损（mm），一般取 $0.2S$。即

$$Q_d = (P - I_a)^2/(P + 0.8S) \tag{1-5}$$

峰值流量用 Smith 和 William 的经验方程推导：

$$Q_p = 3.79A^{0.7}C_s^{0.16}(R_o \text{为径流量(mm)},/25.4)^{0.093A^{0.107}}L_w^{-0.19} \tag{1-6}$$

式中，Q_p 为洪峰流量（m^3/s）；A 为流域面积（km^2）；C_s 为渠道底坡比降（m/km）；L_w 为流域长宽比，等于 L^2/A，L 为流域长度（km）。

侵蚀部分采用修正的通用土壤流失方程（RUSLE）计算，即

$$SL = EI \cdot K \cdot LS \cdot C \cdot P \cdot SSF \tag{1-7}$$

式中，SL 为土壤流失量；EI 为降雨能量因子，由降雨动能和最大 30 min 雨强求得；K 为土壤可蚀性因子；LS 为坡度坡长因子；C 为植被覆盖因子；P 为侵蚀控制措施因子；SSF 为坡型调整因子。

计算径流和土壤侵蚀后，按单元逐个依次演算其挟带的泥沙，一直到流域出口，其中复杂的迁移和沉积关系由稳态连续方程推导，基本演算方程为

$$Q_s(x) = Q_s(0) + Q_{sl}(x/L_r) - \int_0^x D(x)w\mathrm{d}x \tag{1-8}$$

式中，$Q_s(x)$ 为河（渠）段下游泥沙输出量；$Q_s(0)$ 为河（渠）段上游泥沙输入量；x 为泥沙汇入点到河（渠）段下游的距离；w 为河（渠）道宽；Q_{sl} 为旁侧泥沙汇入量；L_r 为河（渠）段长度；$D(x)$ 为沉积率，用下式估算：

$$D(x) = [V_{ss}/q(x)] \cdot [q_s(x) - g_s'(x)] \tag{1-9}$$

式中，V_{ss} 为颗粒沉积速率；$q(x)$ 为单宽径流量；$q_s(x)$ 为单宽泥沙负荷；$g_s(x)$ 为单宽有效输沙能力。

采用修正的 Bagnold 河流能力方程计算有效输沙能力：

$$g_s' = \eta g_s = \eta k \frac{\tau v^2}{V_{ss}} \tag{1-10}$$

式中，η 为有效输沙因子；g_s 为输沙能力；k 为输沙能力因子；τ 为黏性摩擦阻力；v 为河（渠）道平均流速，由曼宁公式推求。

模型采用 CREAM 模式和饲育场评价模型，对化学物质迁移部分的 N、P、COD 的迁移进行计算。化学物质的迁移传输通过化学传输模块分为可溶性部分和泥沙结合态进行计算。泥沙结合态的营养物吸附量采用单元的总泥沙量计算：

$$\mathrm{Nut}_{sed} = (\mathrm{Nut}_f) \cdot Q_s(x) \cdot E_R \tag{1-11}$$

式中，Nut_{sed} 为沉积物输运的 N 或 P 的浓度；Nut_f 为土壤中 N 或 P 的含量；E_R 为富集比，$E_R = 7.4Q_s(x)^{-0.2}T_f$，其中 $Q_s(x)$ 为泥沙量，T_f 为土壤质地的校正系数。

可溶性营养物质的估算考虑了降雨、施肥和淋溶对营养物质的影响。径流中可溶性营养物质由下式估算得到：

$$\mathrm{Nut}_{sol} = C_{nut}\mathrm{Nut}_{ext}Q \tag{1-12}$$

式中，Nut_{sol} 为径流中可溶性 N 或 P 的浓度；C_{nut} 为降雨过程中土壤表层 N 或 P 的平均浓度；Nut_{ext} 为 N 或 P 进入径流的提取系数；Q 为径流量。

Perrone 等（1999）对 AGNPS 模型进行了改进，利用前期降雨量来推算土壤含水量对小流域侵蚀产沙的影响，并在模型中考虑了沟道冲刷作用及泥沙的沉积过程，使模型具有更高的预测精度。总的来说，AGNPS 模型比较适合评价和预测小流域农业非点源污染，对计算大中型流域的非点源污染效果也较好，同时它还可以应用于实验小区。但 AGNPS 模型在中国的应用还只限于南方（张玉斌和郑粉莉，2004a）。

1.2.5 EUROSEM 模型

欧洲土壤侵蚀模型（European soil erosion model，EUROSEM）（Morgan et al.，1998a，1998b，1998c），是基于物理过程的次暴雨分布式侵蚀模型，用于描述和预报田间及流域土壤流失、评价土壤保护措施。它从侵蚀产沙的过程入手，考虑植被截留、土壤表面状况、径流产生、剥蚀及径流搬运能力等方面对侵蚀过程的影响。径流产生以径流与侵蚀动力模型（kinematic runoff and erosion model）（Govers，1990）为基础，以 1 min 为时间步长，可生成降雨过程中的水文和泥沙曲线图、预报侵蚀和沉积部位、模拟与侵蚀和沉积相对应的微地形起伏变化。该模型可模拟细沟侵蚀，但必须预先指定细沟位置（郑粉莉等，2004）。细沟输移能力用 Govers（1990）提出的输移方程，细沟间径流用 Everaert（1991）提出的输移方程，目前还不能很好地模拟切沟侵蚀。尽管模型能够较好地模拟土壤侵蚀状况，但对于 25m×35m 的地块，当侵蚀量小于 60kg 时，预报出现明显错误。该模型是针对欧洲平原地区的地貌及侵蚀特点开发而成的，适用于以缓坡为主的小流域，为了提高模型在较大强度暴雨的侵蚀模拟精度，欧盟已对 EUROSEM 模型进行了校准和改善（赵丽君，2015）[①]。由于该模型是在欧洲平原地区研发的，所以其较适合以缓坡为主的小流域，针对特有的地貌与侵蚀特点，其在我国的应用和推广受到一定限制。王宏等（2003）以三峡库区秭归县王家桥小流域水土保持试验站标准径流小区的人工降雨资料为基础，应用 EUROSEM 模型模拟分析了陡坡地中的侵蚀状况。模拟结果发现，EUROSEM 模型对人工降雨中径流的模拟效果较好，但对土壤流失的模拟效果相对较差。

1.2.6 SEMMED 模型

区域侵蚀模型（soil erosion model for MEDiterranean regions）模型（De Jong，1999）是基于荷兰南部黄土区构建的，为半经验分布式土壤侵蚀模型。SEMMED 模型综合使用多时相陆地卫星 TM 影像、GIS 中的数字地形模型（DTM）、数字土壤图，以及数量有限的土壤物理性质数据。多时相陆地卫星 TM 影像用来反映植被特征，利用植被光谱指数一个像元接一个像元地估算植被特征，使用多时相方法估算一个生长期内植被覆盖的变化；利用 GIS 软件从 DTM 模型中提取地势起伏参数和径流流向，表现地形特征并用来估算地表径流输移能力（郑粉莉等，2004）；数字土壤图用于评价土壤特性空间分

---

① 赵丽君. 2015. WEPP 模型（坡面版）在紫色土区域高速公路边坡水土流失中的应用. 重庆：重庆大学硕士学位论文。

布。它的最大优点是能够模拟区域尺度的侵蚀过程,使用各种可以利用的数字资源,如数字高程模型、遥感影像和土壤数据库,进行区域水土流失计算(贾媛媛等,2003)。使用 SEMMED 模型还可以生成区域侵蚀评价图,对土地管理和土地利用规划来说,比小地块试验简单外推法更有指导意义。但该模型没有考虑地表径流产生的土壤颗粒分离和地表结皮,对起始土壤水分存储能力和土壤可分离指数十分敏感。另外,由于该模型建立在 MMF(Morgan,Morgan and Finney)方法(Favis-Mortlock,1998)的基础上,使用土壤学、降雨、高程和植被分布式数据集运行,而 MMF 方法是个集总式模型,最初用来预测田块或坡面年流失量,不适合估算非常高或非常低情况时的侵蚀(郑粉莉等,2004)。因此,SEMMED 模型也不适合估算极端环境(高寒、干旱)因子情况下的水土流失,当模拟与预报特大暴雨发生与极端干旱时段的水土流失时,其估算过程和结果将会失真。

1.2.7　SWAT 模型

SWAT(soil and water assessment tool)模型 Arnold 博士于 20 世纪 90 年代为美国农业部农业研究局开发的一个适用于较大流域面积的非点源污染模型,用来模拟地表水水质、水量,预测土地管理措施对土壤、土地利用类型、管理措施等复杂条件下的水文、泥沙和化学物质产量的影响(Neitsch et al.,2002)。该模型以 SWRRB(simulator for water resources in rural basins)模型(Arnold et al.,1990)为基础,融合了美国农业部农业研究局几个模型的特点(肖军仓等,2013)。后来该模型不断被用到水资源管理和环境保护中,并得到较好的反响,经过不断完善和改进,目前其已成为发展最快的区域非点源物理模型。

SWAT 模型分为 3 个功能模块,分别是水文循环模块、土壤侵蚀模块及污染负荷模块。水文循环模块主要由降水、天气因素、营养盐物质及管理措施等部分组成,当 SWAT 模型确定了主河道的水量、泥沙、营养物质和农药的负荷后,使用与 HYMO 相近的命令结构来演算通过流域河网的负荷,为了跟踪河道中的物质,SWAT 模型对河流和河床中化学物质的转化进行了模拟。SWAT 模型水文循环的演算阶段分为主河道和水库两部分,主河道的演算包括河道洪水演算、河道沉积演算及河道营养物质和农药演算;水库演算主要包括水库水平衡演算、水库泥沙演算、水库营养物质和农药演算(王忠良,2015)[①]。

SWAT 模型在进行模拟时,首先根据 DEM 把流域划分为一定数目的子流域,子流域大小可以通过定义形成河流所需要的最小集水区面积来调整,还可以通过增减子流域出口进行进一步调整。然后,在每一个子流域内再划分为水文响应单元(hydrologic response unit,HRU)。HRU 是同一个子流域内有着相同的土地利用类型和土壤类型的区域。子流域内划分 HRU 有两种方式,一种方式是选择一个面积最大的土地利用和土壤类型的组合作为该子流域的代表,即一个子流域就是一个 HRU;另一种方式是把子流域划分为多个不同土地利用和土壤类型的组合,即多个 HRUs。土地利用和土壤面积的最小阈值比均定为 10%,如果子流域中某种土地利用和土壤类型的面积比小于该阈值,

---

① 王忠良. 2015. 基于 SWAT 模型的哈尔滨磨盘山水库流域非点源污染模拟研究. 哈尔滨:东北林业大学博士学位论文。

则在模拟中不予考虑，剩下的土地利用和土壤类型的面积重新按比例计算，以保证整个子流域的面积得到 100%的模拟（庞靖鹏等，2007）。

1.2.8　WaTEM/SEDEM 模型

耕作水蚀模型与泥沙迁移模型（water and tillage erosion model and sediment delivery model）模型是比利时鲁汶大学在 USLE 模型的基础上研发的分布式土壤侵蚀模型，模型结构简单，参数较少，数据获取相对容易。近年来，该模型在比利时（Van Oost et al.，2000）、西班牙（Romero-Dazí et al.，2007）、埃塞俄比亚（Haregeweyn et al.，2013）等许多国家得到成功应用，在我国黄土高原（Feng et al.，2010）和红壤区小流域（Shi et al.，2012）也有所应用。该模型由土壤侵蚀模块与栅格单元泥沙输沙模块组成（方海燕等，2014），其中土壤侵蚀模块公式如下：

$$A = RKLS_{2D}CP \tag{1-13}$$

式中，A 为土壤侵蚀模数；R 为降雨侵蚀力因子；K 为土壤可蚀性因子；C 为土地管理因子；P 为水土保持措施因子；LS_{2D} 与 RUSLE 方程不同，用上游汇水面积代替坡长，计算公式为

$$L_{i,j} = \frac{(A_{i,j} + D^2)^{m+1} - A_{i,j}^{m+1}}{D^{m+2}x_{i,j}^m 22.13^m} \tag{1-14}$$

$$x_{i,j} = \sin a_{i,j} + \cos a_{i,j} \tag{1-15}$$

式中，$L_{i,j}$ 为坐标为（i,j）的栅格单元坡长因子；$A_{i,j}$ 为栅格单元上游汇流面积；D 为栅格边长；$x_{i,j}$ 为栅格单元坡向；m 为坡长指数。

泥沙输移模块计算公式为

$$T_c = K_{tc}RK(LS - 4.1s^{0.8}) \tag{1-16}$$

式中，T_c 为年均输沙能力；s 为坡度；K_{tc} 为输沙能力系数；R 和 K 分别为降雨侵蚀力和土壤可蚀性因子。对于特定栅格，当其他栅格汇入的泥沙和本栅格侵蚀产沙小于径流泥沙输移能力时，栅格内所有沙将流向下一个栅格；反之将有部分泥沙沉积在栅格内。K_{tc} 表示该土地利用下产沙量与相同坡度下裸地产生同量泥沙所需要的坡长。

1.2.9　RILLGROW 模型

RILLGROW 模型以微地形数据与河流应力方程结合来预测细沟侵蚀量（Favis-Mortlock，1998），用于描述坡面侵蚀过程中细沟的形成与发展演变过程，描述一小块裸露坡面上细沟网络的形成与发展，通过网络规则对微地形、径流路径与土壤流失之间的迭代交互作用来表达坡面细沟侵蚀过程。该模型适应于小面积区域，由于数据需求量和计算量大，不适于流域尺度。RHIGROW 模型包括两个版本，RILLGROW 1（Favis-Mortlock，1996，1998）是第一个版本，使用初始微地形数据生成实际细沟模式，没有明确区分细沟和细沟间过程。该版本细沟形成的水力学机理过于概化，且忽略了如入渗、沉积等许多重要过程的描述。新版模型（RILLGROW 2）在 PC 机上运行，利用地理信息系统 IDRISI 软件可视化输出，它可以模拟沉积和击溅再分布过程，但仍不能

模拟击溅侵蚀、入渗等过程。

1.2.10　EGEM 模型

EGEM（ephemeral gully erosion model）是专门用来模拟浅沟侵蚀的模型，它由水文和侵蚀两个模块组成（Woodwar，1999）。该模型以简单的方式模拟浅沟的时空变化，可以估算单条浅沟的年平均侵蚀量，但如果该模型在使用前没有确定沟的深度和最终长度，预报结果将会失真。水文模块是基于径流曲线数的一个物理过程模型，侵蚀模块使用水文模型输出的结果，把经验关系和物理过程方程相结合。在模型中，由峰值流量和径流总量决定侵蚀；同时，假定沿沟长方向沟深是固定的，并假定沟将垂直向下侵蚀直至达到可蚀性较差的犁底层。模型检验表明，EGEM 模型不能预报地中海地区的浅沟侵蚀，浅沟长度是决定浅沟体积的关键参数（Nachtergaele et al.，2001）。

1.2.11　GULTEM 模型

GULTEM 模型是模拟切沟发育的三维水力学模型（Sidorchuk A and Sidorchuk A，1998）。该模型对于预测沟溪洪流和冲沟的地貌过程具有重要意义，该模型的关键是确定正在形成的沟道的流量，模型输出的是沟深、沟宽和沟的体积，对静态切沟和动态切沟都可以来表征，但不能模拟沟头溯源侵蚀。1999 年，Sidorchuk 又提出动态切沟模型（dynamic gully model，DIMGUL）和静态切沟模型（static gully model，STABGUL）。DIMGUL 模型基于物质守恒和沟床形变方程来模拟切沟形态的快速变化，其中直坡稳定性方程用于预报沟壁倾斜。STABGUL 模型用于计算最终稳定切沟形态参数，它基于切沟最终形态平衡的设想，高程和沟底宽度多年平均不变，该模型认为，这种稳定性与沟底的侵蚀和沉积之间有一种微弱的比率关系，这就意味着径流速度低于侵蚀初始值，但大于流水冲刷搬运泥沙的临界速度。

1.2.12　EPIC 模型

侵蚀生产力影响计算器（erosion productivity impact calculator）是一个有物理基础的模型，是计算特定地点的侵蚀引起的生产力损失的有力工具（Williams，et al.，1984）。EPIC 模型从土壤调查资料和图表上选择参数值，EPIC 模型从主要气候、水文、侵蚀、营养、植物生长、土壤温度和耕作等分量中挑选数据；该模型中的水文子模型主要采用SCS 曲线进行计算，侵蚀子模型采用 USLE 中的六大参数进行计算，并细化了降雨特征对侵蚀产沙的影响；由于 EPIC 模型只计算地形剖面上单一地点的侵蚀，对泥沙的沉积和输移考虑不够，研究人员将 EPIC 模型和 CREAMS 模型结合起来，以反映非均匀地形剖面的侵蚀和沉积过程（Sharpley and Williams，1990）。从 EPIC 模型的运行来看，其数据库结构及计算流程有待优化。由于用户需要从土壤调查资料和图表上选取参数值，并读取气候、水文、侵蚀、植被生长等数据，这些子模型的调用及数据的传递需要较大的计算机资源。EPIC 模型对于农用耕作的土地预测效果要优于对天然草地的预测效果，原因主要有天然草地的生物量难以确切估算，以及天然模型对天然草地长期形成的抗蚀作用缺少考虑；EPIC 模型对于年度侵蚀产沙的预报效果要优于月降雨及次降雨的预测效果，这主要是由短期的降雨特征较难在模型中体现所致。

1.2.13　CREAMS 模型

农业耕作制度下化学径流和侵蚀评价模型（chemical runoff and erosion from agricultural management systems，CREAMS），70 年代由美国农业部农业研究局建立（Knisel，1980）。该模型在估算田块上径流、泥沙和农用化合物流失量的基础上，评价不同耕作措施对非点源污染负荷的影响。通常用于小于 $0.4km^2$ 流域，最大不超过 $4km^2$。在流域内认为，土壤、地质、土地利用等方面的特性相对均一，并以此进行流域土壤侵蚀的预报。CREAMS 模型不能用于较大尺度的流域，也不能提供降雨过程的信息，模拟过程的功能十分有限。

该模型由土壤侵蚀子模型、水文子模型、化学物质侵蚀子模型组成。由于评价田间尺度多种耕作措施下土壤侵蚀和水质状况，该模型中将表面径流和洪峰流量统一在水流流路的基础上，并能实现流域不同地块的侵蚀模拟。作物生长周期内各阶段与径流和侵蚀有关的覆盖和管理因子参数，以及常年气象资料一经准备可以重复利用。该模型适合于地块内面积约 $5hm^2$ 的典型小流域，而不适用于复杂的地貌状况，侵蚀子模型无法预测次暴雨的土壤流失值，只能用于较长时间尺度的年度土壤侵蚀预测。

1.2.14　KINEROS 模型

动力侵蚀模型（kinematic erosion simulation model，KINEROS）（Woolhiser et al.，1990），该模型用 Smith-Panlange 渗透模型和动力波理论模拟地表径流和土壤侵蚀过程。较之以前的物理模型（如 ANSWERS 模型等）对物质分散、转输等方面，特别是渗透过程的描述更加强调物理过程。其主要问题是对较大且复杂流域的表示和描述必须划分为一系列坡地和沟道单元，当这种单元超过 60 个时，对流域的表示将比较复杂且输入数据也需要更多时间。

目前，国外侵蚀产沙模型的发展有如下特点。

（1）从建模思路来看，从以数理统计为主的黑箱模型向能阐明一定的物理成因机制、反映动态变化的基于物理过程的分布式模型发展。

（2）从模型的内涵来看，模型内涵的深化体现在加强了侵蚀产沙机制的研讨，注重对侵蚀产沙过程的量化描述，近期发展的侵蚀产沙模型对降雨击溅、径流冲刷、径流搬运和沉积等侵蚀产沙过程进行了深入描述，建立了一系列能反映产汇流和产输沙不同演进阶段的连续模型。

（3）注重高新技术，尤其是现代信息技术的应用，在当前的侵蚀产沙模型中，大量采用遥感（RS）手段及地理信息系统（GIS）技术，强调对 RS、GIS 数据源的分析利用，强调模型与 GIS、RS 的深层结合。

（4）特别强调在应用中校准、检验和完善侵蚀产沙模型，这是近年来国际上侵蚀产沙模型发展的一个突出特点，从传统的注重建模到强调模型的应用和推广。全球变化与陆地生态系统国际地圈生物圈计划（Internal Geosphere-Biosphere　Programme-Global Change and Terrestrial Ecosystem）在 1995 年和 1997 年召开的两次会议，在全球范围内极大地推动了当前主要侵蚀产沙模型的应用和完善。

（5）注重侵蚀产沙模型外延的拓展，具体体现在产沙模型逐步与非点源污染、侵蚀对土地生产力影响、全球气候变化及碳循环结合起来考虑。

1.3　中国主要侵蚀产沙模型

目前，国际上的侵蚀产沙模型都有一定的使用范围，很难在我国尤其是地形复杂的山区应用。我国学者建立了很多适应我国具体情况的侵蚀产沙模型（朱湖根，1992）。

1.3.1　我国主要侵蚀产沙模型介绍

（1）刘宝元等（2001）以 USLE 模型为基础，利用黄土丘陵沟壑区安塞、子洲、离石、延安等地的径流小区的实测资料，建立了中国坡面土壤流失方程（Chinese soil loss equation，CSLE），模型形式如下：

$$A=RKLSBET \tag{1-17}$$

式中，A 为多年平均土壤流失量；R、K、L、S 4 个因子的意义与 USLE 模型中对应因子的意义相同；B 为水土保持生物措施因子；E 为水土保持工程措施因子；T 为水土保持耕作措施因子。

该模型的优点是根据我国水土保持的实际情况，将 USLE 模型中的覆盖与管理两大因子变为我国水土保持三大措施因子，即变为生物（B）、工程（E）和耕作（T）措施因子，其不足是模型形式与 USLE 模型相同，仅适用于不包含浅沟或切沟侵蚀的坡面，该模型也缺乏对物理过程的考虑，对陡坡地特有的浅沟侵蚀考虑不够（周正朝和上官周平，2004）。

（2）蔡强国和陆兆熊（1996）建立了一个有一定物理基础的能表示侵蚀—输移—产沙过程的小流域次降雨侵蚀产沙模型，其次降雨坡面溅蚀分散量方程为

$$D_b = 0.015J(E_R / \lambda){\rm e}^{(2.68\sin a-0.48C_V)} \tag{1-18}$$

式中，D_b 为坡面溅蚀分散量（kg/m²）；J 为前期表土结皮因子，当前期无表土结皮时为 1；E_R 为降雨动能（J/m²），可根据 $E_R=28.83+13.51{\rm lg}I$ 计算，其中 I 为降雨强度（mm/min）；λ 为以标准锥体贯入测量得出的土壤抗剪切强度（kPa）；a 为坡度；C_v 为植被覆盖度（%）。

坡面细沟侵蚀估算方程为

$$D_r = 1.766\times10^{-7}E_r^{-4.8}\lambda^{-0.5} \tag{1-19}$$

式中，D_r 为细沟侵蚀模数（kg/m）；E_r 为细沟水流侵蚀力（N/m³），$E_r=0.01\rho gHA\sin a$，其中 ρ 为水密度（1000 kg/m³），g 为重力加速度（9.8 m/s²），H 为平均径流深（mm），A 为单宽汇流面积（m²）。

该模型的优点在于能表示侵蚀、输移和产沙过程，考虑了坡面、沟坡和沟道之间的相互关系，同时该模型要求输入的变量较少。但该模型对于微地形和犁底层的影响未能考虑，对洞穴侵蚀、泻溜侵蚀、泥沙在坡面和沟道的输移等还有待于深入研究（张启旺等，2014）。由于这是一个侵蚀产沙的过程模型，旨在从理论上阐明小流域侵蚀产沙规律，因此模型结构尤其是坡面子模型较为复杂，在推广应用时受到模型参数的限制。

（3）尹国康和陈钦峦（1989）建立了黄土高原流域特性指标体系及产沙统计模型，采用流域高差比、流域狭长度、地面崎岖度、流域地面沟壑密度、地面沟壑切割深度、流域植被度与治理度、地面岩土抗蚀性因素来表征流域地表状况，并通过流域地表综合性指数与年径流模数来推算年产沙模数，以此计算宏观的流域产沙量。该模型较好地表述了流域下垫面的地形指标、土地利用及土壤指标，能较好地反映黄土丘陵区的流域地表特征，适合在大中流域应用；但模型的应用同样受到尺度及数据精度的影响。该模型形式如下：

$$M_{sa}/M_{wa} = 31.82I^{0.83} \tag{1-20}$$

式中，M_{sa} 为年产沙模数；M_{wa} 为年径流模数；I 为流域地表综合特性指标，$I = R_h^{0.5}D_h^{0.2}R_p^{-0.8}R_s^{-3.5}$，其中 R_h 为流域高差比，D_h 为地面崎岖度，R_p 为淤地坝等治理措施的有效面积与流域总面积之比，R_s 为地面组成物质的抗蚀性和渗透性。

（4）马蔼乃（1990）建立了黄土高原小流域土壤侵蚀预报模型，该模型针对黄土高原复杂的地貌条件，从影像及地形图中提取流域下垫面参数参与模型的计算，并在模型中考虑到泥沙的输移作用，选取了颗粒直径及沙的密度等因子参与计算。该模型的关键问题是研究区域大小的界定、流域下垫面参数提取的精度；此外，该模型对水土保持措施的测算缺少考虑；同时，该模型考虑的是多年平均的侵蚀强度，其对于黄土高原侵蚀产沙的年际侵蚀产沙差异不能很好地反映。

（5）陆中臣（1993）建立了晋陕蒙接壤区北片的侵蚀产沙模型，用于中小流域及区域性侵蚀产沙的预报，模型中对侵蚀产沙与地层特征进行了量化，对我国北方包括砒沙岩在内的侵蚀产沙规律进行了探讨，但仅从沟壑密度、地面平均坡度、多年平均日最大降雨量很难准确反映出流域的侵蚀产沙状况。对于区域性侵蚀产沙的预报，尺度问题成为参数可获取性及数据精度大小的重要影响因素。

（6）吴礼福（1996）建立的模型分别包括面蚀和沟蚀两个部分，在面蚀子模型中，主要考虑了降雨因素、地形因子、植被因子、土地利用、土壤、水保措施等；在沟谷侵蚀子模型中，主要考虑了沟谷径流深、沟谷密度、沟谷长度。在计算时，首先求出各因子的格网数据，即形成格网数据面，包括最大 30min 雨量数据面、多年平均径流数据面、坡度数据面、沟谷密度数据面、沟谷径流数据面、坡耕地数据面、粒径数据面、植被覆盖度数据面、最小图斑数据面，再将各数据面相叠加，即可得到大区域的侵蚀产沙量。事实上，这种方法受到网格单元大小划分的影响，不同的划分方法，计算出的结果不一样，因此对于栅格大小的选择是模型计算的关键。

（7）江忠善等（1996）采用 ARC/INFO 地理信息系统软件支持下建立空间信息数据库和土壤侵蚀建模相结合的办法，在确定浅沟侵蚀系数和植被影响系数的基础上，建立沟间地模型；在确定沟蚀系数的基础上，建立沟谷地侵蚀模型，最后完成流域侵蚀量的计算，模型形式为

$$A = aKP^{0.999}I_{30}^{2.637}S^{0.880}L^{0.286}G_sVC \tag{1-21}$$

式中，A 为次降雨侵蚀量；K 为土壤因子系数；P 为降雨量；I_{30} 为一次降雨过程中最大 30min 雨强；S 为坡度；L 为坡长；G_s 为浅沟侵蚀影响系数，当坡面无浅沟侵蚀时，G_s

为 1；V 为植被影响系数；C 为水土保持措施影响系数；a 为系数。

该模型的模型结构符合黄土丘陵区地貌特点，考虑了陡坡地的浅沟侵蚀（张启旺等，2014）。在小流域数据库的支持下，该模型从数据库中读取各像元的参数，实现了模型与 GIS 松散结合，并在试验区域取得较高的计算精度。由于该模型模拟流域面积较小，因此该模型在推广应用时，需要一系列参数体系的修正，才能保证该模型在外延时的正确性。

（8）胡良军等（2001）将黄土高原其中的 $4 \times 10^5 \mathrm{km}^2$ 划分为 3380 个水土流失的评价单元，各单元的面积为 $80 \sim 150 \mathrm{km}^2$，选取气候——汛期降雨量 P，土壤——大于 0.25mm 风干土水稳性团粒含量 S，地形——沟壑密度 G，植被——植被盖度 C，人为影响——坡耕地面积比 M，建立了黄土高原地区侵蚀产沙的区域性预测模型：

$$L = 3.5210 P^{0.7887} S^{-0.09616} G^{1.9945} M^{0.01898} e^{-0.00144} C \quad (R = 0.8968, N = 3380) \quad （1-22）$$

这一模型粗略地建立了黄土高原大区域侵蚀产沙预测的框架，是区域性侵蚀产沙预报的有益尝试，但其中涉及的参数获取、数据精度、泥沙输移等问题都有待于深入研究。

（9）包为民和陈耀庭（1994）根据黄河中游、北方干旱地区流域的超渗产流水文特征和冬季积雪的累积及融化机制，提出了大流域水沙耦合模拟物理概念模型（包为民和陈耀庭，1994），其分为产流、汇流、产沙和汇流 4 个部分；该模型较好地处理了北方干旱地区中大流域用下渗曲线计算地面径流中存在的观测资料缺乏、数据处理量太大两大难题，考虑了大流域气候、下垫面因素空间的不均匀性和雨洪径流产沙与融雪径流产沙间的差异，实测资料的模拟表明模型的计算结果很好。

（10）牟金泽和孟庆枚（1983）在陕北绥德辛店沟小流域建立了坡面土壤侵蚀预报模型，该模型是面向陕北部分中小流域的土壤侵蚀预报模型，是一个基于次暴雨的侵蚀产沙模型，其考虑了土壤前期含水量的作用，能够较好地反映次降雨的侵蚀产沙状况。但建模所运用的资料从小区到 $187 \mathrm{~km}^2$，缺少相应的修正体系，模型中对于地形因子欠考虑。模型中次暴雨坡面侵蚀模数（M_s）方程为

$$M_s = \frac{51.5}{C^{0.15}} P^{1.2} \bar{I}^{0.75} J^{0.26} P_a^{0.48} \quad （1-23）$$

式中，P 为次暴雨降雨量（mm）；$\bar{I}$ 为次暴雨平均降雨强度（mm/min）；J 为坡度（%）；C 为覆被度（%）；P_a 为雨前土壤含水率（%）。

另外，考虑到径流深是降雨及坡面因素综合作用的结果，平均降雨强度在一定程度上反映水流集中的程度，从而得到另一个次暴雨坡面侵蚀模数计算公式：

$$M_s = 1.12 H^{1.15} \bar{I}^{-0.75} \quad （1-24）$$

式中，H 为次暴雨平均径流深（mm）。

模型中小流域年输沙量计算公式为

$$M_{so} = 0.095 M_o^{2.0} J_o^{0.28} L^{0.25} \quad （1-25）$$

式中，M_{so} 为年输沙量；M_o 为年径流模数；J_o 为沟道平均比降。

（11）张小峰等（2001）运用 BP 神经网络模型的基本原理，以流域降水条件为基本因子，建立了流域产流产沙 BP 网络预报模型，模型中隐含层单元反映了流域地质地貌、

除河槽以外的各种影响因素对流域产流产沙的影响，此外在大流域内应用 BP 模型，由于各区域土壤特性各不相同，降水对流域各区域产流产沙的影响各不相同，流域各区降水条件的代表性直接影响模型的训练和预报精度。张科利等（1995）研究表明，只要资料准确，用神经网络来预报土壤流失是可行的，估算结果的精度高于模糊数学方法。坡面产流是土壤本身特性与外界影响因素相互作用的结果，它们之间具有明显的非线性输入输出关系。在分析坡面产流和神经网络模型具有某些相似的基础上，利用径流站观测资料，建立了小流域坡面产流量的三层前向网络模型（BP 算法），并显示具有较好的模拟预测效果。但由于 BP 网络的固有缺点（结构的不唯一性和极慢的收敛性），极大地限制了它在实时预报和大量样本情况下的应用（刘国东和丁晶，1999）。

（12）于国强等（2010）建立了基于敏感因子与分形信息维数的岔巴沟流域次降雨侵蚀产沙分段预报，并分析了各因子对流域侵蚀产沙的敏感程度。该模型能够很好地定量描述流域水沙耦合关系，且径流侵蚀功率和径流深对流域次降雨侵蚀产沙的敏感程度与流域地貌形态的复杂程度有关；以分形信息维数为界限，分段引入径流侵蚀功率和径流深，当分形信息维数大于 0.8308 时，采用径流侵蚀功率预测精度要高于采用径流深的预测精度，而当其小于 0.8140 时，采用径流深预测精度要高于采用径流侵蚀功率的预测精度。

（13）范瑞瑜（1985）根据陕北、晋西、陇东不同地区 1954～1982 年 16 个小流域的实测资料，参考 USLE 模型结构，选用降雨影响因子、土壤可蚀性指标、流域平均坡度、植被影响侵蚀系数和工程影响土壤侵蚀系数作为定量指标，建立小流域年产沙模型：

$$M_s = 6.49 R^{1.573} K^{1.235} J^{1.328} C^{1.491} P^{1.588} \tag{1-26}$$

式中，M_s 为年产沙模数（10^4 t/km^2·a）；R 为降雨影响侵蚀因子；K 为土壤可蚀性指标；J 为流域平均坡度；C 为植被影响侵蚀系数；P 为工程措施影响侵蚀系数。

该模型对影响小流域土壤流失量的因子考虑得较全面，能反映小流域降雨、地形、土质、生物与工程措施对流域产沙的综合影响，预报精度可以满足一般工程设计、流域总体水土保持规划和综合治理减沙效益计算的需要，适用于 200 km^2 以内自然地理特征类似的流域（郑粉莉等，2004）。

1.3.2　我国侵蚀产沙经验模型存在的不足

以上模型大多是经验模型，这些区域型的经验模型在研究中主要存在以下问题有待于解决。

（1）模型参数的选取及数据来源的可获取性及精度。即如何选取能反映研究区域侵蚀产沙影响的关键因子，获取模型计算的相关数据，并能保证数据精度，是经验性模型在实际预测中的重要方面。

（2）新技术的应用。基于 GIS、RS 的侵蚀产沙模型已成为当前国际侵蚀产沙模型研究的发展趋势，如何将 GIS、RS 信息源引入到模型的计算当中，实现模型与 GIS、RS 的深层次结合，是今后研究的重要方向。

（3）模型的空间尺度。不同尺度流域之间土壤侵蚀和输移究竟有什么样的内在联系，小流域所获得的研究成果是否能推广应用到大中流域，成为迫切需要解决的重要科学问题。

（4）模型的检验和应用。易于推广应用是土壤侵蚀模型的生命力所在，因此模型应具有较强的灵活性和较好的区域适应能力。

1.3.3　今后我国侵蚀产沙经验模型的研究重点

由于我国经验模型结构简单、使用方便，同时也能够保证一定精度，因此经验模型在今后一段时期内仍将是指导水土保持实践的重要工具。目前，物理模型或过程模型还不能代替经验模型，所以尽快开发我国土壤侵蚀经验模型，对土地资源管理和环境规划都具有重要意义。我国经验性模型今后的研究重点如下。

（1）加快资料的整理、规范，依据区域特点，确立全国性的土壤侵蚀指标体系及推广应用的技术规范。

（2）加快从坡面模型到流域模型、区域模型的研究，加强现有模型的检验与集成，从中筛选出适合我国不同区域的侵蚀产沙模型。

（3）模型的检验和应用。

（4）充分依托 GIS、RS 等高新技术，将其作为土壤侵蚀模型研究的技术平台。

侵蚀产沙物理模型也存在以下问题：一是，模型输入的空间分散性和不均匀性未得到很好的体现；二是，需考虑不同单元流域的水沙形成机制及模拟参数上的差别；三是，单元流域对全流域出口断面的贡献是否满足叠加原理。

1.4　GIS 技术在侵蚀产沙模型中的应用

1963 年，加拿大地理学家 Tomlinson 开发出世界上第一个地理数据分析系统，并于 1968 年在《区域规划中的地理信息系统》的论文中首次提出了 GIS（地理信息系统）这一术语（王禹生和朱良宗，1998）。地理信息系统（GIS）是以地理信息空间数据库为基础，在计算机硬软件的支持下，对空间相关数据进行采集、管理、操作、分析、模拟和显示，并采用地理模型分析方法，适时提供多种空间和动态的地理信息，为地理研究和地理决策服务而建立起来的计算机技术系统（黄杏元，1989）。地理信息系统具有以下 3 个方面的特点：①具有采集、管理、分析和输出各种地理空间信息的能力；②以地下研究和地理决策为目的，以地理模型方法为手段，具有空间分析和多要素综合分析与动态预测的能力，并能产生高层的地理信息；③由计算机系统支持进行空间地理数据管理，并由计算机模拟常规的或是专门的地理分析方法作用于空间数据，产生有用信息，计算机的支持是 GIS 的重要特征，使 GIS 得到快速、精确、综合地对复杂的地理系统进行空间定位和动态分析。

1972 年，加拿大建立了包括地质、生态、土地利用、土壤等数据库的土地信息系统（Dumanski，1975）；美国在 70 年代初建立了土壤信息系统（Soil Conservation Service，1984），并在 80 年代完成了州级及国家土壤地理信息系统（Reubold and Teselle，1986）。由于计算机硬件及软件技术的高速发展，能用于土壤侵蚀研究的各类数据库相继建立，此类专题数据库为土壤侵蚀模型的研究提供了重要的资料来源及技术平台。近年来，应用 GIS 管理土壤及土地资源不均匀空间分布的信息日益增多，涉及土壤侵蚀管理、流域土地利用变化、水土保持规划等（Mellerowing，1994）。

　　GIS 的出现无疑是地学研究的一个革命性事件，土壤侵蚀模型的研究和 GIS 的发展是同步的。目前，国际上比较流行的 GIS 软件有美国环境系统研究所公司开发的 ARC/INFO、ArcView 系统，美国耶鲁大学研制的 MAP 系统，美国克拉克大学研制的 IDRISI 系统等（刘前进，2004）[①]。GIS 与土壤侵蚀模型的结合方式主要有以下 3 种：①松散耦合，这一阶段 GIS 只是作为构建模型运行所需的输入文件，只起到辅助模型计算的作用，Joao and Walsh（1992）及 Chariat and Delleur（1993）的侵蚀模型则属于松散结构；②部分耦合，这一阶段 GIS 能为模型提供反映地表状况的参数，并能模拟水沙在地表的运输过程，参与模型计算，Tim（1994）的非点源污染模型是此类模型的代表；③紧密耦合，能反映空间分布的侵蚀产沙模型成为模型与 GIS 耦合的必然，分布型模型则为研究产沙的时空变化过程提供了可能，对于侵蚀过程的空间非一致性有很好的表现，使侵蚀过程进一步细化。这类模型充分考虑到流域的非均匀性，计算流域侵蚀产沙过程和数量，可以最充分地利用近现代的计算和模拟技术（唐政洪和蔡强国，2002）。

1.4.1　国外基于 GIS 的主要侵蚀产沙模型介绍

　　国外基于地理信息系统（GIS）的侵蚀产沙模型主要有以下几种。

　　1）水力侵蚀预测模型（Geo - spatial interface for WEPP）模型

　　美国科学家除了对 WEPP 模型坡面和小流域版的用户界面进行不断改进之外，还进一步将 WEPP 模型与 GIS 相结合，开发研制了 GeoWEPP 模型（Renschler，2003），其界面是基于 ArcView 开发而成的。该模型研制开发的目的是给具有不同层次 GIS 知识的用户提供系列界面，应用多种数据，实现全国资料的免费共享。模型与 GIS 有机结合，可直接利用数字化数据对侵蚀量进行估算；同时，模型允许直接输入各种地理数据（数字高程模型、地形图），以便于评价流域水土保持规划的可行性；不同地区的模型参数易于确定，从而使 WEPP 模型的应用更加广泛。后来，经过多个部门和组织的联合研发，美国农业部又推出了基于 ArcGIS 9.X 版本的 GeoWEPP 模型。2006 年，Baigorria and Romero（2006）又将 GIS 和 WEPP 模型整合为一个新的工具 GEMSE（土壤侵蚀地理空间模型）来评价安第斯流域的侵蚀热点地区，由于该模型不能给出流域总的径流和土壤侵蚀产沙量，导致其无法对流域土壤侵蚀进行定量预测。2013 年，基于 ArcGIS 10.X 的最新版 GeoWEPP 模型在其官网发布（http：//geowepp.geog.buffalo.edu/）。

　　GeoWEPP 模型主要依靠 TOPAZ（地形参数化工具）、TOPWEPP 和 CLIGEN（气候发生器）工具完成模块的运行。TOPAZ 利用 DEM 数据提取地形数据，实现地形数据参数化，从而创建山坡剖面文件，DEM 数据的精度、分辨率与来源对 GeoWEPP 的应用模拟效果具有一定影响。CLIGEN 天气生成器是 GeoWEPP 处理气象数据的附带软件，可以生成模型所需的气象文件。TOPWEPP 是能够从土壤图、土地利用图和管理因子中提取 WEPP 所需信息的一个重要工具，包括土壤性质、土地利用类型、植被等信

---

　　① 刘前进. 2004. 基于 GIS 的流域侵蚀产沙模型研究——以晋西王家沟流域为例. 武汉：华中农业大学硕士学位论文。

息。这些信息与水文数据相结合，共同构建了研究区侵蚀模型的数据库。

GeoWEPP 模型下渗、径流及产沙过程的基本理论均采用针对细沟及沟间侵蚀的公式，因此该模型主要适用于小尺度空间范围，如模拟梯形沟渠、暂时性冲沟等渠道及拦蓄设施上的径流、侵蚀和产沙过程。GeoWEPP 模型适用范围局限于坡面和小流域，由于不同尺度侵蚀产沙过程机理不同，影响侵蚀产沙过程的因素在时空上具有很大的不均匀性和变异性，这就增加了不同尺度侵蚀产沙模拟的复杂性，该模型应用于大流域尺度上需解决跨尺度研究和尺度转化等问题（郝韵等，2015）。

2）流域非点源环境响应模型（ANSWERS）

ANSWERS 模型是 A.P.J.Deroo 等研究出的用以模拟荷兰水土流失的 GIS 模型（Beasley et al.，1982），能用以次降雨条件下的表面径流模拟和土壤侵蚀量的测算，考虑了径流的输移作用。在 ANSWERS 模型中考虑了雨滴的溅蚀率、地面径流分散率和输沙能力对流域产沙的影响，并且采用网格法处理研究的区域，是预测水文过程特别是径流过程的分布式模型。该模型主要用于次降雨径流和侵蚀量的估算，对农业区人类活动，如道路修筑、耕作方式、运河及水道方向等有重要的表征，对非点源地区流域环境响应进行模拟具有良好的表现力和适应能力。预报方程以 USLE 模型为基础，是评价潜在土地侵蚀和农业地区非点源环境污染过程较好的模式。

ANSWERS 最初的模型是研究地表水文过程（Huggins and Monke，1996），后来 Beasley 等把侵蚀和泥沙运动等过程加入模型中（Beasley et al.，1980；Beasley，1977；Beasley et al.，1982；Beasley and Huggins，1981），Dillaha 和 Beasley（1983）将模型中的泥沙输移过程改进为不同粒径泥沙颗粒的产输沙过程。由于流域中农田营养元素的流失对水质的影响受到重视，一些研究人员把流域中 N、P 等营养元素的运移过程也加入到模型中（Storm et al.，1988），其中以 Bouraoui（1994）、Bouraoui 和 Dillaha（1996）研究得最为深入，并较大地修改了模型的源程序。近年来，美国佐治亚大学的 Wes Byne 与弗吉尼亚大学的 Dillaha 等又进一步对模型进行了改进（牛志明等，2001）。

ANSWERS 模型主要包括径流和入渗、泥沙及蒸发散三大模块。ANSWERS 模型采用概念模型模拟水文，用泥沙连续性方程模拟侵蚀，用方形网格划分研究区域，可供水质规划者或其他用户模拟土地利用方式对水文和侵蚀响应的影响，对控制非点源污染进行规划。模型中的径流和入渗模块以 Green-Ampt 入渗方程代替了原模型中的 Holtan 方程进行计算；地表径流与沟道径流利用连续方程和曼宁匀速方程进行计算。泥沙模块中，产沙计算采用了 WEPP 模型中的土壤可蚀性指标，以及单位水流动力理论和临界切应力原理；输沙过程计算把 Foster 和 Meyer 方法引入 Yalin 公式，并以此建立了泥沙输移模块。蒸发散模块主要用于设定下场降雨开始时的土壤湿度初始条件，是连续模型得以运行的必要环节。模型运行时，需把研究流域的空间属性数据（坡度、坡长、坡向、地表覆被物状况、土壤等）栅格化，同时输入流域模拟时段内的气象资料，包括降雨强度、历时、气温、地温和地表辐射等。模型采用降雨期间和降雨后的农业用地现状作为初始值，同时对农业区域种植制度的布局和水保措施作出评估（张玉斌和郑粉莉，2004b）。

ANSWERS 模型的一个最基本的弱点是其侵蚀模块，该模块在很大程度上是经验性的，而且仅模拟了总泥沙迁移过程，有待更好的解决在我国的复杂地形应用（陈一兵和 Trouwborst，1997）。牛志明等（2001）将 ANSWER 模型应用于三峡库区小流侵蚀产沙、地表径流，以及不同土地利用类型分布状况的模拟中，模拟的精度较高，但对于一些陡坡林地等地类，模型的模拟误差较大，其模拟精度还有待于进一步提高。该模型模拟高强度降雨精度小于低强度降雨（Bouraoui and Dillaha，1994）。

3）LISEM 模型

荷兰土壤侵蚀预报模型（Limburg soil erosion model LISEM）是 De Roo 等 1989 年提出的对土壤侵蚀过程的描述，结合遥感和 GIS 技术，基于荷兰南部黄土区实验观测资料，于 1996 年开发的模型。它模拟小流域上单次降雨事件的水文和土壤侵蚀过程，考虑降雨、截留、填洼、渗透、水分垂直运动、表层水流、沟道水流、土壤分散及泥沙输移等过程。该模型较详细地考虑了土壤侵蚀产沙的各个环节，能够较好地模拟土壤侵蚀发生过程，是第一个与 GIS 完全集成并直接利用遥感数据的土壤侵蚀预报模型，可用来计算流域各点径流和侵蚀量。该模型较多地应用了基于物理过程的数学模型，可以不断吸收新发展的模型和新数据。LISEM 模型与 GIS 的集成，以 PCRaster GIS 软件为基础，模型的程序代码完全由 GIS 命令构成。这种设计便于用其分析流域的空间变化，可以直接应用遥感数据和其他格式的 GIS 数据，方便模型参数的输入和管理。LISEM 模型分别对降雨、截留、填洼、渗透、水分垂直运动、表层水流、沟道水流、土壤分散、泥沙输移等过程建立了模型。

LISEM 模型的开发者认为，与国际上现有的土壤侵蚀预报模型相比，LISEM 模型具有以下优点（De Roo and Jetten，1999）：①较多地应用了基于物理过程的数学关系。尽管有一些子模型仍然使用统计方法和统计模型，但改进了对溅蚀和沟蚀分散量、填洼等过程的描述。②所有输入参数都能在野外或实验室测定，如团粒微定性、土壤剪切力、叶面积指数等，而没有难以确定的参数。③模型程序原码的编写方式允许新的关系式被直接采用。④模型与栅格 GIS 完全集成，使用分布式数据库管理多种有用的地块属性数据，使土地利用变化方案和新的水土保持措施的评价十分方便，其分析结果以地图形式详尽地显示或输出。

然而，LISEM 模型尚存在以下问题需要改进：①对数据需求量巨大。要取得一个流域面上的数据很困难，且模型中的许多参数不易获取，必须通过一系列野外观测才能获得，因此提高了模型的运行费用。②尽管模型建立的基础是物理过程，但仍有一部分随机统计关系被应用。这些方程可以发展物理化的模型，但所需数据将急剧增加。③个别过程未考虑。对土壤侵蚀和水文学过程的认识，以及土壤水分时空变异性的描述方法还不尽成熟，如土壤水的侧向流动、细沟网络、水流在坡地下部的重新入渗、轮痕中的水流对沟道发生的影响等。在模拟过程中（一场降雨过程中），一系列的参数将不断发生变化，但这种变化尚未考虑。④LISEM 模型的计算机程序基本上是基于 DOS 环境，其操作和驱动基本上还是命令方式，用户操作不便（杨勤科和李锐，1998）。

1.4.2　GIS 技术在我国侵蚀产沙模型中的应用

我国从 80 年代初开始将 GIS 和 RS 等技术应用于土壤侵蚀研究，依托各试验小区及各级流域信息数据库的建立，为土壤侵蚀模型提供了坚实基础。从我国目前已建成的基于 GIS 的侵蚀模型来看，主要从以下 3 个方面进行研究。

（1）在现有 GIS 软件的支持下，采用侵蚀因子分析与空间分析相结合的方法，由 GIS 和 RS 提供部分流域下垫面信息，建立流域侵蚀产沙模型。江忠善等（1996）应用 ARC/INFO 地理信息系统软件支持下建立空间信息数据库和土壤侵蚀建模相结合的办法，在确定浅沟侵蚀系数和植被影响系数的基础上，建立沟间地模型；在确定沟蚀系数的基础上，建立沟谷地侵蚀模型，最后完成流域侵蚀量的计算，该模型的结构符合黄土丘陵区地貌特点，在小流域数据库的支持下，模型从数据库中读取各像元的参数，实现模型与 GIS 的松散结合（江忠善等，1996）；但是该模型对于水沙关系缺乏考虑。由于国内现有的流域侵蚀产沙经验模型主要是"黑箱""灰箱"模型，不考虑水沙汇流过程，人为割裂了流域上下坡的水沙关系，无法有效地反映水沙汇流过程对于小流域侵蚀产沙的影响；如何在 GIS 支持下更有效地反映泥沙侵蚀、沉积和输移的空间过程等都是侵蚀产沙建模中存在的问题。此外，由于国际上较为成型的侵蚀产沙模型主要是缓坡地模型，而陡坡地的产沙规律不同于缓坡产沙规律，陡坡地产沙在我国广大山区具有重要意义，GIS 强大的空间分析能力为揭示重力侵蚀临界及陡坡地产沙规律等问题提供了一种更有效的手段。

（2）利用 GIS 软件参与描述小流域侵蚀产沙的空间分布，并建立侵蚀产沙的过程模型，从理论上阐明流域侵蚀产沙的时空规律。蔡强国和陆兆熊（1996）在 IDRISI 软件的支持下，建立了一个有一定物理基础的能表示侵蚀—输移—产沙过程的小流域次降雨侵蚀产沙模型；它由 3 个子模型构成：坡面子模型、沟坡子模型、沟道子模型。该模型考虑了降雨入渗、径流分散、重力侵蚀、洞穴侵蚀及泥沙输移等侵蚀过程。将水流在流域的汇流、输移过程引入到模型当中，从侵蚀机理上对影响侵蚀过程进行定量分析，从而建立了黄土丘陵区侵蚀产沙过程模型（蔡强国和陆兆熊，1996）；这是利用 GIS 的空间分析功能对侵蚀产沙过程进行量化研究的较为成功的尝试。由于这是一个侵蚀产沙的过程模型，旨在从理论上阐明小流域侵蚀产沙规律，因此该模型结构尤其是坡面子模型较为复杂，在推广应用时受到模型参数的限制，此外在模型与 GIS 参数接口方面都有待于进一步深化研究。在基于 GIS 的侵蚀产沙模拟研究方面，我国现阶段小流域侵蚀产沙模型主要以栅格为计算单元，由于栅格单元不能很好地反映复杂地貌地区流域下垫面特征，因此如何合理地确定复杂地貌区的地块单元以解决参数自动交换，实现模型与 GIS 的接口、模型自动计算都是研究中需要解决的问题。

（3）利用 GIS 强大的空间分析能力，对空间数据进行深度提取，将 RS 图像的解译判读结果直接应用于侵蚀产沙模型中，实现对侵蚀产沙空间过程的模拟，从而实现 GIS 与侵蚀产沙模型的紧密耦合，建立能反映侵蚀产沙过程及空间分布的模型。目前，国内外这方面的研究还不多见，这也是今后土壤侵蚀模型研究努力的方向。李清河等（2000）在黄土区小流域土壤侵蚀模型结构发展方面认为，建立分布型参数的土壤侵蚀模型反映了当前模型发展的趋势；提出由水文模型和泥沙模型来共同完成土壤侵蚀量的预测是符合土壤侵蚀与产沙自然规律的（李清河等，2000）。

在模型与 GIS 的紧密耦合中，模型参数的提取方面将成为建模研究的重要问题，从 RS 数据、DEM 数据中提取小流域特征参数并参与模型计算（傅伯杰和江西林，

1994），如何自动提取沟缘线、沟谷网络、汇流网络、主流路坡长等参数都是我国侵蚀产沙研究中需要解决的问题，其成为小流域侵蚀产沙模型发展的关键环节（闾国年等，1998）。

GIS 在侵蚀产沙模型研究中的应用不仅受制于数学模型的研究水平，而且也受到 GIS 软件的开发、基础数据的来源等多方面因素的影响。基于 GIS 的侵蚀产沙模型研究方面，今后的研究将主要集中于以下两个方面。

（1）流域侵蚀产沙过程研究。今后的侵蚀产沙模拟研究将进一步注重理论分析，从以侵蚀因子为基础的侵蚀预报转向侵蚀过程的量化研究和理论完善将主要涉及以下方面：①侵蚀过程的细分，土壤、气候等侵蚀因子及其交互作用对侵蚀过程的影响研究；②泥沙在复杂坡面的分散和沉积作用，以及水沙运移及汇流过程的计算机模拟计算；③陡坡产沙过程、重力侵蚀发生的机制及量化研究；④土壤侵蚀与全球变化的相互关系。土壤侵蚀模型在 GIS 的支持下，能够反映和模拟出流域的侵蚀过程和空间分布；目前，模糊分析、系统聚类分析及 GIS 模拟分析等方法越来越多地应用到侵蚀产沙预测研究，在 GIS 的支持下建立适合不同地区的流域侵蚀产沙模型，提高模型对所研究区域侵蚀预报的精度，同时使模型具有更好的开放性、动态性和可移植性，将成为今后研究的重点。

（2）侵蚀产沙模型的尺度研究。目前，国内外有关流域侵蚀产沙与输移的研究在小流域开展得较多，不同尺度的综合研究较少。近年来，随着流域过程和形态资料的日益积累和丰富，人们强烈地认识到只有宏观研究不断取得进展，微观研究的继续深化才有可能（Walling and Webb 1996），不同尺度流域之间侵蚀产沙和输移究竟有什么样的内在联系，小流域所获得的研究成果是否能推广应用到大中流域，成为迫切需要解决的重要的科学问题。现有的研究表明，流域产沙量与流域尺度之间可以呈反比关系，也可以呈正比关系，而且可以呈非线性关系，即随着流域面积的增大，流域产沙量一开始可以是增加的，当流域面积增大到一定程度以后，流域产沙量反而呈现为减少趋势（Osterkamp，1995）。有关流域侵蚀产沙与输移过程随流域尺度复杂变化的研究国际上才刚刚开始，已有的研究工作都缺乏深度和广度；国内有关流域尺度研究仅限于水文学的一些零星研究，关于流域侵蚀产沙与输移过程随流域尺度复杂变化的研究很少。由于流域尺度的研究涉及不同比例尺的空间对比和分析过程，因此 GIS 将在流域尺度这一侵蚀产沙的国际热点问题研究中发挥重要作用。

基于 GIS 的侵蚀产沙模型较传统侵蚀模型具有更强大的生命力，是目前和今后研究的重点。对于 GIS 技术与土壤侵蚀的结合，开发流域土壤侵蚀管理信息系统，实现 GIS 与侵蚀产沙模型的紧密耦合，研究能反映侵蚀产沙过程及空间分布的 GIS 模型，代表了侵蚀产沙模型研究的方向。由于 RS、全球定位系统（GPS）的发展，专家系统（ES）的出现，GIS、GPS、RS 与 ES 的结合，侵蚀产沙模型将具有更广泛、更快捷的数据来源；Internet 和 Intranet 技术的迅猛发展，将给 GIS 技术开放、价格低廉、易于使用、支持多种数据格式等优势赋予侵蚀产沙模型更大的生命力，实现流域管理的信息化、动态化管理（徐富春等，2000）。

1.5　分布式侵蚀产沙模型概述

电子计算机技术的高速发展和地理信息系统（GIS）的引入，为数据的提取、储存、处理和计算提供了灵活、方便的手段，使分布式模型（distributed model）得到发展及应用，引起了越来越多研究者的兴趣（大多为分布式水文模型）（Michael and Refsaard，1996；Refsaard，1997；郭生练，2000）。分布式模型将流域划分成一个个网格（或地块），每个网格（或地块）单元中的土壤、植被覆盖均匀分布，在每个网格（或地块）上进行参数的输入，然后依据一定的数学表达式来计算，并将计算结果推算到流域出口，得到流域土壤侵蚀总量。

从集总式模型到分布式模型的转变，要通过空间离散化和空间参数化过程。将流域分成模型运行较小的地域元的方法称为离散化（discretization）。这些地域元可以是子区（sub-area）、子流域（subbasin，subcatchment）、坡面（hillslope）或是格网（grid cell）（李硕等，2002）。数字高程模型（DEM）是描述地面高程值分布的一组有序数组。数字地形模型（DTM）是通过数字地形分析技术，从 DEM 中得到的反映地形特征的一系列数字组件，如坡度、坡向、高度带等。数字高程模型主要有栅格（GRID）、不规则三角网（TINs）、矢量线（DLGs）3 种形式（李硕等，2002）。在目前大多数模型中，多数是将流域离散化为栅格来提取数据，这种处理方法存在一定问题：单元格的大小直接决定了是否准确反映地表特征的差异，以及模型的精度，同时也决定了数据量。栅格越小，精度越高，数据量也就越庞大。因此，流域尺度的不同，往往选择不同的栅格大小（卫海燕等，2002）。卫海燕等（2002）的研究表明，在面积为 8.27 km^2 的小流域上，至少应该是 18m×18m 的栅格大小才能保证 75% 的不同属性的地块得到区分，达到 6 m×6 m 时，能保证 95% 的不同属性地块得到区分。这种离散化程度是在影响土壤侵蚀的诸多因子中抽取部分进行叠加后，在 SPSS 软件统计分析的基础上得出的，但是有的地方为了其他需求而采用了别的栅格大小。在祁伟等（2004）的研究中，对于 24.85 km^2 的流域面积按 200 m×200 m 划分网格，每个单元的面积达到 4 hm^2。在 Lee（2004）的研究中，流域面积 68.43km^2 的单元格的大小为 5m×5m。

1.5.1　国外主要分布式侵蚀产沙模型介绍

典型分布式模型的例子是 SHE 模型、EUROSEM 模型与 IHDM（institute of hydrology distributed model）（Morris，1980）模型。但由于分布式模型对资料的要求很高，需要评价许多参数，同时也很复杂，因此当前大量使用半分布式模型，其中 TOPMODEL 模型是半分布式模型的典型例子。

TOPMODEL（topography based hydrological model）（Beven and Kirkby，1979）是一个以地形为基础的半分布式小流域模型。其主要特征是数字高程模型（DEM）的广泛适用性，以及水文模型与 GIS 的结合应用。该模型结构简单，优选参数少，充分利用了容易获取的地形资料，而且与观测的物理水文过程有密切联系。该模型已被应用到各个研究方面，并不断发展、改进，反映了降雨径流模拟的最新思想。TOPMODEL 模型以地形空间变化为主要结构，用地形信息［以地形指数 $\ln(\alpha/\tan\beta)$ 或土壤-地形指数 $\ln(\alpha/T_0\tan\beta)$ 形式］描述水流趋势和由于重力排水作用径流沿坡向的运动。它的基本方程如下：

$$S_x = S + m \times [\lambda - \ln(\alpha/\tan\beta)x] \tag{1-27}$$

式中，S_x 为 x 处饱和缺水量；S 为流域平均饱和缺水量；α 为通过等高线一单位长度的累计产流面积；β 为坡度；λ 为 $\ln(\alpha/\tan\beta)$ 的流域分布平均值。式（1-26）表明，流域内任何点 x 的饱和缺水量由流域平均饱和缺水量与 $\ln(\alpha/\tan\beta)$ 之差确定。$\ln(\alpha/\tan\beta)$ 值较大的面积容易达到饱和，产生饱和坡面流。这些面积上地形辐合、坡面平缓、水平方向透水性差，局部面积即为产流面积。

1.5.2　我国主要分布式侵蚀产沙模型

目前，国内的侵蚀产沙模型多为集总式模型（lumped model），分布式侵蚀产沙模型不多见。

（1）汤立群（1996）从流域水沙产生、输移、沉积过程的基本原理出发，根据黄土地区地形地貌和侵蚀产沙的垂直分带性规律，将流域划分为梁峁坡下部及沟谷坡 3 个典型的地貌单元，分别进行水沙演算。模型包括径流模型和泥沙模型两部分，径流模型中采用超渗产流模型，用 Horton 下渗曲线确定入渗量，沟道中径流运动用一维圣维南方程进行计算。泥沙模型是在计算供沙量的基础上，通过现有挟沙力公式计算径流挟沙力，比较供沙量与径流挟沙力，输沙率为其中较小者。该模型充分借鉴了国外已有的研究成果，模型结构简单，并考虑到黄土区的垂直分带性。

（2）符素华等（2001）建立了一个流域尺度的、与 GIS 相结合的次暴雨分布式模型。以栅格为基本空间单元，该模型可以计算每个栅格的径流量和坡面侵蚀量，并且考虑了汇流汇沙过程，该模型可以模拟每个栅格的洪峰流量、淤积量和产沙量。

该模型采用两种方法计算径流，当有降雨过程资料时，采用修正的 Green-Ampt Mein-Larson（GAML）入渗曲线（Chu，1978）计算径流；如果只有降雨总量而没有降雨过程资料时采用 SCS 径流曲线法计算径流。坡面侵蚀量采用中国坡面土壤流失预报方程（刘宝元等，2001）计算。模型坡面汇流中以假想的"U"形断面沟道进行水力参数的计算；沟道汇流中沟道断面用"U"形或"V"形断面来进行相应的水力参数的计算。在汇流计算的基础上，采用泥沙连续方程进行汇沙演算，并且该模型在计算积水区水沙时还考虑了谷坊的拦水拦沙作用。

该模型应用结果表明，该模型具有一定的计算精度。该模型可以模拟流域内土壤侵蚀的空间分布和评价不同土地利用、水土保持措施等对水土流失的影响。该模型可用于无降雨过程资料地区的水土资源评价和规划，可为水土保持设计和规划提供依据。

（3）祁伟等（2004）建立了基于场次暴雨的小流域侵蚀产沙分布式数学模型。该模型分为降雨径流和侵蚀产沙两个子模型：在计算有效降雨时，考虑了蒸发蒸腾、植物截留、填洼、入渗等降雨损失，采用水量连续平衡方程（Beasley et al.，1980）计算每个网格单元的地表径流；侵蚀产沙子模型分为产输沙两个过程，其中产沙分为沟间侵蚀产沙和细沟侵蚀产沙，模型中的输沙计算采用 Beasley 等（1982）推导出的公式。

该模型能够模拟出流域在不同水土保持措施（不同土地利用类型）下的径流和侵蚀产沙的时空过程，从而加强了其在水土保持措施制定中的应用，并能够检测流域管理措施对径流泥沙过程产生的影响，进而为配置流域内水土保持措施和检测流域管理提供技术支撑和科学依据。经黑草河小流域实测资料率定和验证，计算值与实测值符合良好。

1.5.3　分布式侵蚀产沙模型存在的不足

目前，分布式侵蚀产沙模型尚存在以下不足。

（1）分布式水文模型的深入研究能够为分布式侵蚀产沙模型提供不少借鉴，但如何在分布式水文模型的基础上开发侵蚀模块还存在一些问题。

（2）目前，国内分布式土壤侵蚀模型大都基于黄土高原而得出，黄土高原为超渗产流（超渗产流是指土壤含水量未达到田间持水量以前因雨强大于渗强而产流）。对于基于蓄满产流［蓄满产流是指在土壤含水量满足田间持水量以前不产流，所有的降雨都被土壤吸收；而在土湿满足田间持水量以后，所有的降雨（减去同期的蒸散发）都产流］（赵人俊，1984），机制的分布式土壤侵蚀研究还比较少。基于超渗产流的分布式土壤侵蚀模型，往往只考虑到地面径流。对于壤中流及浅层地下水对河槽的补给基本上还少有研究。而基于蓄满产流的土壤侵蚀，壤中流和浅层地下水的影响显然不能被忽略。它们与地面径流的汇流特性有着明显的不同，对土壤侵蚀的作用也大不相同。

（3）当前的大多侵蚀产沙的关系式（尤其是坡面侵蚀关系式）是经验型的，汇沙的过程考虑得过于简单，没有深入探讨水文与土壤侵蚀的关系。

（4）目前，大多数分布式土壤侵蚀模型没有考虑次暴雨产流的时间变化，不同的时段，河流的径流量有很大变化，相应地，河流的含沙量及流速也将有很大变化。同理，对于空间的考虑也很不足够，目前很少有侵蚀模型考虑到降雨过程中空间的变化，暴雨中心的位置其土壤侵蚀量有很大改变。目前，对于时空的变化在土壤侵蚀中还不多见（蔡强国等，2006）。

今后我国侵蚀产沙理论模型发展的重要趋势是向能阐明一定的物理成因机制、反映动态变化的、基于物理过程的分布式模型发展，具体体现在以下方面。

（1）从模型的内涵看，模型内涵的深化体现在加强了土壤侵蚀机制的研讨，注重对土壤侵蚀过程的量化描述，近期发展的土壤侵蚀模型对降雨击溅、径流冲刷、径流搬运和沉积等土壤侵蚀过程进行了深入描述，建立了一系列能反映产汇流和产输沙不同演进阶段的连续模型。

（2）从研究手段上看，注重高新技术尤其是现代信息技术的应用，在当前的土壤侵蚀模型中，大量采用 RS 及 GIS 技术，强调对 RS、GIS 数据源的分析利用，强调模型与 GIS、RS 的深层结合。

（3）从研究的目标看，强调在应用中校准、检验和完善土壤侵蚀模型，从传统的注重建模到强调模型的应用和推广。

参 考 文 献

包为民. 1993. 黄土地区小流域产沙概念性模拟研究. 水科学进展, 4(1): 44～50.

包为民, 陈耀庭. 1994. 中大流域水沙耦合模拟物理概念模型. 水科学进展, 5(4): 287～292.

蔡崇法, 丁树文, 史志华, 等. 2000. 应用 USLE 模型与地理信息系统 IDRISI 预测小流域土壤侵蚀量的研究. 水土保持学报, 14(2): 19～24.

蔡强国, 陆兆熊. 1996. 黄土丘陵沟壑区典型小流域侵蚀产沙过程模型. 地理学报, 51(2): 108～117.

蔡强国, 王贵平, 陈永宗. 1998. 黄土高原小流域侵蚀产沙过程与模拟. 北京: 科学出版社.

蔡强国, 袁再健, 程琴娟, 等. 2006. 分布式侵蚀产沙模型研究进展. 地理科学进展, 25(3): 48～54.

陈一兵, Trouwborst K O. 1997. 土壤侵蚀建模中 ANSWERS 及地理信息系统的应用研究. 土壤侵蚀与水土保持学报, 3(2): 1～13.

陈云明, 刘国彬, 郑粉莉, 等. 2004. RUSLE 侵蚀模型的应用及进展. 水土保持研究, 11(4): 80～83.

范瑞瑜. 1985. 黄河中游地区小流域土壤流失量计算方程的研究. 中国水土保持, (2): 12～18.

方海燕, 孙莉英, 聂斌斌, 等. 2014. 基于 WaTEM/SEDEM 模型的双枫潭流域侵蚀产沙模拟. 陕西师范大学学报(自然科学版), 42(1): 92～97.

符素华, 张卫国, 刘宝元, 等. 2001. 北京山区小流域土壤侵蚀模型. 水土保持研究, 8(4): 114～120.

傅伯杰, 汪西林. 1994. DEM 在研究黄土丘陵沟壑区土壤侵蚀类型和过程中应用. 水土保持通报, 8(3): 17～21.

郭生练. 2000. 基于 DEM 的分布式流域水文物理模型. 武汉水利电力大学学报, 33(6): 1～5.

郝韵, 于瑞宏, 郝瑞英, 等. 2015. 水力侵蚀预测模型 GeoWEPP 研究进展. 水利水电科技进展, 35(3): 99～105.

胡良军, 李锐, 杨勤科. 2001. 基于 GIS 的区域水土流失评价研究. 土壤学报, 38(2): 167～174.

黄杏元. 1989. 地理信息系统概论. 北京: 高等教育出版社.

贾媛媛, 郑粉莉, 杨勤科. 2003. 国外水蚀预报模型评述. 水土保持通报, 23(5): 82～87.

江忠善, 王志强, 刘志. 1996. 黄土丘陵区小流域土壤侵蚀空间变化定量研究. 土壤侵蚀与水土保持学报, 1(2): 1～9.

李清河, 李昌哲, 齐实, 等. 2000. 黄土区小流域土壤侵蚀模型系统解析. 水土保持通报, 20(1): 28～30.

李硕, 曾志远, 张运生. 2002. 数字地形分析技术在分布式水文模型建模中的应用. 地球科学进展, 17(5): 769～775.

李义天, 李荣, 黄伟. 2001. 基于神经网络的水沙运动预报模型与回归模型比较及应用. 泥沙研究, (1): 30～37.

刘宝元, 史培军. 1998. WEPP 水蚀预报流域模型. 水土保持通报, 18(5): 6～12.

刘宝元, 谢云, 张科利. 2001. 土壤侵蚀预报模型. 北京: 中国科学技术出版社.

刘国东, 丁晶. BP 网络用于水文预测的几个问题探讨. 水利学报, 1999, (1): 65～70.

刘海涛. 2001. 基于 WebGis 的土壤侵蚀模型的研究及其应用. 水土保持学报, 15(3): 52～55.

陆中臣. 1993. 晋陕蒙接壤区北片的侵蚀产沙模型, 黄土高原(重点产沙区)信息系统研究(续集). 北京: 测绘出版社.

闾国年, 钱亚东, 陈钟明. 1998. 黄土丘陵沟壑区沟谷网络自动制图技术研究. 测绘学报, 27(2): 131～137.

吕玉玺. 1992. 土壤可蚀性因子 K 的初步研究. 水土保持学报, 6(1): 63～70.

马蔼乃. 1990. 土壤侵蚀因子的信息提取及建模应用. 中国水土保持, (3): 33～36

牟金泽, 孟庆枚. 1983. 陕北部分中小流域输沙量计算. 人民黄河, (4): 35～37.

牛志明, 解明曙, 孙阁, 等. 2001. ANSWER2000 在小流域土壤侵蚀过程模拟中的应用研究. 水土保持学报, 15(3): 56～60.

庞靖鹏, 刘昌明, 徐宗学. 2007. 基于 SWAT 模型的径流与土壤侵蚀过程模拟. 水土保持研究, 14(6): 88～93.

祁伟, 曹文洪, 郭庆超, 等. 2004. 小流域侵蚀产沙分布式数学模型的研究. 中国水土保持科学, 2(1): 16～21.

汤立群. 1996. 流域产沙模型的研究. 水科学进展, 7(1): 47～53.

唐政洪, 蔡强国. 2002. 侵蚀产沙模型研究进展和 GIS 应用. 泥沙研究, (5): 54～61.

王宏, 蔡强国, 朱远达. 2003. 应用 EUROSEM 模型对三峡库区陡坡地水力侵蚀的模拟研究. 地理研究, 22(5): 579～589.

王禹生, 朱良宗. 1998. 加快长江流域水土流失治理促进流域经济跨世纪可持续发展. 长江水土保持, 3(1): 7～11.

卫海燕, 张科利, 王敬义. 2002. 分布式侵蚀预报模型中网格面积的选定. 地理研究, 21(5): 578～584.

吴礼福. 1996. 黄土高原土壤侵蚀模型及应用. 水土保持通报, 16(5): 29～35.

武会先. 1998. 利用土壤侵蚀模型研究全球变化. 水土保持应用技术, (2): 14～19.

肖军仓, 罗定贵, 王忠忠. 2013. 基于 SWAT 模型的抚河流域土壤侵蚀模拟. 水土保持研究, 20(1): 14～18, 24.

谢春燕, 陈晓燕, 何炳辉, 等. 2003. 土壤可蚀性在 WEPP 模型中的应用. 水土保持应用技术, (4): 6～9.

徐富春, 魏斌, 程子峰. GIS-IMS 在重点流域环境管理中的应用. 环境与可持续发展, 2000(1): 16～18.

杨勤科, 李锐. 1998. LISEM: 一个基于 GIS 的流域土壤流失预报模型. 水土保持通报, 18(3): 82～89.

尹国康, 陈钦峦. 1989. 黄土高原小流域特性指标与产沙统计模式. 地理学报, 44(1): 32～46.

于国强, 李占斌, 鲁克新, 等. 2010. 黄土高原小流域次降雨侵蚀产沙分段预报模型. 土壤学报, 47(4): 604～610.

张科利, 曹其新, 细山田健三, 等. 神经网络理论在土壤侵蚀预报方面应用的探讨. 土壤侵蚀与水土保持学报, 1995, 1(1): 58～63, 72.

张启旺, 安俊珍, 王霞, 等. 2014. 中国土壤侵蚀相关模型研究进展. 中国水土保持, (1): 43～47.

张小峰, 许全喜, 裴莹. 2001. 流域产流产沙 BP 网络预报模型的初步研究. 水科学进展, 12(1): 17～22.

张玉斌, 郑粉莉. 2004a. AGNPS 模型及其应用. 水土保持研究, 11(4): 124～127.

张玉斌, 郑粉莉. 2004b. ANSWERS 模型及其应用. 水土保持研究, 11(4): 165～168.

张玉斌, 郑粉莉, 贾媛媛. 2004. WEPP 模型概述. 水土保持研究, 11(4): 146～149.

张增祥. 2014. 中国土壤侵蚀遥感监测. 北京: 星球地图出版社.

赵人俊. 流域水文模型—新安江模型与陕北模型. 北京: 水利电力出版社, 1984.

郑粉莉, 杨勤科, 王占礼. 2004. 水蚀预报模型研究. 水土保持研究, 11(4): 13～24.

周正朝, 上官周平. 2004. 土壤侵蚀模型研究综述. 中国水土保持科学, 2(1): 52～56.

朱湖根. 1992. 土壤侵蚀量及其水动力因子间的灰关联分析. 中国水土保持, (5): 38～40.

Abbott M B, Bathurst J C, O'Connell P E, et al. 1986. An Introduction of the European Hydrological System-Système Hydrologique Européen, "SHE", 2: Structure of a physically based, distributed modeling system. Journal of Hydrology, (87): 61～77.

Arnold J G, Williams J R, Nicks A D, et al. 1990. SWRRB: A Basin Scale Simulation Model For Soil and Water Resources Management. College Station: Texas A&M Press.

Baffaut C, Nearing M A, Ascough II J C, et al. 1996. The WEPP watershed model: II. Sensitivity and discrimination on small watersheds. Trans. ASAE, 40(4): 935～944.

Baigorria G A, Romero C C. 2006. Assessment of erosion hotspots in a watershed: Integrating the WEPP model and GIS in a case study in the Peruvian Andes. Environmental Modelling ＆ Software, 22(2007): 1175～1183.

Beasley D B, Huggins L F, Monke E J. 1980. ANSWERS: A model for watershed planning. Trans. of the

ASAE, 23(4): 938～944.

Beasley D B, Huggins L F, Monke E J. 1982. Modeling sediment yield from agricultural watersheds. J. Soil and Water Cons, 37(2): 113～117.

Beasley D B, Huggins L F. 1982. ANSWERS User's Manual. West Layette: Dept. If Agric, Eng. , Purdue University.

Beasley D B, Huggins L F. ANSWERS Users Manual. EPA905982001. Washington, DC: USEPA, 1981.

Beasley D B. 1977. A Mathematical Model for Simulating the Effects of Land Use and Management Water Quality . West Lafayette: Purdue University.

Beven K J, Kirkby M J. 1979. A physically based variable contributing area model of basin hydrology. Hydrology Science Bulletin, 24(1): 43～69.

Bouraoui F. 1994. Development of A Continuous, Physically Based, Distributed Parameter, Nonpoint Source Model. Blacksburg: Biological Systems Engineering Dept. , Virginia Polytechnic Institute and State University, Ph. D. Dissertation.

Bouraoui F, Dillaha T A. 1994. ANSWERS 2000: Continuous Simulation Version. American Society of Agricultural Engineers Meeting(USA). ho. 94-2120194-2135.

Bouraoui F, Dillaha T A. 1996. ANSWERS～2000: Runoff and sediment transport model. J. Envir. Engin. ASCE, 122(6): 493～502.

Chariat S, Delleur J W. 1993. Integrating a physically based hydrological model with GRASS//Kovar K. Application of GIS in Hydrology and Water Resources Management. IAHS. Publ. 211, pp. 143～150.

Chu S T. 1978. Infiltration during an unsteady rain. Water Resource Research, 14(3): 461～466.

Cochrane T A, Flanagan D C. 2001. 基于 GIS 和 DEM 下的 WEPP 模型对水蚀的评价. 水土保持应用技术, (4): 20～25.

Cohrane T A, Flanagan D C. 1999. Assessing water erosion in small watersheds using WEPP with GIS and digital elevation models. Journal of Soil and Water conservation, 54(4): 678～685.

De Jong S M, Paracchmi M L, Bertolo F, et al. 1999. Regional assessment of soil erosion using the distributed model SEMMED and remotely sensed data. Catena, 37(3～1): 291～308.

De Roo A P J, Jetten V G. 1999. Calibrating and validating the LISEM Model for two data sets from the Netherlands and South Africa. Catena, 37(3～4): 477～493.

De Roo A P J, Offermans R J E, Cremers N H D T. 1996a. LISEM: A single event physical based hydrological and soil erosion model for drainage basins, Ⅱ: Sensitivity analysis, validation and application. Hydrological Processes, 10(8): 1119～1126.

De Roo A P J, Wesseling C G and Ritsema C J. 1996b. LISEM: A Single～event physically based hydrological and soil erosion model for drainage basins, I: Theory, input and output . Hydrological Processes, 10(8): 1107～1118.

Dillaha T A, Beasley D B. 1983. Sediment transport from disturbed upland watersheds. Trans. ASAE, 26(6): 1766～1772, 1777.

Dumanski J. 1975. Concept, objective and structure of the Canada soil information. Canadian Journal of soil Science, 55: 181～189.

Favis-Mortlock D T. 1996. An evolutionary approach to the simulation of rill initiation and development//Abrahart R J. Proceedings of the First International Conference on Geocomputation Volume 1, School of Geography, University of Leeds: 248～281.

Favis-Mortlock D T. 1998. A self organising dynamic systems approach to the simulation of rill initiation and development on hillslopes. Computers and Geosciences, 21(4): 353～372.

Favis-Mortlock D, Guerra T, Boardman J. 1998. A Self-Organizing Dynamic Systems Approach to Hillslop Rill Initiation and Growth: Model Development and Validation. Proceedings of a symposiom held at Vienna, IAHS Publication, 249.

Feng X M, Wang Y F, Chen L D, et al. 2010. Modeling soil erosion and its response to land-use change in hilly catchments of the Chinese Loess Plateau. Geomorphology, (118): 239~248.

Flanagan D C, Huang C, Norton L D, et al. 1995. Laser scanner for erosion plot measurements. Transactions of the ASAE, 38(3): 703~710.

Foster G R, Lane L J. 1987. User Requirements USDA-Water Erosion Prediction Project(WEPP). West Lafayette: NSEAL Report No. 1.

Govers G. 1990. Empirical relationships for the transport capacity of overland flow. IAHS Publication, 189: 45~63.

Haregeweyn H, Poesen J, Verstraeten G, et al. 2013. Assessing the performance of a spatially distributed soil erosion and sediment delivery model(WaTEM/SEDEM)in northern Ethiopia. Land Degradation and Development, 24(2): 188~204.

Huggins L F, Monke E J. 1996. The Mathematical Solution of the Hydrology of Small Watersheds. Technical Report No. 1, West Lafayette: Water Resources Research Center, Purdue University.

Joan Q W, Xu A C, Elliot W J. 2002. 改进 WEPP 研究森林小区的土壤侵蚀. 中国水土保持, (2): 40.

Joao E M, Walsh S J. 1992. GIS implications for hydrologic modeling: Simulation of nonpoint pollution generated as a consequence of watershed development scenarios, Copmutre. Enivonment. Urban. System, 16: 43~63.

Knisel W G. 1980. CREAMS: A Field Scale Model for Chemicals, Runoff and Erosion from Agricultural Management Systems. Washington D. C: Conserv. Res. Rep. 26. USDA~ARS.

Laflen J M, 李喜民, 杞杰. 1998. 用编程的 WEPP 软件预测水蚀. 水土保持应用技术, (3): 42~45.

Lee S. 2004. Soil erosion assessment and its verification using the universal soil loss equation and geographic information system: A case study at Boun, Korea. Environmental Geology, 45: 457~465.

Liu B Y, Nearing M A, Baffaut C. 1997. The WEPP watershed model: Ⅲ. Comparisons to measured data from small watersheds. Trans. ASAE, 40(4): 945~952.

Mellerowing K T. 1994. Soil conservation planning at the watershed level using the USLE with GIS and microcomputer technologies: A case study. Journal of Soil and Water Conservation, 49(2): 194~200.

Merritt W S, Letcher R A, Jakeman A J. 2003. A review of erosion and sediment transport models. Environmental Modelling and Software, (18): 761~799.

Michael B A, Refsaard J C. 1996. Distributed Hydrological Modeling. Netherlands: Kluwer Academic Pubilishers.

Morgan P R C, Quinton J N, Smith R E, et al. 1998a. The European Soil Erosion Model(EUROSEM): Documention and User Guide, Version 3. 6. Silsoe, Bedford Mk454DT United Kingdom.

Morgan R P C, Quinton J N, Smith R E, et al. 1998b. The European Soil Erosion Model(EUROSEM): A dynamic approach for predicting sediment transport from fields and small catchments. Earth Surface Processes and Landforms, 23(6): 527~544.

Morgan R P C, Quinton J N, Smith R E. 1998c. The European Soil Erosion Model(EUROSEM): A dynamic approach for predicting sediment transport from fields and small catchment. Earth Surface Pand Land form, 23, 527~544.

Morris E M. Forecasting flood flows in grassy and forested basins sing a deterministic distributed mathematical model. Hydrological forecasting IAHS Publication, 1980, 129: 247~255.

Nachtergaele J, Poesen J, Vandekerckhove L, et al. 2001. Testing the Epherneral Gully Erosion Model (EGEM)for two Mediterranean environments. Earth Surface Processes and Landforms, 26(1): 17~30.

Nearing M A. 1998. Why soil erosion models over~predict small soil losses and under-predict large soil losses. Catena, 32: 15~22.

Neitsch S L, Arnold J G, Kiniry J R, et al. 2002. Soil and Water Assessment Tool User's Manual. Temple: Grassland, Soil and Water Research Laboratory, Agricultural Research Service.

Osterkamp W R, Toy T J. 1997. Geomorphic considerations for erosion prediction. Environmental Geology, 29(3~4): 152~157.

Osterkamp W R. Effects of Scale on interpretation and management of sediment and Water quality. IASH Publication, 1995, no. 226.

Perrone J, Madramootoo C A, 刘元和, 等. 1999. 利用 AGNPS 预测泥沙量. 水土保持应用技术, (4): 42～44, 52.

Refsaard J C. 1997. Parameterization, calibration and validation of distributed hydrological models. Hydrology, 198: 69～97.

Renard K G, Foster G R, Weesies G A, et al. 1991. RUSLE revised universal soil loss equation. Journal of soil and water Conservation, 46(1): 30～33.

Renard K, Foster G, Weesies G, et al. 1997. Predicting Soil Erosion by Water: A Guide to Conservation Planning with Revised Universal Soil Loss Equation(RUSLE). USDA Agricultural Research Service. 537.

Renschler C S. 2003. Designing geo–spatial interfaces to scale process models: The GeoWEPP approach. Hydrological Processes, 17(5): 1005～1017.

Reubold W U, Teselle G W. 1986. Soil geographic data bases. Journal of soil and water conservation, 44(1): 28～29.

Romero–Dazí A, Alonso–Sarriá F, Martnez–Lloris M. 2007. Erosion rates obtained from check～dam sedimentation(SE Spain): A multi–method comparison. Catena, 71: 172～178.

Savabi M R. 1996. 用 WEPP 模型模拟地下排水和地表径流. 黑龙江水利科技, (2): 119～124.

Savabi M R, Flanagan D C, 张凤春. 1996. WEPP 和 GIS–GRASS 在小流域中的应用. 水土保持应用技术, (3): 28～30.

Sharpley A N, Williams J R. 1990. EPIC Erosion Productivity Impact Calculator: 1. Model Documentation. Washington, DC, USA: Technical Bulletin No. 1768, USDA.

Shi Z H, Ai L, Fang N F, et al. Modeling the impacts of integrated small watershed management on Soil erosion and Sediment delivery: a case study in the Three Gorges Area, China Journal of Hydrology, 2012, 438～439: 156～167.

Sidorchuk A, Sidorchuk A. Model for estimating gully morphology. IAHS publication, 1998, 249: 333～343.

Storm D E, Dillaha T A, Mostaghimi S. 1988. Modeling phosphorus transport in surface runoff. Transactions ASAE, 31(1): 117～127.

Tim VS, Jolly R W. Evaluating agricultural nonpoint source pollution using integrated GIS and hydrologic/Water quality Model Journal of environmental quality, 23(1): 23～25.

Van Oost k, Gouers G, Desmet P J J. Eraluating the effects of changes in landscape structure on soilerosion by water and tillage Landscape Ecology, 2000, 15(6): 579～591.

Walling D E, Webb B W. Erosion and Sediment Yield: a global Overview. Erosion & Sediment Yield Global & Regional Perspectives IAHS Publication, 1996: 410～416.

Williams J R, Jones C A, Dyke P T. 1984. A modeling approach to determining the relationship between erosion and soil productivity. Transactions of the Asae, 27(1): 129～144.

Wischmeier W H, Smith D D. A universal Soil loss equation to guide conservation farm planning. Trans. Int. Congr. Soil Sci. , 1960, 1: 418～425.

Woolhiser D A, Smith R E, Good rich D C. KINEROS, a kinematic runoff and erosion model: Documentation and user manual, Report No ARS-77. Agricultural Research Service, US Department of Agriculture, 1990.

Young R A, Onstad C A, Bosch D D, et al. 1989. AGNPS: A nonpoint–source pollution model for evaluating agricultural watershed . J. Soil and Water Cons, 44(2): 168～173.

Yu S J. 2003. Generation of the data required by AGNPS. J. Southwest Jiaotong University, 11(1): 53～57.

第 2 章　研究区概况与数据来源

2.1　四川紫色土理化性状

紫色土是四川水土流失严重的土壤。其侵蚀面积之广和侵蚀强度之大，仅次于我国北方的黄土。紫色土的侵蚀已成为进一步发展四川农业生产的主要障碍。因此，正确认识紫色土理化性状与侵蚀规律，对控制土壤侵蚀、选择正确的防治途径、因地制宜地建立土壤保护体系、逐步建成良性循环的农业生态环境有着重要意义。

2.1.1　紫色土母岩母质的特性

紫色土的母岩源于地质学上所称的"红层"，它形成于不同的地质年代，主要包括白垩纪、侏罗纪、三叠纪和古近纪地质时期形成的沉积岩（李廷勇，2002）。它形成于干热或湿热的古地理环境，一般呈现鲜明的紫、红、棕等颜色而得名。不同地质时期形成的紫色岩层的岩性、构建等特征也有所不同。因此，了解紫色土发生的不同的红层地层类型与分布，对认识紫色土的特性、分类和分布都有重要的指导意义。

四川盆地紫色土依不同地质时期沉积母质划分，主要代表性地层为沙溪庙组（J_2s）、蓬莱镇组（J_3p）、城墙岩群（K_1c）、绥宁组（J_3s）、夹关组（K_2j）、飞仙关组（T_1f）。它们的出露面积分别占红层总面积的 35.02%、26.27%、15.50%、13.64%、4.82%、0.17%（何毓蓉，1991）。

2.1.2　紫色土母岩母质的风化成土过程

土壤形成之前和形成之后始终伴随着母质和土壤颗粒的风化过程。紫色土的成土过程与其母岩母质的风化过程密切相关。由于紫色母岩的岩性和构建上有一定的特殊性，所以紫色母岩是一种极易风化的土壤母岩类型。

紫色土母岩一经出露地表，在光、热、水等自然因素的作用下，迅速发生物理风化。据观测，其一般需经历以下几个物理风化特征阶段：岩层－崩解－碎屑化－成土－化泥。其中，碎屑化是岩石风化为碎屑的过程，岩石由大块状风化为 10～2mm 的碎屑（俗称石骨子），这时它已成为疏松多孔的土壤母质，具备了一定的水储存运移和交换肥力的基础特性。自然成土是在碎屑形成的基础上进一步风化形成一定量的小于 2mm 的细土颗粒，这时除了水、气外也有一定的养分释放，并有生物活动，有一定的有机质积累，具备了肥力，可以视为土壤已经形成。化泥阶段应认为是土壤进一步在化学风化和生物作用下，形成更基本的颗粒——黏粒（小于 0.02mm 的物理性黏粒和小于 0.002mm 的黏粒）的过程。母岩的物理风化是成土和土壤肥力发展的基础阶段。

紫色土母岩的物理风化速度是其他岩类所不能比拟的。据观察研究，紫色母岩的风化速度可达 1.58×10^4 t/（$km^2 \cdot a$），而同地区石灰岩的风化速度仅为 55 t/（$km^2 \cdot a$）。据国外研究，一般岩石风化形成 1cm 厚度土壤需经历 328 年，而紫色土母岩成土在 1～10 年。我国南方紫色土丘陵区土壤侵蚀和水土流失十分严重，据遥感调查，典型区侵蚀模数为 $3.80×10^3～9.83×10^3$ t/（km^2·a）。但紫色丘陵区并未发生成片的石漠化，这正是由于紫色母岩强烈的物理风化和快速成土作用弥补了土壤流失，使该地区的农业生产得以维持，并经久不衰（中国科学院成都分院土壤研究室，1991）。

2.1.3　紫色土的颗粒组成

按国际制土壤颗粒成分分级标准，土壤由粗砂粒（2～0.2mm）、细砂粒（0.2～0.02mm）、粉粒（0.02～0.002mm）、黏粒（<0.002mm）组成。在紫色土的颗粒组成中，发育于夹关组母质的细砂含量最高达 55.10%，发育于飞仙关组母质的粗砂含量最高为 44.81%。其余地层发育的以细砂和粉粒含量最高，分别为 32.30%～37.73%和 30.38%～40.84%。土壤黏粒含量则正相反，以飞仙关组紫色土为最低（12.86%），夹关组紫色土次之（16.43%），其余地层发育的紫色土均较高（18.36%～23.32%）。粗砂含量以城墙岩群、蓬莱镇组、绥宁组和沙溪庙组等紫色土为低，除沙溪庙组（13.53%）外，其余均低于 5%（何毓蓉，1991）。

2.1.4　紫色土的侵蚀特点

1. 紫色土的侵蚀类型

常见的紫色土侵蚀类型有水力侵蚀和重力侵蚀两大类。水力侵蚀是紫色土的主要侵蚀类型，广泛发生在四川盆地的丘陵山区，是防治的主要对象。重力侵蚀常见于紫色土沙泥岩出露的陡坡坎、崖壁、沟缘，主要发生在河流切割较深谷坡陡峻的低山深丘区。

（1）水力侵蚀：根据不同侵蚀阶段、发展过程固有的形态特征，划分为面状侵蚀与沟状侵蚀。面蚀是土壤侵蚀中最普通的一种形式。凡裸露的地表均有不同程度的面蚀存在。它包括雨滴击溅侵蚀、层状侵蚀和细沟状侵蚀。沟蚀又称为线状侵蚀，为股流侵蚀所致，是面蚀发展而来的。按其形态分为浅沟、切沟和冲沟。

（2）重力侵蚀：单纯重力作用引起的侵蚀现象是很少的，大多是在其他营力共同作用下，以重力为其直接原因所引起的地面物质的移动形式，包括剥落、泻溜、崩塌、滑塌和滑坡等。

（3）泥石流侵蚀：泥石流是一种饱含大量沙、石块等固体物质的洪流，降暴雨时突然爆发，来势凶猛，破坏力极大。它具有大冲、大淤的特点，搬运能力极强，比水流大数十倍至数百倍，可在很短的时间内将千百万立方米的沙石倾泻在山麓谷口，形成洪积锥。泥石流主要发生在盆周山地和川西南山地、河流深切、地形陡峻的低、中山区。云阳、奉节、巫山等县的长江河谷，即有较多的泥石流沟分布。泥石流的物质来源主要是岩性软弱的紫色沙泥岩（中国科学院成都分院土壤研究室，1991）。

2. 紫色土的侵蚀特点

（1）径流系数高，坡面侵蚀为主：紫色土大多土层浅薄，富含母质碎屑，有机质少，结构水稳定性弱，易分散悬浮，抗蚀力和抗冲力均弱。容蓄水量少，且渗透率低，下为透水性差的基岩，所以径流系数高。大多数丘陵为沙岩和泥岩间层组合，抗风化侵蚀不同而呈台阶状坡面，从坡麓至坡顶，坡长被自然台阶截短。耕地分布在台面上呈带状，且多沟垄种植，径流沿垄沟排泄，所以坡面上沟蚀不明显，沟系发育受基岩限制。

（2）紫色泥岩物理风化迅速，母质侵蚀突出：裸露岩面能迅速形成大量松散碎屑，为母质侵蚀提供大量物源。因紫色岩没有巨厚的疏松风化层，所以无崩岗侵蚀现象发生，而剥落和泻溜侵蚀现象普遍。沟坡扩展形式是面蚀、沟蚀、剥落和泻溜侵蚀，而且主要在基岩上进行。因此，河流输沙主要来自坡面侵蚀产沙——冲泻质，河流沟床多为基岩，河道本身产沙——床沙质远低于北方黄土区河流。

（3）风化与侵蚀交替进行：紫色泥岩物理风化快，风化崩解形成的岩屑成为径流侵蚀夹带泥沙的来源。雨季初期降雨径流将冬春旱季风化的岩屑冲走后，新风化的岩屑又被下一次的降雨径流所冲走。如此风化一层，侵蚀一层，又风化一层，又侵蚀一层，循环往复交替进行。

（4）土壤侵蚀与泥沙输移外运不同步：四川盆地紫色岩区土壤侵蚀年内、年际变化与降雨径流变化趋势一致。水土流失发生在雨季 5～10 月，其余为非水蚀期。雨季初期（5 月前后）和雨季盛期（7～8 月），有时为雨季后期（9 月）是土壤侵蚀的主要时期，最大 3 个月的土壤侵蚀量常占年总侵蚀量的 80%～90% 或 90% 以上。其中，以雨季初期的侵蚀量最为突出。雨季初期产生大量的土壤侵蚀，由于这时沟道水流不大，只有一部分进入江河，大部分停留在沙沟、沙函、沟渠、塘库内，至雨季盛期，雨量径流大，沟道水流大时，才将停积的前期侵蚀物运移进入江河，侵蚀与搬运是非同期的。雨季后期泥沙的输移是将同期产生的侵蚀物直接运入江河，侵蚀与搬运是同期的。水土流失的年内、年际变化远大于径流的年内、年际变化。

（5）流失固相物质粗，输移比小：紫色沙泥岩区流失固相物质的级配较粗，主要由粉砂、砂粒和砾石组成，而且砂粒和砾石大多是含粉砂、黏粒的泥岩碎屑，固结力弱，极易风化崩解或在搬运的沿程碰撞而碎裂分散悬移。泥沙输移比为 0.1～0.5，平均为 0.25，远小于北方黄土区（输移比接近于 1）（中国科学院成都分院土壤研究室，1991）。

2.2　嘉陵江流域及四川盆地紫色土水土流失的严重性

2.2.1　嘉陵江流域概况

嘉陵江流域位于四川盆地东北部，东经 103°45′～109°00′，北纬 29°20′～34°25′，是长江上游左岸一条主要支流，发源于陕西省秦岭南麓，流经陕西、甘肃、四川三省，于重庆汇入长江。干流全长为 $1.12×10^3$ km，流域集水面积为 $1.6×10^5$ km²，是长江支流中面积最大的河流，占长江流域宜昌以上集水面积的 15.9%。嘉陵江流域包括干流、渠江、涪江三大水系，嘉陵江中上游干流的主要支流有西汉水、白龙江、东河、西河等；中下游地区的主要支流有涪江、渠江，其流域面积分别为 $3×10^4$ km² 和 $3.8×10^4$ km²。嘉陵江流域气候属亚热带季风气候区，降雨量年内有明显的季节性，降雨的季节分配极不均匀，夏秋多雨，冬春少雨，5～9 月雨量占全年雨量的 70%～90%。流域内地质构造十分复杂，横跨三大构造单元；土壤组成除西汉水上中游为黄土地区（约 2000 km）外，其他均为紫色土和土石山区。（马炼，2002）。嘉陵江流域总土地面积为 $1.59×10^5 \ km^2$，其中耕地面积为 $3.91×10^4 \ km^2$（包括坡耕地 $2.13×10^4 \ km^2$，占耕地面积的 54.57%），流域内人口密度大。在嘉陵江流域 76 个县（市、区）中，有贫困县 28 个，相当一部分群众的温饱问题尚未解决（陈月红和汪岗，2001）。

2.2.2 嘉陵江流域水土流失的严重性

嘉陵江流域水土流失严重，截至 20 世纪 80 年代末，全流域水土流失面积达 $8.28×10^4 \ km^2$，占总面积的 52.1%，是长江上游重点产沙流域，特别是上游陇南陕南地区和中游土石山区被列为"长江上中游水土保持重点防治工程"首批重点治理的长江上游四大水土流失片区之一。

嘉陵江流域水土流失一般以水蚀为主，局部地区存在滑坡、泥石流等重力侵蚀及混合侵蚀类型，是长江各大支流中水土流失最严重的流域。据 1988 年全国遥感普查，76 个县（市、区）水土流失面积为 $8.28×10^4 \ km^2$，占土地总面积 52.14%，土壤侵蚀总量为 $3.66×10^8 \ t/a$，占长江上游水土流失地面固体物质的 27.1%，侵蚀模数为 $3.47×10^3 \ t/(km^2·a)$。按侵蚀级别统计，平均侵蚀模数为 500～2500$t/(km^2·a)$ 的轻度流失区为 $3.30×10^4 \ km^2$，占水土流失面积 39.80%；平均侵蚀模数为 2500～5000 $t/(km^2·a)$ 的中强度流失区为 $1.69×10^4 \ km^2$，占水土流失面积的 20.38%；平均侵蚀模数为 5000～8000 $t/(km^2·a)$ 的强度流失区面积为 $2.44×10^4 \ km^2$，占水土流失面积的 29.49%；平均侵蚀模数为 $8×10^3$～$1.35×10^4 \ t/(km^2·a)$ 的极强度流失区面积为 $7.69×10^3 \ km^2$，占水土流失面积的 9.28%；平均侵蚀模数大于 $1.35×10^4 \ t/(km^2·a)$ 的剧烈流失区面积为 $8.78×10^2 \ km^2$，占水土流失面积的 1.20%，分布面积相对较小，但流失强度最大，造成危害最严重（陈月红和汪岗，2001）。

因滥砍乱伐、过度开荒等，山丘植被普遍受到严重破坏，导致水土流失，水、旱灾害等生态危机日益严重。同时，也导致山区土地贫瘠、生活贫困，形成了人为的恶性循环。嘉陵江是一条雨洪河流，暴雨往往是造成中下游地区洪涝灾害的直接原因，而水土流失则是导致生态环境恶化和加剧洪涝灾害的重要因素。嘉陵江是长江上游的重要支流，是长江三峡水库重要的洪水和泥沙来源地，也是"长治"工程重点实施的对象。

水土流失对该流域的土地生产力、土壤性状、水质产生很大影响。目前，我国的土壤侵蚀已经成百倍地超过了土壤的成土速度。在流失的土壤中，每吨土壤含全氮 0.8～1.5 kg、全钾 20kg。许多耕地表层土壤流失殆尽，种植作物的土壤接近于母质。研究结果表明，在陕北有代表性的坡耕地土壤全氮含量仅为 0.027%～0.03%，速效磷为 1.0～2.0 mg/kg，有机质为 0.32%～0.35%，远不能满足作物生长的需要，使作物产量低而不稳。另外，对南方花岗岩侵蚀区的研究表明，在严重流失地区，A 层全部被流失的土壤面积已达 20%～40%，无明显侵蚀土壤的有机质含量分别为强度和剧烈侵蚀地段的 4 倍和 8 倍，全氮含量分别为 3.9 倍和 40 倍，全磷为 4.6 倍和 16.7 倍。强度侵蚀和剧烈侵蚀地段的有机质分别降到 0.57%和 0.16%～0.25%，沙土层和碎石层则降到 0.08%～0.17%。

土壤是生态系统重要的组成部分之一，随着土壤侵蚀的发展，土壤沙化、土层变薄、蓄水抗旱能力下降，以致水来洪灾，水去旱灾。据统计，由汉至清，前后 2096 年间曾发生大水灾 200 多次，平均 10 年一遇，近 60 年来发生大水 12 次，平均 5 年一遇。例如，湖北省在 1951 年前的 86 年内，洪水平均 12.3 年发生一次，1951～1983 年，洪水灾害平均 6.6 年发生一次，至今已发展到 2 年一遇，局部地区已经"无灾不成年"，与其相应的水土流失面积在 1957 年全省为 $5.01 \times 10^4 \text{ km}^2$，1986 年为 $6.13 \times 10^4 \text{ km}^2$，至 20 世纪 90 年代初已达到 $6.76 \times 10^4 \text{ km}^2$。

另外，由于土壤侵蚀而从土壤中流失的 N、P、K 和一些重金属元素还将污染水质，导致水体富营养化和酸化（谢影和张金池，2002）。

2.2.3　四川盆地紫色土侵蚀的严重性

四川盆地丘陵区土地总面积为 $1.58 \times 10^5 \text{ km}^2$，主要为紫色土，水土流失面积达 $7.71 \times 10^4 \text{ km}^2$，占区内土地总面积的 48.8%，年流失表土 $3.77 \times 10^8 \text{ t}$，占全省土壤侵蚀量的 36.7%（《四川省农业资源与区划》编委会，1986）。强度侵蚀区主要分布在盆中丘陵区的绥宁、安岳、乐至、资阳、蓬安、潼南、南充、南部、三台、中江等地区及龙泉山区的部分地带。据位于四川盆地腹心地带的琼江流域水土流失调查，土壤侵蚀面积达 3277.8 km^2，占全流域总面积的 75.7%，比 1957 年侵蚀面积 2335.2 km^2 增加 40.4%。土壤侵蚀总量达 $1.85 \times 10^7 \text{ t}$，侵蚀强度平均为 $5.65 \times 10^3 \text{ t/(km}^2 \cdot \text{a)}$，属于强度侵蚀区（四川省水土保持办公室，1983）[①]。

紫色土的侵蚀主要在耕地。据 1985 年调查，南充地区农耕地侵蚀面积为 $4.8 \times 10^5 \text{hm}^2$，占侵蚀总面积的 63%，侵蚀量为 $2.83 \times 10^7 \text{ t}$，占侵蚀总量的 72.8%，比非耕地多 1.68 倍。侵蚀强度为 $5.90 \times 10^3 \text{ t/(km}^2 \cdot \text{a)}$，比非耕地侵蚀强度 $3.75 \times 10^3 \text{ t/(km}^2 \cdot \text{a)}$ 大 57%。

据水文资料得知，每年从长江流入巫峡的悬移质泥沙达 $6.4 \times 10^8 \text{ t}$，相当于 $2.86 \times 10^5 \text{hm}^2$ 耕地约 15 cm 厚的耕作层，侵蚀模数达 $6.68 \times 10^2 \text{ t/(km}^2 \cdot \text{a)}$。大部分产沙来自紫色土及紫色母岩风化碎屑。据分析，流失的 1 t 土壤中含氮 2.55 kg、磷 1.53 kg、钾 5.42 kg（吴士佳，1986）。据此推算，相当于每年从巫峡流失 $5.72 \times 10^6 \text{ t}$ 肥料。实际上水土流失的土壤及其所含的养分远比上面的数字大得多。因为紫色土区流失的泥沙颗粒粗、输移比小，大部分还未进入江河就淤积在沙沟、沙凼、渠堰、塘库内，进入江河的只是一小部分。

四川盆地长江主要支流为树枝状水系，支流众多，流域面广，易加剧暴雨洪灾的危害，同时造成严重的水土流失。四川盆地各大河输沙率，一般中沙年为少沙年的 1.4～1.8 倍，多沙年为少沙年的 2.1～3.2 倍，特大沙年（1981 年）为少沙年的 1.6～3.8 倍，输沙率最高的沱江李家湾站为少沙年的 13.7 倍。

水土流失不仅降低土壤肥力、破坏土地资源，还加剧塘库、河道淤积，严重影响水利工程的效益和寿命。四川省已建的塘库由于水土流失，平均每年淤损 1%的库容。例如，南充地区 6 万多处水利设施现在的蓄水量比原设计减少了 60%（吴士佳，1986）。

2.3　鹤鸣观与李子口小流域概况

2.3.1　鹤鸣观小流域

鹤鸣观小流域位于东经 105°44′，北纬 31°31′，地处四川省南部、阆中、剑阁三县（市）

---

① 四川省水土保持办公室. 1983. 四川省琼江流域水土流失综合调查报告。

境内，属于嘉陵江一级支流西河流域中游的一条支流，其海拔高程为 394～680 m。该流域面积在拟建总控制断面以上为 2 km²，由 3 条小支沟组成，河网密度为 2.37 km/km²，河床质为砂岩、块石及砂砾石等，土壤主要为砂壤土和黏土，系白垩纪下统城墙岩群砂泥岩母质上发育出的石灰性紫色土，其有机质含量低，易分散悬浮，抗蚀性、抗冲性均差（《四川省农业资源与区划》编委会，1986）。本研究的径流小区位于 II 号支沟山坡上，图 2-1 是鹤鸣观小流域水系的示意图。

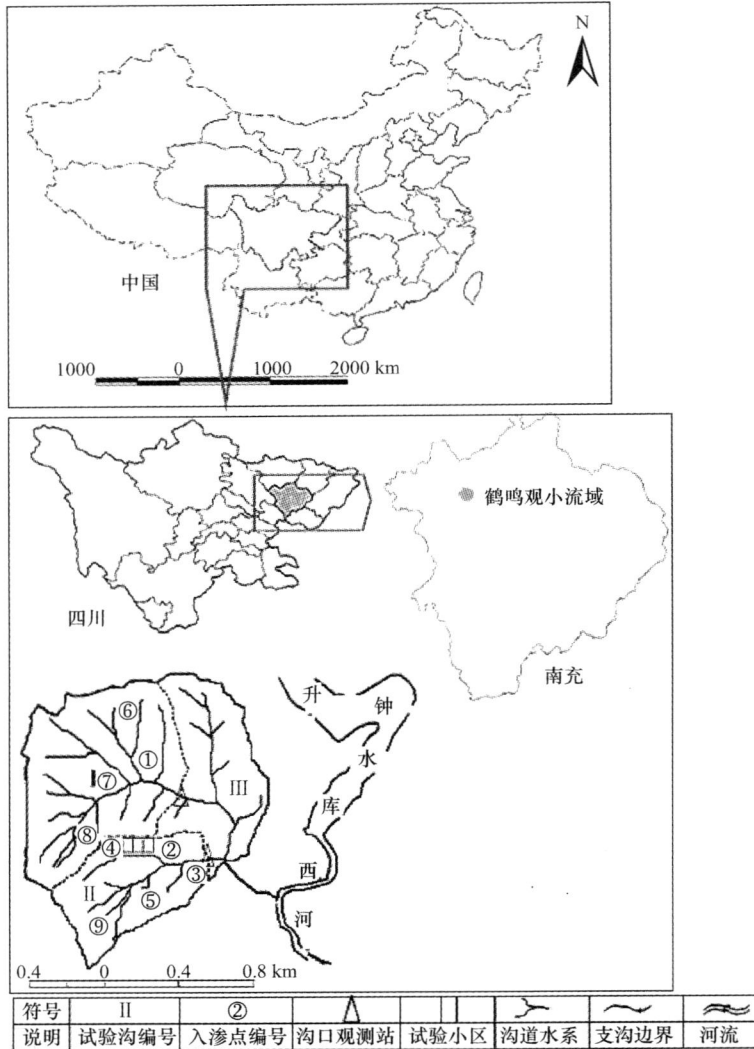

图 2-1　鹤鸣观小流域水系示意图

　　本区气候温和，雨量充沛，属于亚热带季风气候。本地区降雨量时空分配不均，多年平均降水量为 975mm，最高年降水量为 1476.6mm（1981 年），最低年降水量为 558.3mm（1979 年），多年平均降雨日数为 142d，汛期（5～10 月）降雨量占全年降雨量的 73.5%，以 7～9 月最为集中，约占全年总降雨量的 58.2%（川北低山深丘中度流失区小流域综合治理研究课题组，1997）。

2.3.2　李子口小流域

　　李子口小流域与鹤鸣观试验小流域相邻，面积为 19.63 km² ，属于嘉陵江西河的一条支沟，主河道长 5.88 km，源头距南部县保城乡 2 km，距双峰乡约 3.5 km。该地区的植被以柏木、桤木、马桑、青冈为主，有少量经果林，植被覆盖率为 43%。该流域出口高程为 364 m，最高高程为 780.5 m，相对高差为 416.5 m，属于典型的低山深丘区。该流域地形谷底狭窄，呈"V"字形，支沟发育，沟势峭陡，呈树枝状。该流域内土地利用状况如下：耕地面积为 457.20 hm² ，其中坡耕地面积为 269.87 hm² ，平地及两用田为 187.33 hm² ；绿地面积为 916.67 hm² ，其中林地为 841.47 hm² ，草地面积为 75.20 hm² ；水域面积为 47.47 hm² ；荒地及岩坎等未利用土地面积为 383.87 hm² ，其中裸地面积为 250.53 hm² ，未利用地面积为 133.33 hm² ；交通用地面积为 39.44 hm² ，宅基地占地 119.73 hm² 。经实地调查，在流域总面积为 19.63 km² 中，水土流失面积为 8.81 km² ，占总面积的 44.88%（四川省南部县升钟水土保持试验站，2003）。该流域气候条件、土壤类型及地形地貌等情况与鹤鸣观小流域类似，图 2-2 为李子口小流域的示意图。

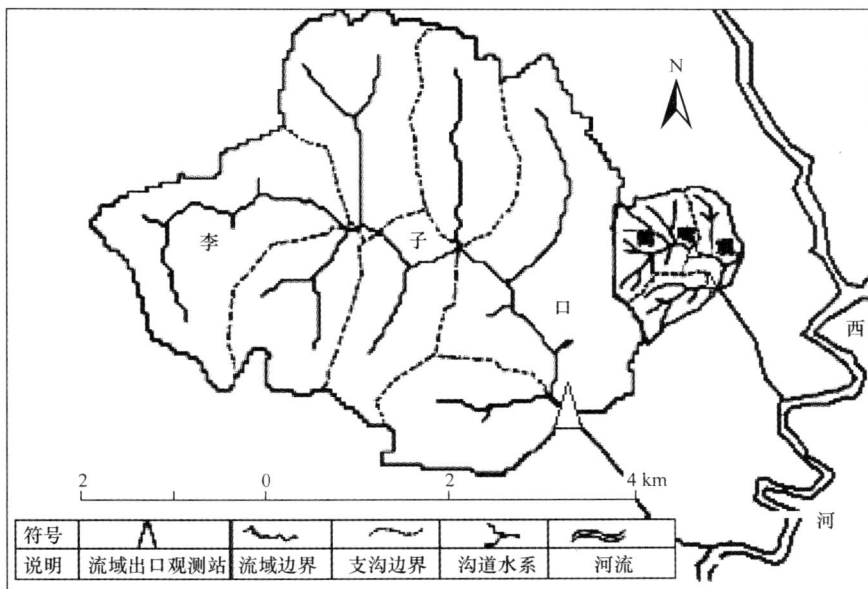

图 2-2　李子口小流域水系示意图

2.3.3　土壤分布规律与地质状况

　　鹤鸣观小流域和李子口小流域从土壤分布来说主要为紫色土下的石灰性紫色土亚类下的黄红紫泥土土属和水稻土下的紫色水性水稻土亚类下的黄红紫色水稻土土属，是由白垩纪城墙岩群组的厚砂岩夹泥岩和透镜状砾岩风化的坡积物发育而成。在鹤鸣观小流域和李子口小流域共有 7 个土种：①沙土，分布于低山的中、上部和丘顶。土层厚 44 cm左右。土质疏松，好耕好种。吸热散热快，漏水漏肥。②冷沙土，零星分布于山腰中、下部，土层厚 53 cm 左右，土质疏松、保肥能力弱，土冷。③夹沙土，分布于山腰中、下部地形平坦处。多中壤质地。土层厚 1m 以上。保水保肥。④羊肚子土，分布于山顶和山腰中、上部。土层厚 26 cm 左右，为中砾质重壤土，潜在养分含量低，水土流失严重。⑤羊肚子夹沙土，分布于山腰中、上部。土层厚 70 cm 左右，重壤质地。自然植被差，水土流失严重。⑥泥土，分布于山腰平坝处。土层厚 1m 以上。中壤质地。潜在养分含量好。⑦黄泥土，分布于山腰中、下部低平处。土层厚 1m 左右。重壤质地、土质黏重紧实，微碱性。由于鹤鸣观小流域和李子口小流域的土壤母质相同，对于土壤侵蚀的影响在土壤因子中，由于该地区土壤有机质含量都维持在较低水平，主要表现为土壤质地的不同引起的土壤可蚀性不同。从实际调查情况来看，流域的土壤质地在水平方向上差异很小，其差异主要表现在垂直方向上。在此，由于水田侵蚀模型较少，所以不考虑水稻土的质地。在除水田以外的土地利用方式上，一般在山坡上部和丘顶为轻壤质地，在山腰表现为中壤质地，而在山坡下部表现为重壤质地。由以上分析可以看出，在鹤鸣观小流域和李子口小流域的 12 条支沟中，土壤因子对鹤鸣观小流域和李子口小流域的各条支沟侵蚀产沙的影响是相近的。

　　地质对流域的侵蚀特征有着重要影响，而地质状况对于一个区域侵蚀特征的影响一般是大范围的。本研究区位于四川盆地北部，属扬子地台四川沉降带，为内陆河湖相沉积。燕山运动开始褶皱，但褶曲平缓。地层平缓，倾角多在 5° 以下，近于水平。在鹤鸣观小流域和李子口小流域实地考察的过程中，未发现明显的褶皱和断层。从地质状况来讲，鹤鸣观小流域和李子口小流域是相同的，对流域的土壤侵蚀影响也是相同的。

2.4　海河流域土石山区侵蚀状况

2.4.1　海河流域概况

　　1）位置与地势

　　海河流域位于东经 112°～120°，北纬 35°～43°，东临渤海，南界黄河，西靠云中、太岳山，北依蒙古高原。总面积为 31.8 万 km²，其中山丘和高原面积为 18.9 万 km²，占 60%；平原面积 12.9 万 km²，占 40%。海河流域总的地势是西北高、东南低（图 2-3）。燕山、太行山等山脉自东北至西南形成一道高耸的屏障，环抱平原，海河平原地势自西、北、西南三面向渤海湾倾斜。山地和平原近乎直接相交，丘陵过渡段很短。海河平原坡降变化较大，山前平原一般为 1/2000～1/300。

　　2）河流水系

　　海河流域包括海河、滦河、徒骇马颊河三大水系。海河水系各支流分别发源于蒙古高原、黄土高原和燕山、太行山迎风坡，流域面积为 23.18 万 km²，由蓟运河、潮白河、北运河、永定河（以上河系为海河北系）、大清河、子牙河、漳卫南运河、黑龙港水系和海河干流（以上河系为海河南系）组成，汇集到天津入海。滦河源于坝上高原，经七老图山、阴山东和冀东平原于河北省乐亭县入渤海，流域面积为 4.45 万 km²，是华北地区水量丰沛的河流，此外还有发源于燕山南麓的冀东沿海诸河，由洋河、陡河等 17 条单独入海的河流组成，流域面积为 1 万 km²。徒骇马颊河位于漳卫南运河以南，黄河以北，位于海河流域的最南部，由徒骇河、马颊河、德惠新河及滨海小河等平原河道组成，流域面积为 3.18 万 km²。海河流域河道呈扇形分布，具有水系分散、河系复杂、支流众多、过渡带短、源短流急的特点。

3）土壤与植被

海河流域土壤划分为内蒙古高原栗钙土绵土区、华北山地棕壤褐土区和海河平原黄垆土潮土盐土区 3 个区。植被划分为内蒙古高原温带草原区、华北山地暖温带落叶阔叶林区、海河平原暖温带落叶阔叶林栽培作物区 3 个区。海河流域天然植被大都遭到人为砍伐破坏，只有高程较高的山区有少量自然植被分布。天然次生林主要分布在海拔1000m 以上的山峰和山脉。燕山、太行山迎风坡由于存在年降水量 600mm 以上的弧形多雨带，植被生长良好，形成了一道绿色屏障。燕山、太行山背风坡由于受到山脉阻隔，降水量只有 400mm 左右，植被稀疏，生态系统脆弱。

4）气候水文

海河流域地处温带半湿润、半干旱大陆性季风气候区。气候特点是冬季受西伯利亚大陆性气团控制，盛行偏北风，寒冷少雨雪；春季受蒙古大陆变性气团影响，盛行偏北或偏西北风，气温回升快，蒸发量大，往往形成干旱天气；夏季受海洋性气团影响，多东南风，气温比较暖、湿，降水量多，但历年该气团的进退时间、影响范围及强度极不一致，因此降水量的变差很大，旱、涝时有发生；秋季为夏、冬的过渡季节，秋高气爽，降水较少。年平均气温由南向北和由平原向山地降低，温度变化范围为 0～14.5 ℃，相对湿度为 60%～70%。多年平均日照时数为 2500～3000 h。流域多年平均降水量为 535 mm，是我国东部沿海降水量最少的地区。流域多年平均水面蒸发量为 850～1300 mm（E601 蒸发皿），平原大于山区。干旱指数为 1.3～3.0。陆面蒸发量为 470 mm，山区小于 500 mm，平原大于 500 mm。

5）行政区

海河流域是全国政治文化中心和经济发达地区。流域地跨八省（自治区、直辖市），包括北京、天津两市全部，河北省绝大部分，山西省东部，河南省、山东省北部，以及内蒙古自治区和辽宁省各一小部分，涉及 2 个直辖市和 33 个地级市（盟）、256 个县（区），有 26 个地级以上大中城市和 31 个县级市，人口密集，城市众多。

6）人口

2005 年，海河流域总人口为 1.34 亿人，占全国 10.2%，其中城镇人口为 5023 万人，农村人口为 8396 万人。城镇化率为 37.4%，其中北京市最高达 80.5%。流域平均人口密度为 419 人/km²，其中平原为 747 人/km²，山区为 183 人/km²。

7）经济

2005 年，海河流域国内生产总值（GDP）为 25 750 亿元，占全国的 14.1%；人均国内生产总值为 1.92 万元，是全国水平的 1.38 倍。但流域内各地区经济发展很不平衡，平原区经济较发达，GDP 占了全流域的 82%；山区相对落后，只占 18%；在各省（自治区、直辖市）中，京津两市占了 40.7%。

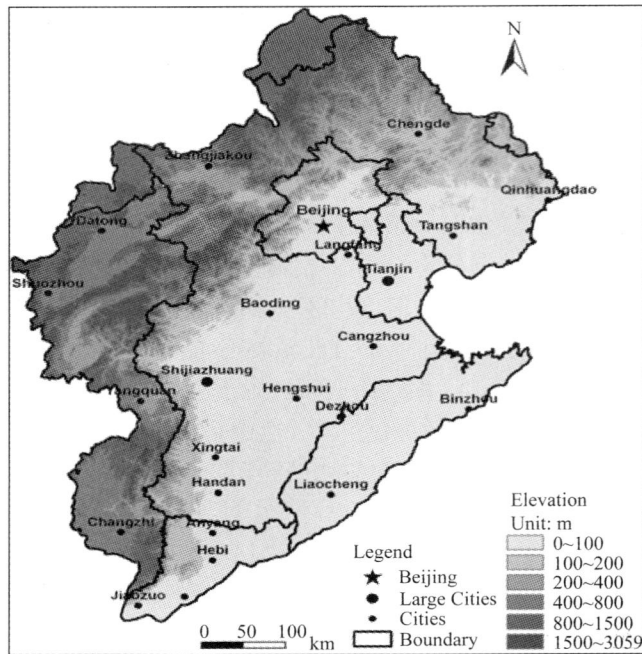

图 2-3　海河流域 DEM 以及主要城市分布

　　海河流域土地、光热资源丰富，适于农作物生长，是我国三大粮食生产基地之一。2005 年，海河流域耕地面积为 $1.065 \times 10^7 \mathrm{hm}^2$，占流域面积的 33%；主要作物类型为小麦、玉米、高粱、水稻等，经济作物以棉花、油料、麻类为主；有效灌溉面积为 $7.543 \times 10^6 \mathrm{hm}^2$，实际灌溉面积为 $6.362 \times 10^6 \mathrm{hm}^2$，灌溉率为 60%；粮食总产量为 $4.762 \times 10^7 \mathrm{t}$，占全国的 9.9%；太行山山前平原和徒骇马颊河平原是主要农业区。20 世纪 90 年代以来，农业生产结构发生变化，在粮食增产的同时，油料、果品、水产品、肉、禽蛋、鲜奶等林牧渔业产品取得了较高的增长幅度，大中城市周边农业转向为城市服务的高附加值农业。

　　海河流域是我国重要的工业基地和高新技术产业基地，在国家经济发展中具有重要的战略地位。其主要行业有冶金、电力、化工、机械、电子、煤炭等，形成了以京津唐，以及京广、京沪铁路沿线城市为中心的工业生产布局。2005 年，海河流域工业增加值达到 10 571 亿元。海陆空交通便利，形成了以京津、京沪、京珠、京沈等高速公路为骨干的公路网。

2.4.2　太行山区概况

1）地形地貌

　　太行山位于河北省西侧，犹如天然的屏障，呈东北-西南走向，构成华北平原与山西高原的天然分界线；地势北高南低，西高东低，平均海拔为 1000 m 以上，向南逐渐降到 500 m 以下；地貌呈阶梯状分布，地貌类型复杂，依次可分为亚高山、中山、低山、丘陵、岗坡和山间盆地。除此以外，太行山中还有两种地貌：第一是古人所称的"陉"，它是由于河流的切割，使连绵的山地忽然中断形成的一种水口，该地形在太行山东麓比较著名的共有八处，即"太行八陉"，井陉乃是其中之一；第二是"关"，即山地交通的天然孔道，为华北平原与山西高原的咽喉，其地势极为险要。

2）土壤

地形、母质、气候、植被、水文、地质等自然条件的作用和悠久的农耕历史孕育了太行山区多种土壤类型，多样的土壤性质也反映了多样的土地类型。太行山岩性复杂，成土母质类型多样，在不同母质和不同环境条件下发育的土壤，其理化性质与肥力状况有明显差异。根据河北农业大学对太行山所做的调查，太行山区主要岩石组成及土壤母质分述如下：①酸性盐类风化物，包括流纹岩、花岗岩、闪长岩、花岗片麻岩、混合岩、正长岩类风化物等，这种母质在太行山区是最多的一类，尤以片麻岩和混合岩所占比例最大，花岗岩次之，这种岩类一般粒粗。含石英、长石等浅色矿物多，云母、角闪石、辉石等暗色矿物少。风化层深，易破碎；透水性好，淋溶作用强。土壤一般呈微酸性，养分含量较高，钾素丰富，对培育喜酸的果树有利，是发展板栗的良好基地。这种岩类上发育的土壤，植被破坏后易受侵蚀成为粗骨土，但由于风化层深、能蓄部分水，若加以工程措施，植被恢复比较容易。在太行山区这类母质约有 9307.13 km^2，占 30.02%。②碳酸盐岩类风化物，包括石灰岩、白云质灰岩、石云岩、大理岩、钙质岩类，多分布于太行山东麓和井陉、武安、涉县盆地周围。这种岩石通过化学沉积和生物沉积所形成，组织致密，富含钙质，多为物理崩解，化学风化弱。土层薄质地重、易干旱、水土流失严重，植物覆盖率低。在低山丘陵带，岩石裸露可达 50%～60%，绿化难度较大。这种岩类约有 8997.8 km^2，占 29.03%。③砂质岩类风化物，包括各种砂砾岩类、泥质岩类和石英岩类的风化物。砂砾岩的主要成分为二氧化硅，不易风化，因此在这类母质上形成的土壤土层薄、质地粗、养分含量低，在井陉南部、赞皇、邢台、武安西部，有大量紫红色石英砂岩存在。这种岩类约有 1339.13 km^2，占 4.32%。泥质岩为细粒岩或变质岩，其特点是颗粒细、质地软、易风化、风化层厚、养分含量高，赞皇山区有分布。这类岩石风化物土层较厚，植物覆盖较好，但在植被被破坏后，易发生片蚀或滑坡。这种岩类约有 792.73 km^2，占 2.55%。石英岩较难风化，其土层薄、养分含量低，干旱严重，不好利用。这种岩类约有 125 km^2，占 0.4%。④黄土及洪积物，第四纪黄土及各类洪积物在河北省有较广泛的分布。

太行山区立地条件复杂，有亚高山、中山、低山、丘陵岗坡、山间盆地，其土壤厚薄、肥瘦和发育情况各不相同。由于各地区的水热条件不同，往往形成与其相适应的土壤和植被类型，自然环境也往往通过土壤和植被的不同而反映各类地区间的差异性和相应的关联性。太行山的土壤分为 3 类：海拔 1000～2000m 或 2000m 以上的山地以棕色森林土为主，系中酸性到微酸性土壤；海拔 500～1000m，土壤一般为淋溶褐土；海拔 100～500m 的丘陵地区，土壤发育成碳酸盐褐土。

3）河流水系

太行山区境内有大小河流数十条，分属于海河水系的大清河、子牙河、漳卫河水系，20 条大河中 16 条发源于太行山，4 条（唐河、沙河、滹沱河、漳河）发源于山西省，流经太行山。从北到南主要河流有拒马河、漕河、唐河、大沙河、滹沱河、洨河、沙河、低河、洛河、滏阳河、漳河，自西向东流入平原，水源补给以大气降水为主。

（1）大清河系。其上源分为两支：北支由源于涞源县境内的北拒马河（下游称白沟河）及其分支南拒马河组成；南支则由漕河、唐河、大沙河和磁河（后二河汇合后称潴龙河）等 10 余条支流组成，均源于太行山东麓并汇入白洋淀，出淀后始名大清河，至独流镇与子牙河汇合，大清河全长 448 km，流域面积为 39 600 km²。

（2）子牙河系。其上游分为两支：一支为滹沱河，源于五台山北坡的繁峙县内；另一支为滏阳河，其上游分支很多，均发源于太行山东坡、源短流急。滹沱河与滏阳河于献县汇合后始名子牙河，子牙河全长 730 km，流域面积为 78 700 km²。

（3）漳卫河系又称南运河系。上源为漳河和卫河。漳河上源分为清漳河与浊漳河，两河均发源于太行山南段西侧，清漳河流径太行山西侧变质岩地带，流沙不多，流水较清；浊漳河流经黄土丘陵区、河水浑蚀。清漳河和浊漳河在涉县合漳乡汇合后才叫漳河。卫河源于晋东南高原的边缘，经河南新乡、安阳两地区，进入河北大名县。东流至馆陶县徐万仓附近与海河相汇后称为运河，临清县以下即名南运河。至天津市静海县十一堡与子牙河相汇。全长 900 余千米，流域面积为 30 700 km²（李会霞，2007）[①]。

2.4.3 大清河水系概况

大清河水系（图 2-4）地处海河流域中部，位于东经 113°39′~117°34′，北纬 38°10′~40°102′，西起太行山，东临渤海湾，北临永定河，南界子牙河。流域跨山西、河北、北京、天津四省（市），总面积为 43 060 km²，其中山区面积为 18 659 km²，丘陵平原面积

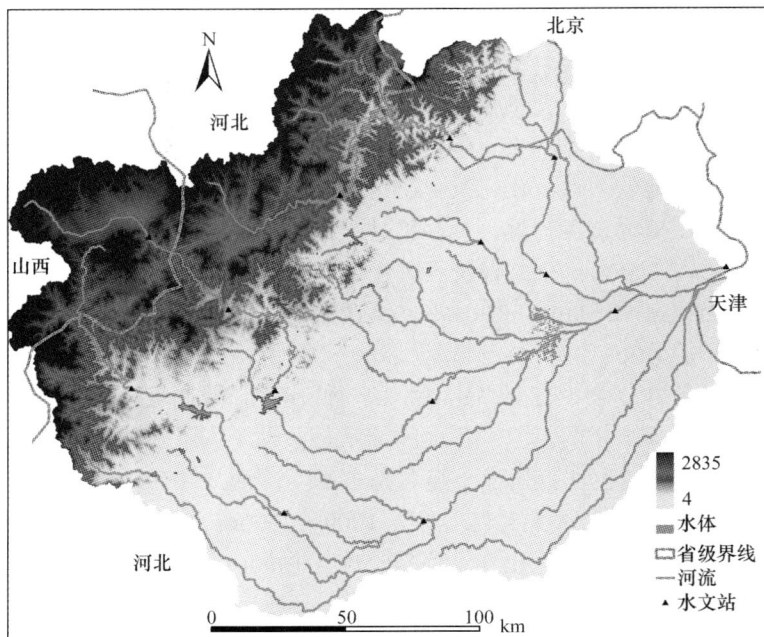

图 2-4　大清河水系位置图

① 李会霞. 2007. 河北太行山区土地利用动态变化与可持续利用评价研究. 石家庄：河北师范大学硕士学位论文。

为 24 401 km²，分别占流域总面积的 43.3%和 56.7%。流域地形西高东低，西部山区高程达 500～2200 m，最高峰五台山东台高程为 2795 m；丘陵地区高程为 100～500 m，大致分布在京广铁路西侧 10～40 km 处；平原高程在 100 m 以下。

大清河流域上游支流繁多，至中游汇集为南北两大支流。北支主要为拒马河，在铁锁崖出山口后分流为南、北拒马河。北拒马河有支流胡良河、琉璃河、小清河等汇入，至东茨村以下称为白沟河。南拒马河纳北易水、中易水等支流后至白沟镇与白沟河汇合后称为大清河，再经新盖房枢纽分别由白沟引河入白洋淀，由新盖房分洪道和大清河故道入东淀。南支为典型的扇形流域，发源于山区的潴龙河、唐河、清水河、府河、漕河、瀑河、萍河等，均汇入白洋淀，通过赵王新河汇入东淀。东淀出口海河干流和独流减河为大清河入海尾闾。

大清河流域 80%以上的降水量集中在汛期，期间发生的暴雨具有时间集中、强度大、突发性强的特点，暴雨变差系数居全国各大流域之首，且年际间变化悬殊，防洪问题极为突出（吴坤明，2008）[①]。流域暴雨多发生在太行山迎风坡，由于地形陡峻、土层覆盖薄、植被差，众多支流河道源短流急，汇流时间很短，洪水陡涨陡落，洪峰高、历时短，洪量非常集中。由于大清河流域水文气象、自然地理、河流分布的特点，使该流域在历史上一直是水旱灾害频繁发生的地区。而流域防洪保护区位于中下游，保护区面积为 10 960 km²，涉及河北、天津两省市 36 个县（区），保护区内总人口为 814 万人，耕地面积为 1090 万亩[②]，因此其防洪任务极其重要。

2.4.4　大清河土石山区概况

大清河山区位于海河流域太行山中北部，东经为 113º39'～116º10'，北纬为 38º23'～40º09'［图 2-5（a）］，面积约为 1.9×10⁴ km²，是太行山重要的组成部分。该区山体切割强烈，山势高峻，河谷深切，支脉发育，并嵌有小型盆地和断裂谷地。研究区属中温带半湿润气候亚区，春季干旱多风、夏季炎热多雨、秋季气候凉爽、冬季寒冷少雪。气温、降水自东南向西北递减，多年平均气温为 12℃，多年平均降水量为 560 mm（1990～2013年），且降水量年内分配不均，6～9 月的降水量约占全年的 80%。大清河山区棕褐土分布较广，其次是棕壤、淋溶褐土及粗骨土。植被垂直分布明显，海拔 1600 m 以上为华北落叶松（*Larix principis-rupprechtii*）、云杉（*Picea asperata* Mast）、桦树（*Betula platyphylla* Suk）；800～1600 m 是油松（*Pinus Tabulaeformis*）、辽东栎（*Quercus wutaishanica*）、槲栎（*Quercus aliena Blume*）；800 m 以下主要为侧柏（*Platycladus orientalis*）、毛白杨（*Populus tomentosa*）、柳（*Salix matsudana* Koidz）、榆（*Ulmus pumila* Linn）、槐（*Sophora japonica* Linn）、山杏（*Armeniaca sibirica*），在沟谷缓坡上多柿（*Diospyros kaki*）、枣（*Ziziphus jujuba* Mill）、花椒（*Zanthoxylum bungeanum* Maxim）和苹果（*Malus pumila Mill*）、梨（*Pyrus*）、杏（*Armeniaca vulgaris* Lam），灌木主要有荆条（*Vitex negundo var. heterophylla*）、酸枣（*Ziziphus jujube var. spinosa*）、白草（*Bothriochloa ischaemum*）等。

---

① 吴坤明. 2008. 大清河流域暴雨洪水变化特性研究. 天津：天津大学硕士学位论文。
② 1 亩≈666.7m²。

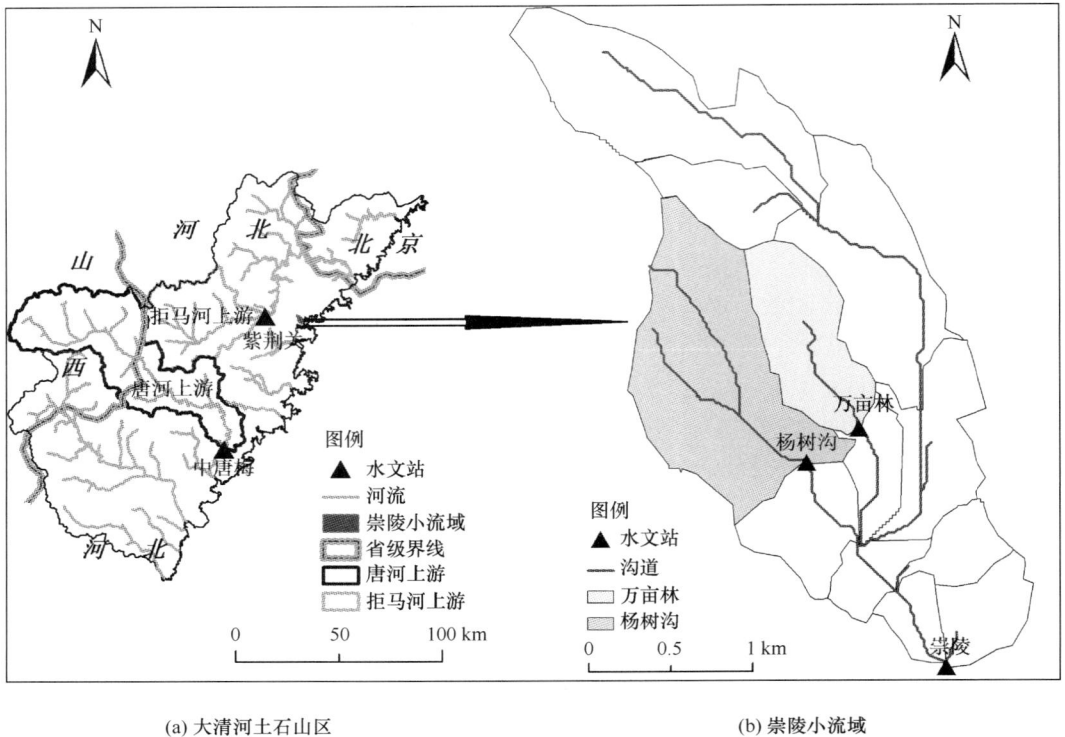

(a) 大清河土石山区　　　　　　　　　　　　　　　　(b) 崇陵小流域

图 2-5　大清河土石山区与崇陵小流域位置图

2.4.5　崇陵小流域概况

崇陵小流域是大清河山区典型的小流域［图 2-5（b）］，属北易水支流旺龙河的一支沟，位于东径 115°21′～115°23′，北纬 39°22′～39°25′，海拔为 85～300m。其面积为 6 km²，流域长为 4.4 km，流域平均宽为 1.5 km，主要沟道自西向东依次为杨树沟、万亩林沟、狼尾巴沟，它们在崇陵附近汇合后叫崇陵水，向南注入旺龙河；主沟长度为 5.5 km，沟底平均比降为 23%。其全为砂砾沟床，地下水比较丰富，埋床深度一般为 2.5～4 m。沟壑密度不大，根据多年的观测结果，最大洪峰流量模数为 13.63 m³/（s·km²），最大含沙量为 26.2 kg/m³，最大年侵蚀模数为 1745.75 t/km²。

流域地势西北高东南低，地形起伏度不大，山顶高度变化一般都在 50～150 m，最高为 180 m。这里由花岗片麻岩组成的山丘多呈浑圆状，坡度较缓，多为 10°～25°，但由石灰类组成的山岭坡度较陡，多在 25°以上。在沟峪区可以见到较明显的第 I 阶级地，其物质组成以沙土为主，间夹有黄土或黏土层；而由黄土组成的第 II 阶级地已经被侵蚀，仅在流域中部才有一些残台断续分布。流域内的地质情况较为复杂，这里为太行山支脉云蒙山东翼部分，从露头情况来看，西北部多为石灰岩和大理岩；东南部为紫红色砾岩类；中部为花岗片麻岩，其风化层有 1～3m 厚；在沟谷区的第四纪沉积物，主要成分有沙土、黏土、黄土和砾石等。

流域土壤以沙壤土为主、黄土为次，并集中分布在沟谷区，土层厚度为 1～2 m，但黄土的厚度可达 10 m 以上，土壤肥力中等。此外，在山坡上普遍分布有"石渣子"土，厚度只有 0.15~0.30 m，质地松散。总之，这里的土壤团粒结构不多，pH 为 6.5~8.0，多属中性。由于土质较松散，孔隙度大，土壤的渗水性能较好。

2.4.6　海河流域土石山区水土流失状况

海河流域土石山区具有石厚土薄、石多土少、土质疏松、夹杂石砾等特点。有些坡耕地及荒坡地由于水土流失，土中细颗粒被冲走，剩下粗砂、石砾，使土质"粗化"，有些地方甚至岩石裸露。由于土薄、裸岩多、坡陡、沟底比降大，暴雨常形成突发性"山洪"，挟带大量粗砂石砾，在沟道下游和沟口、河床堆积，冲毁村庄、埋压农田、淤塞河道，其危害严重（杨晓勇和马志尊，1993）。

根据全国第二次遥感调查结果，海河流域水土流失面积占流域总面积的 33.2%，且土壤侵蚀以水力侵蚀为主，水蚀面积为 $9.9 \times 10^{4} \, km^{2}$，其中太行山区最高（马志尊，2002；李晓松等，2011）。由于本区地质、地貌、土壤、植被等方面的特殊性，土壤侵蚀与黄土高原截然不同。从土壤侵蚀区划上看，大体上分为两个副区，以五台-易县一带为界，北部是石质山区春麦副区，包括燕山山脉各山、大马群山、军都山、恒山、五台山的部分山区，属半干燥寒冷多风气候，农业一年一作。土壤侵蚀以面蚀为主，坡耕地及牧荒地面蚀较重，并有泥石流危害，水蚀模数为 1300 t/（$km^{2} \cdot a$）；南部为石质山区冬麦副区，包括五台-易县以南的太行山脉的部分山区，属温暖湿润气候，农业两年三作。土壤侵蚀仍以面蚀为主，坡耕地及牧荒地面蚀严重，并有泥石流危害，水蚀模数为 800 t/（$km^{2} \cdot a$）。从土壤侵蚀类型上看，主要是面蚀，并有重力侵蚀和泥石流（郭荣卿，1987）。

1）面蚀

面蚀分为鳞片状面蚀和耕地层状面蚀两种，并以前者为主。鳞片状面蚀土地已占总土地面积的 60%~90%，鳞片状部分植物稀少，腐殖质大部分损失，地面已明显低凹，仅鳞片间土层和植物丛较完整。本区中、强度鳞片状面蚀多发生在 16°~35°的灌草坡及纯林、幼林、疏林地中。其原因是长期以来人们在山坡上滥垦、滥伐、滥牧，大量破坏植被，使该区土地退化、生产力下降、河流泥沙增多、生态环境恶化。耕地层状面蚀发生在尚存的坡耕地上，地面超过 4°的坡耕地，间有中度层状面蚀出现，即耕作层已至淀积层，腐殖质层损失较多，表土颜色明显转淡，各发生层已搅乱且耕作层中混入风化的沙和土，8°以上的坡耕地，则间有细沟出现。

2）重力侵蚀

重力侵蚀有滑坡、滑（崩）塌、泻溜、山崩等。滑坡多发生在沟头上方或山坡上部 30°~40°的凹坡处，滑坡体多由土壤、碎石及土石混合物组成，以重力加暴雨为动力条件，并常触发泥石流，而不是一个单纯的滑坡过程。滑（崩）塌则出现在沟道内阶地上，这里是坡积物质，大多为旱作农地，地面坡度小于 7°，多由沟道流水淘刷侵蚀所引起。泻溜多出现在产草量低、覆被率在 30%以下、坡度在 26°~35°的陡坡地上。在陡崖及大于 35°的陡坡上部间有山崩发生。

3）泥石流

泥石流分布在太行山脉东侧和燕山山脉南侧的弧形多雨带内各水系上游地区（多年平均降雨量为 600~800 mm）。从官厅山峡区、北京北部山区、河北省青龙县及石家庄西部山区等地发生的泥石流看，均属滑（崩）塌滑坡型（王治堂，1983；李怀甫，1985）。其中，既有发生在一、二级支沟内沟头部分有明显形成区、过渡区和堆积区的巨大泥石流，也有发生在山坡上部无明显流通区的较小的泥石流。这种突发性的自然灾害对本区农田、人、畜的危害十分严重。本区泥石流的成因很复杂，从自然条件上看，除降雨量、降雨强度大外，还由于石质山区岩石裂隙、节理十分发育，极易风化破碎，并形成松散的残坡积层。在花岗岩、页岩和片岩地区，残坡积层厚度很大，为泥石流提供了丰富的固体物质。加上山势陡峻，山坡坡度一般都在 30°以上，沟谷发育，沟道深而狭窄，剖面呈"V"字形，底部纵坡多在 15°以上。在历时较长的暴雨下，支沟沟头附近和沟坡上部大于 30°的凹坡处极易聚集水流。由于下垫岩层渗透力弱，易使残坡积层达到饱和或过饱和状态，并在残坡积层与岩层间形成潜流，使风化岩石碎块软化，抗剪强度迅速降低，发生很大滑坡或滑（崩）塌，从而触发泥石流。由于石质山区沟道底部大多已至基岩，沟底下切和沟头侵蚀均相对稳定，但大部分地区的沟道内塌岸现象比较严重。

2.5　数　据　来　源

2.5.1　四川紫色土地区数据来源情况

为了研究四川紫色土丘陵区流域侵蚀产沙特征，升钟水土保持实验站在鹤鸣观小流域Ⅰ、Ⅱ号支沟出口布设了观测站，在Ⅱ号支沟山坡上布设了 3 个试验径流小区（3 个径流小区的基本情况见表 2-1），小区从 1983 年开始观测，支沟出口站从 1985 年开始观测。2004 年 5 月，又在李子口小流域出口布设观测站，从该年 8 月开始观测。出口站观测内容主要有逐次降雨量、降雨强度、降雨历时、雨量过程线与流量过程线，以及次降雨产流产沙量等；小区的观测内容主要有次降雨产流量与侵蚀模数等。

表 2-1　鹤鸣观小流域 3 个试验径流小区基本情况表

编号	测验设施	坡度/坡向	坡长（水平/斜）	面积（水平/斜）	土壤
Ⅰ	场地四周采用截水墙与外界分割，场底边有集水槽、沉沙池、径流池及分流堰等测验设	22°～25°/南	13.91m/17.9m	205.93m²/264.92m²	沙壤土、厚度 10～15cm
Ⅱ			13.66m/17.8m	201.18m²/262.89m²	沙壤土、厚度 8～12cm，有 15%的母质出露
Ⅲ			14.82m/17.98m	215.44m²/261.5m²	风化沙壤土，厚度 15～20cm

90 年代中期鹤鸣观Ⅰ号支沟出口站被塘库所淹，停止观测。因此，本书研究观测数据系列最长的Ⅱ号支沟高差为 314 m，面积为 0.419 km²，干流长度为 0.350 km，沟道平均比降为 310‰。

径流小区试验分两个阶段进行，1983～1986 年为第一个阶段，把Ⅰ号小区处理为人工破坏型，场内允许群众放牧、割伐、破坏植被，年均覆盖率低于 20%；Ⅱ号小区处理为封坡禁伐型，场内保留自然生长的马桑、黄荆、茅草，实行封禁，年均覆盖率为 60%左右；Ⅲ号小区处理为自然荒坡垦种型，按当地垦坡习惯，全坡翻耕，作垄栽种了红苕、黄豆，年均覆盖率为 30%。在取得 1983～1986 年连续 4 年 3 个小区的水土流失试验资料后，从 1987 年起进行第二阶段的观测试验。在试验处理上，Ⅰ号小区由人工破坏型改为工程整地造林型，场内坡面整成 0.4 m×0.6 m（宽×高）的水平阶梯状，每条平台间隔 1.0m 打鱼鳞形的树窝，栽植桤、柏混交幼树，坡面挖截流壕两条，断面尺寸为 0.3 m×0.5 m（宽×高），两壕间隔为 6.0 m，用来拦截径流、泥沙；Ⅲ号小区把原来的自然坡面改为六台缓坡梯地，其平均坡度小于 15°，地宽为 2～3 m，用青砖代替块石干砌作埂，埂高出地面 0.1～0.15 m，埂宽为 0.24 m，砖缝作透水用，每台地横向开沟作垄两条。每年小春种豌豆，大春种红苕，套种绿、黄豆。作物覆盖率随生长期而变化，最多达 60%。这两个阶段的实验小区在一定程度上代表了流域的荒地、林地、灌木林（幼林）、坡耕地、梯地 5 种土地利用类型。

另外，在鹤鸣观小流域布设了 9 个入渗试验点，对土壤的入渗率与土壤前期含水量进行了测量。本书对两个小流域进行了土壤采样并室内测量了各种土壤的稳定入渗率。

因此，小流域出口观测资料与流域各种土地利用类型降雨前的土壤前期含水量、各种土壤类型的稳定入渗率的测量成果（由华中农业大学资环学院完成）、流域基本图件（DEM、土地利用图与土壤图）准备，以及径流小区多年观测资料为本书提供了主要的数据支持，已收集到的数据见表 2-2。

表 2-2 四川紫色土资料情况登记表

鹤鸣观小流域 3 个径流小区次降雨观测成果（包括降雨时间、雨强、历时、雨量，径流量、径流深，冲刷量、冲刷深）
桤柏混交林处理小区Ⅰ号场：1991～1995 年、1999～2001 年
薪炭材处理小区Ⅱ号场：1991～1994 年、1999～2001 年
横坡垄作处理小区Ⅲ号场：1991～1996 年、1999～2001 年

升钟水土保持实验站Ⅰ号小流域逐日平均流量表 1991～1998 年
升钟水土保持实验站Ⅱ号小流域逐日平均流量表 1991～2001 年

土壤含水量 1988 年：1 月 2 日～7 月 13 日

升钟水土保持实验Ⅰ号、Ⅱ号小流域逐日平均水位表（1991～1998 年）

鹤鸣观小流域Ⅰ号、Ⅱ号支沟逐次洪水测验成果表（1985～1998 年）

鹤鸣观小流域Ⅰ号、Ⅱ号支沟逐日降雨量表、降雨量摘录表（1985～1998 年）

鹤鸣观小流域 3 个试验小区逐日降雨量表、降雨量摘录表（1985～2001 年）

鹤鸣观小流域 3 个径流小区径流量和土壤流失量分布情况统计表
Ⅰ号场：1983～1995 年、1999～2001 年
Ⅱ号场：1983～1994 年、1999～2001 年
Ⅲ号场：1983～1996 年、1999～2001 年

鹤鸣观小流域及径流小区降雨量月分布情况统计表
Ⅰ号小流域：（1991～1998 年）
Ⅱ号小流域：（1991～2001 年）

鹤鸣观小流域逐日蒸发量表（1991～2001 年）

鹤鸣观小流域Ⅰ、Ⅱ号支沟、试验小区自记雨量计曲线资料（1987～1998 年）

鹤鸣观小流域Ⅰ、Ⅱ号支沟自记水位计曲线资料（1987～1998 年）

鹤鸣观小流域Ⅰ、Ⅱ号支沟次降雨泥沙资料（1985～1998 年）

李子口小流域 2004 年 8 月与 2005 年流域出口次降雨径流与泥沙观测资料

鹤鸣观小流域与李子口小流域土壤采样分析资料

鹤鸣观小流域、李子口小流域的地形图 1：10 000

鹤鸣观小流域、李子口小流域的卫片（分辨率：2.5m）

2.5.2 海河流域土石山区数据收集情况

海河流域土石山区水沙数据（1985～2001 年）主要来源于分布在唐河上游的中唐梅站（集雨面积 3480 km²）、拒马河上游的紫荆关站（集雨面积 1760 km²）、崇陵小流域（北纬 39°22'～39°25'，东经 115°21'～115°23'）出口的崇陵水文站（集雨面积 6 km²）、杨树沟站（集雨面积 1.1 km²）与万亩林站（集雨面积 0.5 km²）等，以及布设在崇陵小流域坡面上的 3 个面积为 50 m² 的普通径流小区与两个面积为 1 m² 的微型径流小区（表 2-3）的多年水沙观测资料（1987～1991 年）。降雨数据来源于分布在唐河上游、拒马河上游与崇陵小流域的各雨量站，以及径流小区的自记雨量计。径流小区由 HOBO 计数器实时监测和记录降雨过程，小区坡面下端接入薄壁三角堰箱，产流量用大桶收集并取样测量含沙量。

表 2-3　崇陵小流域径流小区基本情况

序号	小区名字	土地利用方式	植被类型/土地覆被	坡度（°）	坡长（m）	面积（m²）	监测项目
1	荒地小区	荒地	枯枝落叶	10.2	1	1	
2	裸地小区	裸地	无	12.7	1	1	降水量、
3	侧柏小区	林地	侧柏	12	10	50	径流量、
4	松树小区	林地	油松	12	10	50	含沙量等
5	灌草小区	灌草	荆条、酸枣、白草等	12	10	50	

崇陵小流域主要观测站概况如下。

（1）崇陵小流域出口流量站。该站为流域总控制断面，其集水面积为 6 km²，其观测设施为"V"形量水堰，目的是通过流域内输出径流和泥沙的观测，了解流域内经过逐年治理后径流、泥沙的变化情况，以及水土保持治理对区域水资源的影响。该站初建于 1958 年，并进行了多年的观测，1967 年停止观测，1985 年恢复观测，观测项目有降雨、水位、流量和含沙量。

（2）虎窑沟流量站。于 1959 年 6 月设站，集水面积为 0.231 km²。在 1955 年全部采用穴状整地造林，主要树种为油松（阴坡）、侧柏（阳坡）和洋槐（沟谷）。观测目的为探索石质山地采石整地造林对水土保持的作用。观测项目有降雨、水位、流量、含沙量，以及树冠截流、土壤含水量、地下水等。观测设施为矩形量水槽。该站在 1967 年后停测，1985 年恢复观测。

（3）万亩林沟流量站。于 1963 年设站，集水面积为 0.48 km²。观测目的是摸索在石质山区进行园林化治理对水土保持的作用。观测项目有降雨、水位、含沙量和地下水等。观测设施为巴歇尔量水堰。从 1959 年归社办的"林场"经营，经过逐年的治理，现在全流域内的原有耕地已基本上改成果园，有苹果、大桃、核桃、黑枣等，并进行果粮间作，山上绝大部分山坡都进行封山造林育草，主要树种是洋槐、山杏和椿树。沟道似的撂荒地也推平建成苗圃基地，此时苗圃地达到 300 亩。该站在 1967 年后停测，1985 年恢复观测。

（4）杨树沟流量站。于 1964 年设站，集水面积为 1.11 km²。观测目的是摸索石质山区群众性水土保持全面治理对水土保持的作用。观测项目有降雨、水位、流量、含沙量和地下水等。观测设施为矩形量水槽。该流域为杨树沟生产队经营，1968 年前后群众进行较大面积的整地，如进行修梯田、培地埂、闸沟造地和封山造林等工作。

崇陵小流域所布设的各测站观测项目的观测方法大致如下。

（1）降雨量。测验仪器有自记雨量计和标准雨量筒两种，雨量器口离地面高度为 2 m，但也有的为 0.7 m。降雨时进行观测，每天 8 时必须进行观测，8 时为每天的分界时，个别有条件的测站根据降雨强度变化进行人工分段观测。

（2）水位。在测流断面上安装（或划）水尺读记水位，有的测站也配合自记水位计进行测验。着重观测汛期各次洪水水位的涨落变化过程。水尺读数精度要求准确到 0.5 cm，在洪峰水位变化急速时则每隔 1 min 甚至 0.5 min 读记一次水位，总之，以正确地记录一次洪水的涨落变化过程为准。

（3）流量。崇陵水沟口流量站为人工固定段面，主要是用流速仪测流，或兼配合浮标和水面比降法观测，根据实测的水位–流量关系曲线来查算流量。其他小支沟的流量站都是用量水堰等测流建筑物进行测流。

（4）含沙量。因为断面上没有测桥设备，所以多采用"一点法"采水样，采样位置约在水深的 2/3 处，用水样瓶直接灌注。采水样次数，以能控制整次洪峰的输沙变化过程为准。沙样处理用过滤法，用烘箱烤干，用天枰称重，求得含沙量。

（5）土壤含水量。在不同地区选出典型地段，在每年汛期测验土壤含水量。一般是每隔 5 天定时测验一次（有的雨后加测）。在林区及荒山区采土深度为 0.2 m 或 0.25 m（因再深便是岩石），在耕作区和果园区采土深度为 0.5 m 或 0.6 m，每隔 0.1 m 分层取土样测定。将土样用烘箱烘干 4h 以上，定温 85～120℃（有时是烤干）。用天平称重，求出土壤含水率。2003 年，在杨树沟、万亩林、成林沟 3 处增设负压计，以测定土壤含水量。

参 考 文 献

陈月红, 汪岗. 2001. 嘉陵江水土保持与区域可持续发展. 水土保持研究, 8(4): 133～145.

川北低山深丘中度流失区小流域综合治理研究课题组. 1997. 川北低山深丘中度流失区小流域综合治理研究(两个综合治理模式研究).

郭荣卿. 1987. 海河流域石质山区土壤侵蚀及其防治. 泥沙研究, (1): 88～93.

何毓蓉. 1991. 中国紫色土(上). 北京: 科学出版社.

李怀甫. 1985. 石家庄西部山区泥石流的防治经验. 水土保持通报, (5): 32～37.

李廷勇. 2002. 中国的红层及发育的地貌类型. 四川师范大学学报(自然科学版), 25(4): 427-431.

李晓松, 吴炳方, 王浩, 等. 2011. 区域尺度海河流域水土流失风险评估. 遥感学报, 15(2): 379～387.

马志尊. 2002. 从海河流域水土流失现状谈水土保持生态建设措施布局. 海河水利, (5): 5～9.

四川省南部县开钟水土保持试验站. 2003. 李子口小流域基本情况.

四川省农业资源与区划编委会. 1986. 四川省农业资源与区划(上篇). 成都: 四川省社会科学院出版社.

王治堂. 1983. 官厅峡谷地区水土流失问题的探讨. 中国水土保持, (1): 16～17.

吴士佳. 1986. 四川省水土流失分区和水土保持工作. 水土保持通报, (3): 30～37.

谢影, 张金池. 2002. 黄河、长江流域水土流失现状及森林植被保护对策. 南京林业大学学报(自然科学版), 26(6): 88～92.

杨晓勇, 马志尊. 1993. 海流流域土石山区治理途径及效益. 中国水土保持, (6): 4～8.

中国科学院成都分院土壤研究室. 1991. 中国紫色土上篇. 北京: 科学出版社.

第3章 侵蚀产沙的尺度问题

3.1 侵蚀产沙的时空尺度问题

从地理学的视角出发，有关尺度的科学研究主要集中在以下几个问题：①尺度在空间模式和地表过程检测中的作用，以及尺度对环境建模的冲击；②尺度域（尺度不变范围）和尺度值的识别；③尺度转化、尺度分析和多尺度建模方法的实现。在一个空间尺度上是同质的现象到另外一个空间尺度就可能是异质的，当空间尺度改变时，景观模式的改变可能显著影响观测结果（艾南山等，1999）。在土壤侵蚀模拟中有两个关于尺度的问题：一个是尺度问题；另一个就是尺度转化问题；在不同尺度上；另不同的侵蚀过程占优势，因此有不同的理论和模型。尺度转化问题就是在某一尺度上发展一个理论，能被用到不同尺度上的侵蚀过程，即小尺度上的信息能否用来预言大尺度上的侵蚀过程。土壤侵蚀发生在一定的时间和空间范围内，土壤侵蚀量、泥沙输移过程取决于所观测的时间和空间尺度。目前，有关流域侵蚀产沙与输移过程随流域尺度复杂变化的研究在国际上才刚刚开始，已有的研究都缺乏深度和广度（白清俊，1999）。国内有关流域尺度的研究仅限于水文学的一些零星研究（白占国，1993；包为民和陈耀庭，1994）。随着流域过程和形态资料的日益积累和丰富，人们强烈地认识到只有宏观研究不断取得进展，微观研究的继续才有可能。不同尺度流域之间侵蚀产沙和输移究竟有什么样的内在联系，小流域所获得的研究成果能否推广应用到大中流域，成为迫切需要解决的重要科学问题。

3.1.1 侵蚀产沙中的尺度特征

尺度具有丰富的地学含义（Lam and Quttrochi，1992）。侵蚀产沙中的尺度主要有以下几个特征。

1）变异性

变异性是指流动特性（如径流）或状态变量（如土壤水分）的时空变化。土壤侵蚀的时空变异是指在一定的景观内，不同时间、不同地点的土壤侵蚀特征存在明显的差异性和多样性。土壤侵蚀的时空变异是多重尺度上的植被、土地利用、气象（降雨）、地形和土壤等多因素综合作用的结果，但是就某一具体地区而言，存在重点尺度和主控因子，土壤侵蚀的重点尺度与主控因子的时空关系因时间、空间和尺度而异。近年来，土壤侵蚀时空变异的研究已成为国内外研究的热点（蔡崇法等，2000）。

空间变异性是侵蚀产沙过程固有的复杂性之一（蔡崇法等，2000）。实验与观测表明，即使野外一小块田地，其侵蚀产沙过程的空间变异也十分显著。但是对于流域空间变异性与侵蚀产沙尺度的内在联系是什么？Dooge（1986）曾基于面积为 $0.1\sim1.0~\mathrm{km}^2$ 的野外试验，发现非饱和土壤水的入渗参数空间变异达两个多数量级。但是，在进行大气总循环模拟研究（general circulation models，GCMs）中，却将陆地与大气界面水交换用地面土壤参数化处理，如建立控制网络模型的水力传导率、田间持水量建立关系等。尽管土壤性质的空间分布在小尺度范围内是显著的，但相对 GCMs 网络或许并不显著。从侵蚀产沙下垫面参数来看，地形参数在不同尺度上具有不同含义，其在侵蚀产沙模拟中的参数表达也不一样。所有这些涉及侵蚀产沙参数的空间变异问题都成为侵蚀产沙空间转换的关键性制约因子。

自然流域在时空上具有很大的不均匀性和变异性，如土壤特性和地表的空间变化、植被覆盖、土壤水分状况和水流随时间变化等。变异性表现在各种时空尺度上，侵蚀产沙时空过程的变异性增加了侵蚀产沙过程的复杂性和非线性，是不同侵蚀产沙尺度模拟研究，以及这些尺度间相互转换研究的困难所在。因此，认识侵蚀产沙时空过程的变异性是进行侵蚀产沙尺度研究和不同尺度下侵蚀产沙模拟研究的基础。

2）层次复杂性

侵蚀产沙是一个多因素、多层次、多尺度的地学问题。土壤侵蚀问题按尺度的不同可以归结为 4 个层次：小区、坡面、小流域和区域土壤侵蚀研究。空间跨度从几米到几千米再到几百千米，时间间隔为一天到一年再到几十年。由于水土流失的复杂性、学科发展及研究手段的局限，长期以来，国内外关于水土流失的研究主要集中在小区、坡面和小流域的尺度上，对区域水土流失的研究还很薄弱。我国一般通过宏观分区的方法来实现区域的整体评价，国外（美国）主要是通过建立地面定位监测网络来实现大比例尺评价，并结合统计汇总（aggregation）定期取得全国土壤侵蚀的数据资料；国内在坡面研究的基础上，通过比例尺转换（主要是尺度上推）的方法来获得区域以至于全球性的土壤侵蚀数据（包为民，1993）。

土壤侵蚀与多个环境因子之间是相互作用的一个复杂反馈关系，因此土壤侵蚀的时空变异与环境因子的时空关系也是一个复杂的多尺度过程。大量的研究表明，小区尺度上的径流与坡面和流域尺度上的径流没有相关性，因此基于田间小区试验建立的模型不能用来预测较大尺度上的水土流失。法国的研究证实，春季土地利用的空间异质性较高，径流和侵蚀从点尺度（1 m²）、样地尺度（20 m²）、斑块尺度（500 m²）到流域尺度都存在增大或减小的不规律变化；但是冬季土地利用类型比较单一，斑块尺度上产生的径流绝大部分能流出流域，所以流域出口的径流量可以用主要土地利用类型的小区观测数据推算出来（Bissonnais et al.，1998）。土壤侵蚀是一个在多因子综合影响下的复杂过程，在一定时空尺度上，往往是多个影响因子（包括主控因子）及其交互影响综合作用的结果。因此，多个因子之间的交互影响研究及主控因子的确定是土壤侵蚀时空变异的研究重点和难点之一。

3）多重性

每一个天然流域都含有一个或若干个小流域，每一个小流域又包含若干个子流域，而对每一个子流域又可划分为若干个单元流域或流域分块，构成一种多重的、套合的尺度结构。因此，在流域尺度下，各种尺度变量的变化共存，在不同尺度的流域内不同尺度的变量又起主导作用，对小尺度流域而言，小尺度变量（如地貌、土壤和植被等）起主导作用；但在大尺度流域下，大尺度变量，如流域的地形结构及河网结构等的变化起主要作用（包为民和陈耀庭，1994；蔡强国和范昊明，2004）。因此，流域的侵蚀产沙是多重尺度化效应的综合结果。当一个流域系统划分为多个单元或多个单元构成一个系统，系统规律就是单元规律的直接外延吗？在这方面，国内外进行了大量研究，研究结果表明，当尺度变化到一定范围的大流域时，尽管它由多个非线性和空间变异单元组成，但整体尺度表现有新的特征，如均匀非线性或线性关系（夏军和张祥伟，1993）。

　　Mahmeier 分析了由 427 个非线性单元构成的 40 级流域响应关系，发现它与无因次变动单位线近似。王兴奎等（1982）对高含沙水流在不同尺度流域的形成及响应过程的研究表明，侵蚀产沙的子单元与系统之间呈现一种复杂的非线性关系。其他的一些研究表明，中小流域侵蚀产沙的非线性突出，但随流域面积的增大，却有趋于均匀非线性或线性化的特点。但是采用现行理论不能证明大量各向异性的侵蚀产沙单元之间的复杂关系，从微观尺度的物理方程进行边界和初始条件的分解，也得不到明确的线性或均匀非线性关系的结论。

3.1.2　侵蚀产沙的空间尺度划分

　　土壤侵蚀是一个复杂的时空过程，流域侵蚀产沙的实体内容也是复杂多变的，为了研究特定类型的流域侵蚀产沙过程，首先要认识不同尺度的侵蚀产沙规律，然后设法找到它们之间的联系或某种新的过渡规律。综合国内外的研究范围，概括地讲，侵蚀产沙的空间尺度可以分为以下几个尺度。

　　1）极小尺度（nanoscale）

　　在该尺度上，主要研究点尺度上的侵蚀过程及其动力学特征，面积一般在几平方米。大量的室内和室外实验都在这个尺度上开展，特别是人工模拟降雨试验，这是在可控制条件下快速收集数据的重要方法。该尺度水平上的研究有助于认识单一因素与侵蚀过程及其他因素的规律及相互关系。这些研究是在我们对侵蚀过程已有的认识的基础上开展的，但同时这些实验研究的结果很难直接应用于大区域和自然降雨状况下。所获取的侵蚀过程参数通常只具有点尺度特征，往往不能直接用于大尺度，即使能用，也只有在有限的程度上应用。在这个尺度的侵蚀过程中，细沟间侵蚀要比细沟侵蚀更具主导地位。对于裸露的陡坡地，细沟会很快生成，而在覆盖较好的缓坡地上，细沟间侵蚀将在一个非常大的区域占主导作用。小区尺度上的侵蚀模型可以表现物理和其他过程，主要是水流的空间再分布和泥沙在微地形和细沟中的运移，这些模型仅适用于小的区域，一到几次的暴雨情况下，参数主要通过田间和室内实验确定。

　　2）微观尺度（microscale）

　　在该尺度上，侵蚀产沙系统可以从小区、田间延伸到次级小流域来分析。在一个给定的区域，侵蚀与径流呈线性或非线性相关。不同侵蚀过程通常发生多种类型的侵蚀，同时其侵蚀产沙空间尺度也发生改变。为了研究野外条件下不同的侵蚀产沙过程，有必要选取不同的侵蚀形式，通常包括线性侵蚀形式（linear erosion forms）和同区域的侵蚀形式（areal erosion forms）。这个尺度的研究集中在对耕作环境的研究。绝大多数田间尺度的水蚀研究涉及过去 60 多年来的土壤侵蚀资料，这些数据主要反映细沟间侵蚀。在该尺度上进行了大量重要的实验工作并得到大量的侵蚀模型（蔡强国等，1998）如通用土壤流失方程 USLE，修正的通用土壤流失方程 RUSLE，水蚀预报模型 WEPP，欧洲土壤侵蚀模型 EUROSEM 等。

3）中尺度

通常在大的景观尺度上区分侵蚀过程，中尺度（mescoscale）上的侵蚀产沙单元通过不同自然状况和不同管理方式的相互作用而进行区分。中尺度的侵蚀产沙单元通常有相似的气候条件，并且可以在区域尺度上达到平衡状态。由不同小流域及不同支流组成的中尺度特征的大流域，包含不同的土壤类型、土地利用、植被覆盖的组合，但这些小流域或小支流通常处于一个大的气候带或大的侵蚀类型区内，在侵蚀过程及侵蚀产沙规律上具有一定的相似性。在这个尺度上，除了那些在小尺度的侵蚀方式外，新的侵蚀过程变得很重要，包括沟道侵蚀、重力侵蚀和沉积过程变得相当重要。在这个尺度上，实验和监测的界限变得模糊。很明显，很难在该尺度上开展可控条件的实验研究。

4）大尺度（macroscale）

在大尺度研究中，通过区域内部自然条件的相似性与相邻区域区分开来，来自土地利用的空间元素、作物管理等区域性自然条件对侵蚀过程产生主导影响。大尺度之间的侵蚀产沙规律具有明显差异，大尺度的侵蚀产沙通常涉及气候带、侵蚀类型的差异，如黄土高原侵蚀产沙区、华南花岗岩侵蚀产沙区。大尺度的土壤侵蚀是一个复杂的自然过程，它受到土壤、地质、植被、人为活动等多种因素的影响，虽然对于单因子的认识已取得大量研究成果，但是对于这些因子在一个较大的地理系统内的组合变化关系的认识仍不清楚。在不同区域，影响土壤侵蚀的因子不同，它们的组合及组合力度也不同，因此在目前情况下建立的大尺度区域的单个模型预测的准确性受到限制。因此，在大尺度上进行土壤侵蚀监测与预报，实现区域水土流失研究的重要途径是进行尺度转换的理论与技术研究。

3.1.3　侵蚀产沙的"尺度效应"

侵蚀产沙的"尺度效应"研究分为离散尺度上的"尺度效应"研究和连续尺度上的"尺度效应"研究。离散尺度上的"尺度效应"研究主要是从流域面积来考虑对产沙的影响，其选择的流域是离散的，不具有嵌套性。例如，1992 年 Owens 对世界上不同地区的产沙模数与流域面积关系进行了研究，结果发现产沙模数与流域面积呈显著的线性关系，这就是一种良好的"尺度效应"。通过这种"尺度效应"研究，可以对一些无资料的大中流域的产沙模数进行预测。在国内，许迴心（2000）也仿照 Owens 对黄河流域干支流 249 个站点的产沙模数与流域面积的关系进行了研究，但由于黄河中游复杂的自然条件，它们并不具有明显的"尺度效应"。例如，汤立群（1996）、陈界仁（2002）、陈浩（2000）、陈浩等（2002）等都从流域面积来考虑对产流产沙的影响。

连续尺度上的"尺度效应"研究主要是从小区、小流域、次小流域、流域尺度研究径流和侵蚀的响应。通过这种连续尺度的研究，可以识别侵蚀产沙过程随尺度变化的规律。例如，Bissinnais 等（1998）从小区（1 m²、20 m²、500 m²）、小流域（70 ha）对径流和侵蚀进行了对比研究；Van de G（2000）从小区（0.8 m×1.25 m，0.8 m×12 m）、流域（130 hm²）研究了径流的变化规律；Michel（2003）从点尺度（0.001 m²）、小尺度

（1 m²）、田间尺度（100 m²）、小流域尺度（0.2 km²）对比分析了径流的形成过程；Erik（2004）从小区（75m²、320m²、400m²）、微小流域（2500m²、3600m²）、次小流域（1.2km²、3.2km²）、流域（12km²）研究了水文与侵蚀响应过程。我国学者龚时旸和熊贵枢（1979）、王兴奎等（1982）也从坡面、毛沟、支沟、干沟研究了流量和含沙量随尺度的变化过程。所有的研究都表明，随着尺度的变化，自然条件差异变大，水土流失过程复杂化，影响因素增加。但这些过程和因素随尺度的变化如何变化还需要我们做进一步的研究。

3.1.4 侵蚀产沙时空尺度已有研究概述

早在 20 世纪 80 年代，国内相关学者就已经注意到了侵蚀产沙过程中的尺度问题。例如，王兴奎等（1982）研究了岔巴沟流域不同空间尺度的侵蚀产沙过程与水沙关系；龚时旸和熊贵枢（1980）对黄土丘陵沟壑区从坡面直到黄河干流的泥沙侵蚀、输移、沉积过程进行了分析，认为在多年平均时间尺度，坡面和沟谷侵蚀的泥沙都可以通过各级沟道和支流输入龙门以下的黄河干流，得到黄土丘陵沟壑区泥沙输移比为 1 的结论；陈永宗等（1988）分析了黄土地区自分水岭向下坡面侵蚀的垂直分带规律，认为这是坡地降雨径流侵蚀的基本规律。近年来，Xu 和 Yan（2005）、闫云霞（2006）研究了黄土高原产沙模数随空间尺度的变异，认为黄土厚度自分水岭向流域出口的变化是流域产沙尺度变异的重要原因[①]；刘纪根（2005）[②]、刘纪根等（2005）等将流域径流过程、侵蚀产沙过程、水沙关系区分为坡面和沟道两种类型的变化过程，而全坡面又对毛沟的径流和泥沙过程起主导作用；傅伯杰等（2006）基于景观生态学的"尺度-格局-过程"原理，提出了多尺度土壤侵蚀评价指数的研究思路和方法。这些研究大大增加了对侵蚀产沙尺度问题的理解，尽管学术界对这一问题密切关注（如唐政洪等，2002；王飞等，2003；刘纪根和蔡强国，2004；邱扬和傅伯杰，2004；倪九派等，2005；刘前进等，2006；赵文武等，2006），但原创性的研究还非常匮乏（郑明国，2007）[③]。

传统的水土流失研究一般集中在坡面径流小区和小流域两个尺度上（邱扬和傅伯杰，2004）。但中大流域侵蚀产沙与坡面和小流域的侵蚀产沙不同，它有着自身的独特规律，主要受大面积侵蚀产沙发生的宏观规律所控制（Nearing，1998），依靠对小尺度输沙过程的理解来完成大尺度的输沙预测是困难的（魏翔和李占斌，2007）。目前，我国的水土流失治理已转向大中流域，需要加强大流域的侵蚀产沙模型研究（张光辉，2002）。现代的流域治理规划不仅需要考虑较长时间尺度系列的侵蚀周期及水沙变化趋势，更需要考虑次暴雨事件尤其是极端降雨事件的侵蚀产沙响应（Mathier and Roy，1996）。侵蚀产沙模型的时空尺度研究也应该满足这种需要。

总的来说，国内外学者对侵蚀产沙过程及其空间分布，以及水力学特征进行了不少研究，对侵蚀产沙的时间尺度特征的研究多集中于河道或沟道输沙（Asselman，1999；

---

① 闫云霞. 2006. 黄土高原侵蚀产沙的尺度效应及高含沙水流研究. 北京：中国科学院地理科学与资源研究所博士学位论文。
② 刘纪根. 2005. 流域侵蚀产沙模拟过程中的尺度分异规律及尺度转换研究. 北京：中国科学院地理科学与资源研究所博士学位论文。
③ 郑明国. 2007. 黄土丘陵沟壑区侵蚀产沙空间尺度效应及模型研究. 北京：中国科学院地理科学与资源研究所博士学位论文。

王文龙等，2004；丁文峰等，2006；Rovira and Batalla，2006；方海燕等，2007；李铁键等，2009；肖培青等，2009）。王玲玲等（2013）以黄土丘陵沟壑区桥沟流域坡沟系统为原型观测对象，利用流域内布设的不同地貌单元大型径流场定位观测设施，分析了坡沟系统不同地貌单元在年、次降雨时间尺度下的侵蚀产沙特征。结果发现，在年时间尺度上，不同地貌单元的侵蚀模数表现为上半坡<下半坡<梁峁坡<沟谷坡<坡沟系统，水沙在不同地貌单元之间的传递中，径流输沙量往往小于径流输沙能力；在次降雨时间尺度上，不同地貌单元侵蚀产沙的峰值可能出现在下半坡、沟谷坡或者坡沟系统。

3.2　不同尺度侵蚀产沙的主要影响因子

影响侵蚀产沙的因素复杂众多，有自然因素，如气候、地形、地质、土壤、植被等，还有社会、经济因素。对于坡面侵蚀产沙而言，同样受气候、土壤、地质地貌、植被等多种因素的影响，导致侵蚀产沙影响因子具有复杂性（唐克丽，1991；辛树帜和蒋德麒，1982）。管新建等（2011）选用了 4 种雨强条件进行人工模拟降雨实验，对土壤水蚀动力过程进行了系统模拟，并运用灰色关联度的分析方法，研究了坡面侵蚀产沙量与其影响因子之间的关联程度。研究结果表明，在实验条件下，雨强与坡面降雨径流产沙量的关联度最大，水流功率次之，可以用雨强和水流功率来描述坡面径流产沙量，并建立坡面径流产沙量与雨强和水流功率的相关关系式。在一定时空尺度上，侵蚀产沙往往是多个影响因子（包括主控因子）及其交互影响综合作用的结果。因此，多个因子之间的交互影响研究及主控因子的确定是土壤侵蚀时空变异的研究重点和难点之一。影响流域产沙的因素可分为气候、地形、土质和植被四大类（包为民和陈耀庭，1994），随时间和空间尺度的变大，主导的侵蚀产沙过程由溅蚀、面蚀、细沟侵蚀逐渐过渡到沟道和河道侵蚀，而影响侵蚀产沙的气候因素在所有的时间和空间尺度上都起作用，随着时空尺度的变大，气候因素对侵蚀产沙的影响由次降雨逐渐过渡到气候变化，植被因素和人类作用因素在较小的时间尺度上不起作用（>1 天）（Renschler et al.，2002）。王飞等（2003）也对影响土壤侵蚀的主要因素，即降雨、植被、土壤、地形地貌、社会经济因素、水土保持措施，以及法律制度和观念在不同时空尺度上对土壤侵蚀的重要性进行了研究（表 3-1）。

流水地貌过程对于空间尺度有着强烈的依赖性，几乎所有的流域过程变量都可以与流域面积建立关系。由于流域面积越小，其地势比率越大，且小流域被一次暴雨全部笼盖的几率远比大流域的大，同时随着流域面积的增加，泥沙输移过程中在宽阔的河漫滩上发生堆积的可能性也越大，从而使产沙模数变小（许炯心，1999）。图 3-1 表明，产沙模数随流域面积的变大而变小，表现出良好的尺度效应，但实际情况远非如此简单。现有的研究表明，流域侵蚀产沙随流域尺度变化的规律并非是单一的，而是复杂多样的，可以呈反比关系，也可以呈正比关系（卢金发和黄秀华，2004）。Milliman 和 Syvitski（1992）对世界 280 条河流的研究表明，对山区较小的河流，流域产沙模数与流域面积呈明显的负相关关系，但对于近海平原河流，流域产沙模数与流域面积之间没有明显关系。一些研究发现，尽管由于环境因素的变化（如土地利用、气候等），坡面侵蚀速率

表 3-1 不同尺度土壤侵蚀研究影响因子的适宜程度表

影响因子	指标	时间尺度								空间尺度					
		侵蚀性降雨	次降雨	月/旬	季节/年	多年平均	断代	历史时期	地质时期	小区/地块	坡面/沟道	小流域	地貌区/行政区/流域	全国	洲际/全球
降水	干湿变化						B	A	A					A	B
	多年平均降水量					A	A	B		B	B	A	A	A	B
	年内/年际变化				B	A				A	A	A	A	B	A
	强度	A	A							A	A	A			
	平均雨强	A	A	B	B	B				A	A	A	A	B	
植被	盖度/指数	A	A	A	A					A	A	A			
	覆盖率	B	B	B	A	A	B	B		B	B	A	A	A	B
	结构			B	A	A				A	A	B			
土壤/地形地貌	含水量	A	A	B						A	A	A			
	抗冲性	A	A	A	A	A				A	A	A	B		
	表层覆盖	A	A	A	A	B				A	A				
	耕作方式	A	A	A	A	B				A					
	坡度	A	A	A	A					A					
	坡度构成	B	B	B	B	A						A	A		
	地貌					A	A	A	A				B	A	A
	地壳运动						B	A	A				B	A	B
社会经济因素	人口					B	A	B					B	B	
	土地利用结构			B	B	A				B		A	A	B	A
水土保持措施	梯田栽植	A	A	A	A					A	A	A			
	梯田面积	A	A	A	A	B						A	A	B	
	坝库	A	A	A	A					B	B	A	B		
	法律制度					A	A	A		B	B	B	B	B	B
	观念					A	A	A				B	B	A	A

注：A 表示适宜程度较好；B 表示可用，但适宜程度一般；其他为不适宜或适宜程度较差的指标。

发生了变化，但对流域出口产沙量并无显著变化（Trimble，1999；Walling，1999；Prosser et al.，2001）。流域或坡面产沙是侵蚀、搬运、沉积过程相互作用的结果，侵蚀量和沉积量决定了流域产沙量，泥沙搬运是侵蚀和沉积之间的纽带，显然正是由于泥沙的搬运和沉积，才使得坡面的侵蚀模数不等于流域的产沙模数，大流域的产沙量也不等于小流域的产沙量之和，正是由于对这一问题的认识，才导致了对泥沙输移比的大量研究。

3.3 四川紫色土地区不同尺度的产流产沙特征

四川盆地紫色土地区的每一个小流域都是一个完整、独立的自然侵蚀-输移-产沙系统。根据小流域地形地貌特征，将小流域划分为坡面、沟道两个部分；沟道根据控制流域面积的大小和地理条件，可以把进入干流以前的各级沟道分为支沟、干沟和支流。这样就构成一个嵌套的流域尺度系统。分析流域不同尺度产流产沙过程，找出不同尺度产沙主导因子，有助于该地区侵蚀产沙模型的完善与推广应用。由于试验观测数据有限（李子口小流域只有 9 次降雨侵蚀资料，并且没有以下 3 个尺度同步降雨侵蚀资料），本书的研究初步探讨了试验小区（坡面）、子流域（鹤鸣观 II 号支沟）、小流域（李子口小流域） 3 个不同尺度的产流产沙特征。

3.3.1　坡面尺度产流产沙特征

在试验小区（坡面）尺度，其产流产沙与小区的平均坡度、小区的土地利用方式，以及植被覆盖度等关系密切，这在后面不同土地利用方式的产流产沙特征章节有详细叙述，发生在坡面尺度上的侵蚀过程主要有溅蚀、面蚀与细沟侵蚀。

通过对布设在鹤鸣观小流域 II 号支沟山坡上的 3 个径流小区 1983～2004 年天然降雨的降雨因子与径流深、侵蚀模数的关系分析可以发现，在第一阶段（1983～1986 年），径流小区的侵蚀模数与地表径流深的相关性最好（$R \approx 0.816$），与次降雨量的相关性较好（$R \approx 0.801$），与平均降雨强度的相关性一般（$R \approx 0.705$），且径流小区的次降雨径流深与降雨量的相关性较好（$R \approx 0.82$），与平均降雨强度的相关性差（$R < 0.25$）；在第二阶段（1989～2004 年），径流小区的侵蚀模数与地表径流深的相关性最好（$R \approx 0.773$），与次降雨量、平均降雨强度的相关性都很差（$R < 0.1$），且径流小区的次降雨径流深与降雨量的相关性较好（$R \approx 0.78$），与平均降雨强度的相关性差（$R < 0.15$）（当然每个径流小区之间存在一定差异，这在第 4 章有详细阐述）。径流小区两个试验阶段的主要差异是其土地利用方式（植被覆盖度）的变化。这说明在四川紫色土蓄满产流地区，坡面的侵蚀主要受坡面径流影响，而径流主要由降雨量决定，并且坡面的土地利用方式（植被覆盖度）也是影响侵蚀产沙的重要原因。另外，分析了径流小区 I_{10}、I_{30}、I_{60} 与次降雨侵蚀模数的关系，得知其相关性一般（比平均降雨强度稍好 $R \approx 0.65$）。

3.3.2　子流域尺度产流产沙特征

鹤鸣观小流域 II 号支沟的产流产沙与流域地形地貌（主要是坡度）、土地利用方式、沟道侵蚀关系密切，发生在子流域尺度上的侵蚀过程主要有坡面侵蚀、沟道侵蚀与重力侵蚀。

分析鹤鸣观小流域 II 支沟出口 1985～2001 年的降雨径流观测资料（剔除 1987～1992 年该流域水土保持治理中的几年，见表 3-2）发现，流域的次降雨产沙量与降雨量的相关性一般，与降雨强度的相关性较差（表 3-3），与径流深的相关性较好（$R \approx 0.75$）；次降雨径流量与次降雨量的相关性较好（$R \approx 0.68$），与降雨强度的相关性较差（$R < 0.2$）。

利用 1985～1987 年及 1991～2001 年的 II 号支沟出口站雨量过程线资料，分析 I_{10}、I_{30}、I_{60} 与次降雨侵蚀模数的关系，得知其相关性较差（$R \approx 0.51$）。以上分析说明，在四川盆地子流域尺度上，出口产沙主要受径流影响，而径流主要由降雨量决定，并且子流域的水沙关系较好。

表 3-2　鹤鸣观小流域 II 支沟出口多年降雨径流观测资料表*

降雨日期（年.月.日）	降雨量（mm）	实测径流量（m³）	实测产沙量（kg）	平均雨强（mm/min）
1985.6.27	92.5	15 905	102 585.7	3.8
1985.7.11	93.6	15 155.1	207 907.8	9.9
1985.7.21	35.8	3 798.4	97 249.9	11
1985.8.7	119.7	17 821.6	391 242.1	9.7
1985.8.19	60.2	11 423.2	50 531.4	5.5
1985.9.13	85.2	13 358.4	102 529.3	3.2
1986.7.23	58.1	6 827.4	61 593	19.4
1986.9.8	37	2 819.1	8 715.2	4.4
1993.6.26	130.7	8 354.5	3 116.941	5.4
1993.7.10	55.4	1 656.1	488.691	7.1
1993.8.4	50.4	2 506.6	1 004.343	8.6
1993.8.9	86.6	8 780.2	2 426.848	2.6
1993.8.15	152.8	31 183.4	158 889.828	6.4
1995.7.18	43.2	1 116.6	969.566	4.8
1995.7.21	26.2	1 477.1	1 195.826	7.9
1995.8.15	51.1	1 576.1	1 896.813	5.6
1995.10.13	37.6	889.1	882.833	5.6
1996.7.22	78.2	1 317.3	406.849	3.9
1998.5.20	74.2	1 333.5	310.06	6
1998.6.30	49.6	1 218.3	995.963	7.2
1998.8.20	100	10 055	8 667.015	5.2
2000.7.10	195.4	19 405.8	20 321.5	4.1
2000.8.16	214.7	25 958.5	25 307.6	8.3
2001.8.7	43.1	3 952	3 100.6	2.5
2001.8.18	240.8	26 449.2	125 406.7	6.1
2001.9.2	64.4	5 526	3 519.6	2.4

*分析所需的原始资料来自《鹤鸣观小流域 II 号支沟历年逐次降雨侵蚀统计资料》，升钟水土保持试验站。

表 3-3　鹤鸣观小流域 II 支沟次降雨径流量（Q）、产沙量（Sed）与降雨量（P）、降雨强度（I）相关表*

时间	相关关系式	相关系数 R	样本数	F 检验
1985～1986 年	$Q=16.03P^{1.51}$	0.96	8	$F=73.70^{**}$
	$Sed=26.12P^{1.92}$	0.76	8	$F=11.87^{**}$
	$Q=12531I^{-0.16}$	0.14	8	
	$Sed=29169I^{0.54}$	0.30	8	
1993～2001 年	$Q=2.77P^{1.69}$	0.87	18	$F=75.16^{**}$
	$Sed=26.12P^{2.19}$	0.77	18	$F=11.70^{**}$
	$Q=6579.8I^{-0.28}$	0.09	18	
	$Sed=2579.9I^{0.12}$	0.03	18	

*分析所需的原始资料来自《鹤鸣观小流域 II 号支沟历年逐次降雨侵蚀统计资料》，升钟水土保持试验站。

　　李子口小流域的产流产沙除受地形条件与土地利用方式影响外，塘坝等措施的影响不容忽视。当然，水保措施很大程度上决定了流域的土地利用方式。随着空间尺度的增大，子流域与小流域的主要侵蚀过程除坡面侵蚀以外还有沟道侵蚀，流域受坡面汇水汇沙的影响越小，流域产沙越来越取决于沟道的输沙能力，并且由于李子口小流域分布有众多塘坝，在分析出口侵蚀产沙时必须考虑塘坝截流与淤积。

分析李子口小流域 2004 年与 2005 年 9 次降雨径流观测资料发现，流域的次降雨产沙量与降雨量的相关性较差（$R=0.204$），与平均降雨强度的相关性很差（$R<0.1$），与径流深的相关性最好（$R\approx0.65$）；次降雨径流量与次降雨量的相关性一般（$R=0.57$），与平均降雨强度的相关性很差（$R<0.2$）。这与李子口塘坝截留与淤积也有一定关系。由于没有李子口小流域出口观测降雨量过程线资料，本书还不能分析 I_{10}、I_{30}、I_{60} 与次降雨侵蚀模数的关系。

3.3.3 基于不同空间尺度建模依据

通过以上的分析，坡面、子流域（鹤鸣观小流域）与李子口小流域侵蚀产沙存在着差异，随着尺度的增大，影响侵蚀产沙的因素增多，但 3 个尺度的侵蚀产沙与径流深都有较好的相关性，这为本研究的建模提供了一定依据。因此，在本研究模型的构建中，坡面侵蚀产沙模型主要考虑了径流侵蚀力指标，鹤鸣观分布式模型除考虑径流侵蚀力外，还考虑了沟道侵蚀（由于径流对泥沙的作用在沟道中与坡面不同），而李子口分布式模型除考虑以上因素外，还考虑了流域内塘坝截流与淤积。另外，本研究构建的鹤鸣观分布式模型是基于栅格空间尺度（面积为 20m×20m），李子口分布式模型基于地块（其面积大小不一）。基于栅格的模型精度更高，根据地理信息系统软件能够比较精确地确定每个栅格的坡度、坡向与流向，再根据栅格的其他信息，能够比较精确地计算每个栅格每个时段的次降雨侵蚀产沙量，当然基于栅格的计算量也更大。而每个地块的流向不是唯一的，本研究根据每个地块中的栅格流向来确定每个地块的流向（多向），每个地块的平均坡度根据流域的 DEM，以及土地利用方式估计得到，其有一定的误差。基于地块的模型能够大幅度地减少计算量，当然其精度稍低。本研究构建的分布式模型，不管是基于栅格的还是基于地块的，模型的原理都是基于径流小区多年观测资料构建的经验统计关系，只是随着尺度的增加模型考虑的因素更多。

3.4 海河流域大清河土石山区不同尺度的产流产沙特征

近年来，国内外众多学者开展了多时空尺度的水沙关系研究，江忠善等（1996）研究了陕北安塞县纸坊沟流域内两个小流域侵蚀强度的空间变化规律及其与土地利用、地貌的关系；肖学年等（2004）以黄土丘陵区岔巴沟为例，定量分析了该流域次降雨水沙关系及其空间变异性；鲍卫锋等（2006）研究表明，人类活动是清涧河流域水沙演化的主导因素，且时间尺度越大，这种趋势越显著；王海龙和李国胜（2006）的研究发现，近 50 年来，黄河入海水沙通量具有明显的年际和年代际变化特征；郑明国等（2007a，2007b）探讨了黄土丘陵沟壑区王家沟流域水土保持措施与植被对不同空间尺度水沙关系的影响，结果表明，治理流域和非治理流域水沙关系相同，治理流域通过减水来减沙。在黄土丘陵沟壑区的坡面小区，植被既通过减水来减沙，也通过改变水沙关系来减沙，而在全坡面、小流域及中大流域 3 种空间尺度，植被通过减水来减沙，但没有改变水沙关系;张永等(2010)探讨了黄河中游水沙变化关系不确定性的时间尺度特征,结果表明,黄河中游水沙变化关系在短、中、长周期尺度上均以同一性为主;王玲玲等(2015)定量分析了黄土丘陵沟壑区不同空间尺度地貌单元水沙关系,结果发现,坡面尺度地貌单元的径流深和输沙模数在多年平均时间尺度上都大于流域尺度地貌单元,不同空间尺度地貌单元水流输沙能力随着空间尺度的增大而减少,并且不同空间尺度地貌单元径流量和输沙模数具有较好的线性关系。

王红闪等(2004)、许炯心(2002)的研究表明,水土保持和土地利用变化的水沙效应不仅表现在减少产洪次数、降低洪峰量、减少地表径流模数和径流系数等数量的变化,还因动力条件改变而导致不同的水沙关系。目前,比较多的研究内容关注了水土保持和土地覆被变化对流域径流和输沙的数量影响,所获得的结论也比较一致,认为黄河中游流域的径流和输沙量显著减少,水土保持效益显著(王红闪等,2004;许炯心,2002;张胜利等,1994)。而流域水沙行为演变的机理性探索和效应分析的重要内容为径流量-输沙量或含沙量的水沙关系是否变化,变化趋势和方向怎样,变化程度为何并没有引起足够的重视。已有的讨论中是对植被及其坡面措施能否引起水沙关系改变的探讨,但仍不能取得一致的认识(蔺鹏飞等,2015)。例如,Gao 等(2012)研究认为,农牧交错区的流域水沙关系改变较显著,而延河和清涧河等流域的水沙关系改变较微弱。郑明国等(2007b)通过对比研究表明,植被措施通过减水而减沙,但不能改变水沙关系。而刘淑燕等(2010)认为,土地利用变化显著改变了水沙关系,其原因可能与降雨的区域分布不均匀特征、研究尺度及时段的差异、研究数据的详尽程度等有关。如果把地形、植被、土壤等因素考虑进来,具体流域的径流或降水与产沙的经验关系可能适用于大尺度(Zheng et al.,2007)。

总的来说,上述研究大多针对的是黄河流域,目前有关我国北方土石山区水沙关系的研究尚未见报道。因此,本研究以海河流域大清河土石山区为研究对象,探讨了微型径流小区、普通径流小区、微型小流域——万亩林、小流域——崇陵小流域与杨树沟、中大流域——拒马河上游与唐河上游 5 种空间尺度的水沙关系。结果表明,这 5 种不同空间尺度的产沙模数(M_s)与降雨径流深(R_s,mm)均具有较好的线性正相关关系(表3-4),产沙模数与径流深之间的决定系数 R^2 为 0.56~0.92。

表 3-4 研究区不同空间尺度产沙模数与地表径流深的线性关系

空间尺度类型	空间尺度	水沙关系式	样本数	决定系数 R^2
微型径流小区	荒地小区	$M_s=1.21R_s+3.92$	11	0.69
	裸地小区	$M_s=5.82R_s+65.34$	17	0.70
普通径流小区	侧柏小区	$M_s=0.68R_s+2.67$	15	0.92
	松树小区	$M_s=0.80R_s+3.67$	22	0.77
	灌草小区	$M_s=0.82R_s+0.79$	22	0.82
微型小流域	万亩林	$M_s=1.42R_s+0.75$	14	0.86
小流域	崇陵小流域	$M_s=1.05R_s+0.47$	42	0.56
	杨树沟	$M_s=1.79R_s-0.50$	34	0.80
中大流域	唐河上游	$M_s=3.00R_s+9.64$	35	0.66
	拒马河上游	$M_s=3.86R_s+0.17$	48	0.69

从表 3-4 还可以看出，水沙关系拟合结果中的常数项大多较小，而当径流深很小时，用表 3-4 中的一元线性方程模拟荒地小区、裸地小区、侧柏小区、松树小区及唐河上游也能得到较大的产沙模数，这显然不合适（因为正常情况下，径流深很小时产沙量很少或者没有），因此尝试用比例函数来分析研究区的水沙关系，结果发现，用比例函数拟合大清河土石山区的径流产沙比较合适，决定系数 R^2 为 0.56～0.86（图 3-1），且决定系数和表 3-4 中 $y=ax+b$ 的形式几乎相同。在这几种空间尺度水沙关系模型中，荒地与裸地微型小区的系数差异较大，侧柏、松树与灌草小区的系数接近，系数为 0.81～1.56，微型小流域与小流域的系数接近，系数为 1.09～1.77，且两个中大流域的系数接近，系数为 3.45～3.89（图 3-1），从这些系数的比较中可以看出，随着尺度的扩大，径流对产沙的影响更强烈。另外，通过与他人研究结果的比较，本研究水沙关系模型中的决定系数明显低于黄土高原，Zheng 等（2007）研究的水沙关系的决定系数为 0.85～0.99。这说明，在大清河山区，尽管径流也是影响产沙模数的主要因素，但其影响程度较黄土高原弱，且次降雨径流含沙量及产沙模数也远低于黄土高原。

进一步分析产沙模数与降雨量、平均降雨强度的关系发现，唐河上游与拒马河上游的产沙模数与降雨量无明显相关性（决定系数 R^2 分别为 0.04 与 0.06），其主要原因可能是中大流域的降雨条件与径流产沙存在较大的空间异质性；而在其他 4 种空间尺度，产沙模数与次降雨量有较好的线性正相关关系（图 3-2）。在各尺度降雨产沙关系式中，小区尺度的决定系数高于其他尺度，说明降雨量对小尺度产沙的影响更强烈。

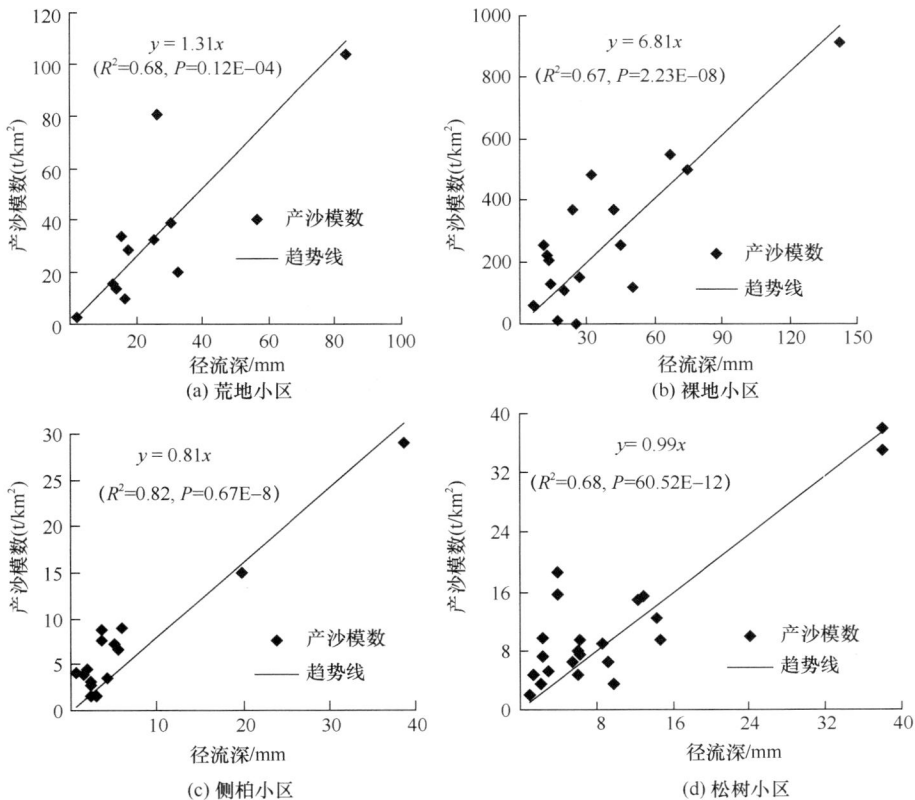

(a) 荒地小区

$y = 1.31x$
(R^2=0.68, P=0.12E-04)

(b) 裸地小区

$y = 6.81x$
(R^2=0.67, P=2.23E-08)

(c) 侧柏小区

$y = 0.81x$
(R^2=0.82, P=0.67E-8)

(d) 松树小区

$y= 0.99x$
(R^2=0.68, P=60.52E-12)

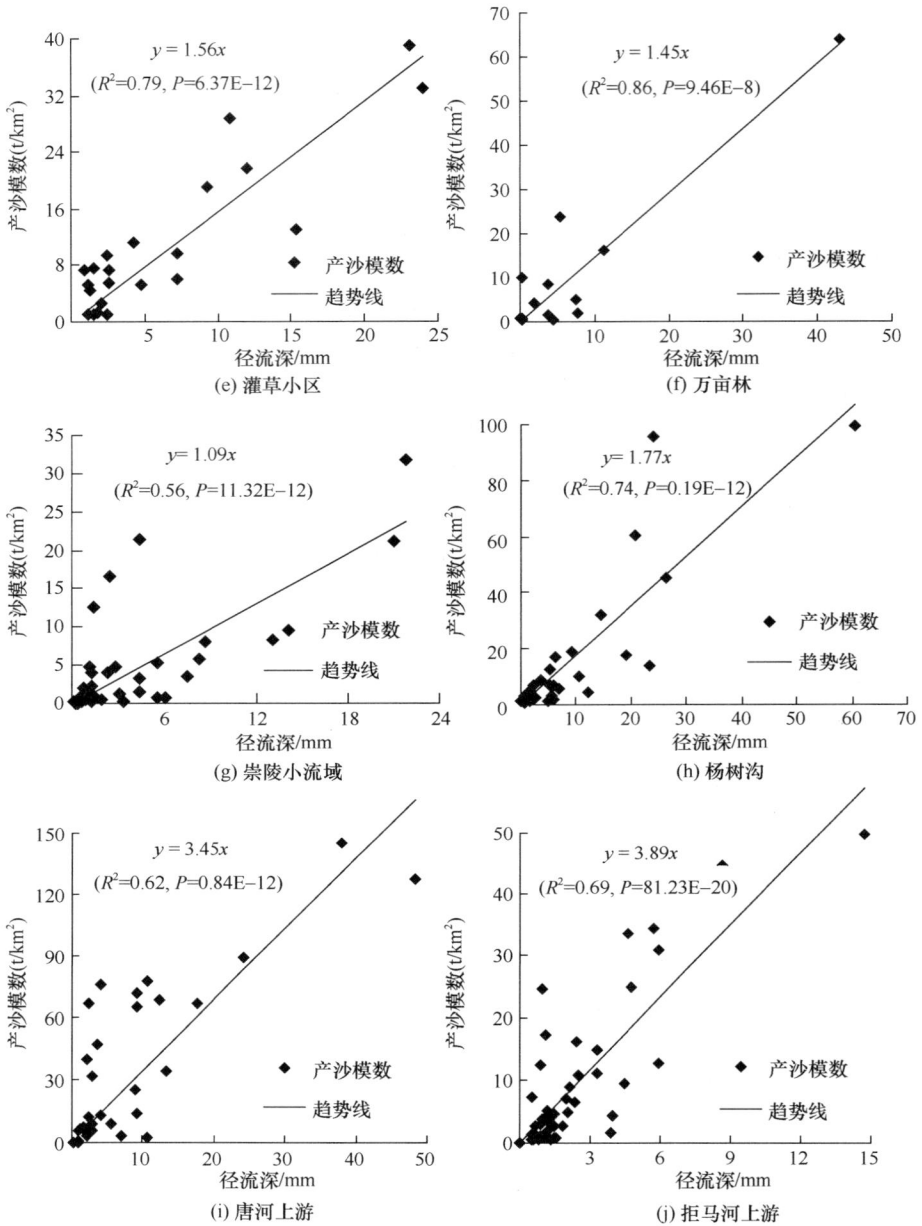

图3-1 各空间尺度产沙模数与次降雨地表径流深的线性相关性

总而言之，在海河流域大清河土石山区，微型径流小区、普通径流小区、微型小流域、小流域及中大流域，这5种空间尺度的产沙模数与地表径流深具较好的线性正相关性，可以用比例函数来拟合，且侧柏、松树、灌草与有枯枝落叶覆盖的荒地小区具有相近的水沙关系，微型小流域与小流域水沙关系类似，两个中大流域的水沙关系类似；径流小区（包括微型径流小区）与小流域（包括微型小流域）的产沙模数与次降雨量也有较好的线性正相关关系；各种土地利用方式的径流小区产沙模数与径流系数从小到大依次为侧柏林<松树林<灌草地<荒地<裸地,这与以往相关的研究结果大致相同(袁再健等,2006);侧柏小区的径流系数、产沙模数小于松树小区;而枯枝落叶覆盖通过减少地表径流、地表溅蚀来大大减少水土流失量。

在小区尺度水沙关系模型中,侧柏、松树、灌草及有枯枝落叶覆盖的小区系数接近,但与裸地小区差异很大,因此可以近似地认为,在大清河山区,有植被覆盖的坡面具有相似的水沙关系,且植被覆盖可以通过减水来减沙,它能有效减小溅蚀与面蚀强度,甚至可以抑制细沟产生(陈永宗等,1988),植被覆盖改变了裸地的水沙关系。由于缺少

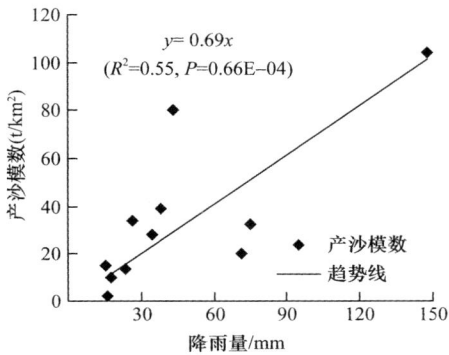

(a) 荒地小区

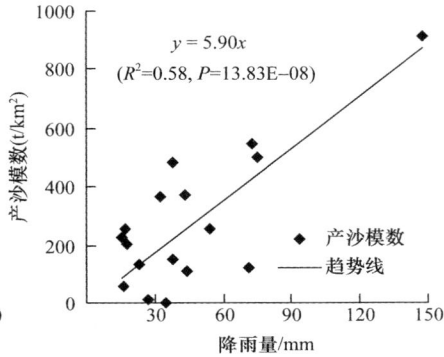

(b) 裸地小区

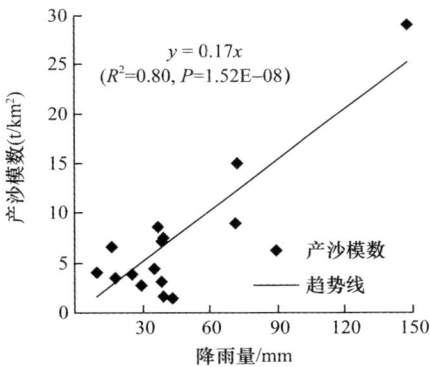

(c) 侧柏小区

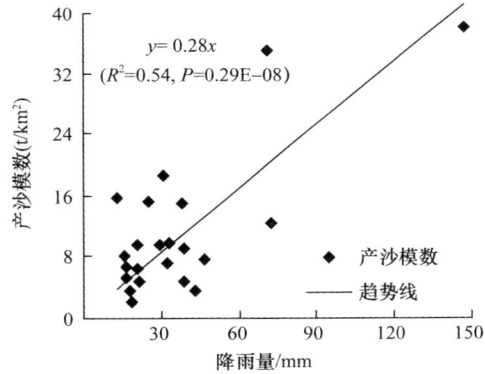

(d) 松树小区

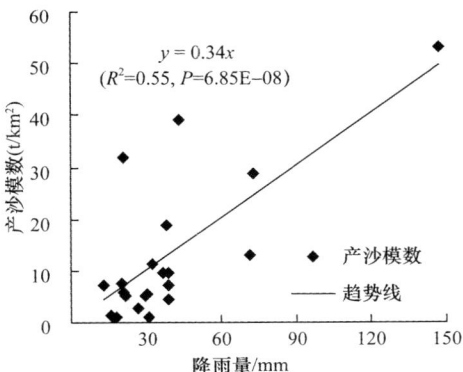

(e) 灌草小区

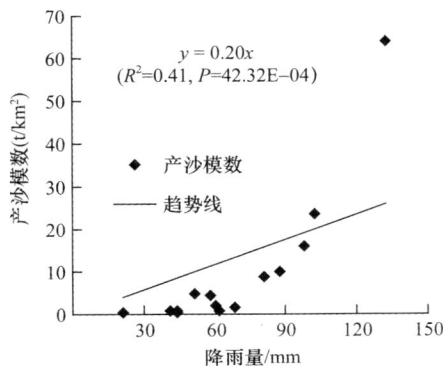

(f) 万亩林

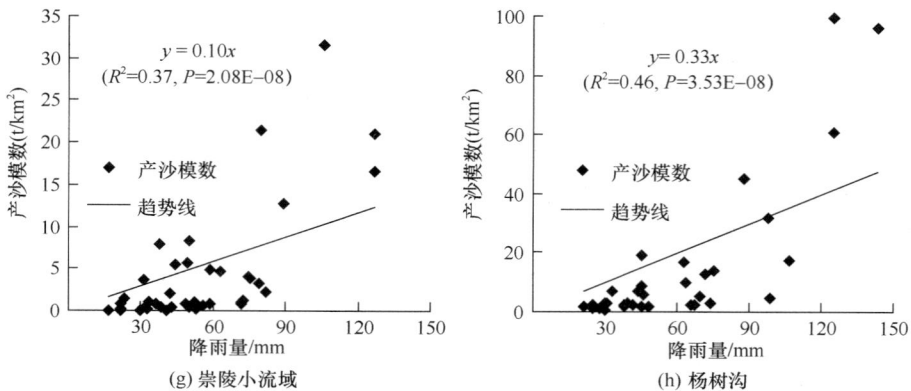

图 3-2　各空间尺度产沙模数与次降雨量的线性相关性

草地、坡耕地等土地利用的径流小区资料，且 1 m² 小区所受的边界条件对分析结果影响较大，本书的研究结果存在一定偏差，也未能分析土地利用能否改变小流域、流域尺度的水沙关系。

参 考 文 献

艾南山, 陈嵘, 李后强. 1999. 走向分形地貌学. 地理学与国土研究, 15(1): 92～96.

白清俊. 1999. 流域土壤侵蚀预报模型的回顾与展望. 人民黄河, 21(4): 18～21.

白占国. 1993. 从地貌空间结构特征预测土壤侵蚀的研究——以神府、东胜煤田区为例. 中国水土保持, (12): 23～24.

包为民. 1993. 黄土地区小流域产沙概念性模拟研究. 水科学进展, 4(1): 44～50.

包为民. 1999. 流域泥沙模型中雨量资料的时空尺度分析. 水土保持通报, 19(2): 36～39.

包为民, 陈耀庭. 1994. 中大流域水沙耦合模拟物理概念模型. 水科学进展, 5(4): 287～292.

鲍卫锋, 黄介生, 孔祥元. 2006. 多时间尺度的流域水沙演化分析——以清涧河流域为例. 武汉大学学报(工学版), 39(3): 26～30.

蔡崇法, 丁树文, 史志华, 等. 2000. 应用 USLE 模型与地理信息系统 IDRISI 预测小流域土壤侵蚀量的研究. 水土保持学报, 14(2): 19～24.

蔡强国, 范昊明. 2004. 泥沙输移比影响因子及其关系模型研究现状与评述. 地理科学进展, 23(5): 1～9.

蔡强国, 王贵平, 陈永宗. 1998. 黄土高原小流域侵蚀产沙过程与模拟. 北京: 科学出版社.

陈浩. 2000. 降雨径流对大理河流域系统泥沙输移比的影响. 水土保持学报, 14(5): 19～27.

陈浩, 周金星, 陆中臣, 等. 2002. 黄河中游流域环境要素对水沙变异的影响. 地理研究, 21(2): 179～187.

陈界仁. 2002. 流域治理及尺度对产沙模型参数的影响. 水土保持学报, 16(4): 45～48.

陈永宗, 景可, 蔡强国. 1988. 黄土高原现代侵蚀与治理. 北京: 科学出版社.

丁文峰, 李勉, 张平仓, 等. 2006. 坡沟系统侵蚀产沙特征模拟试验研究. 农业工程学报, 22(3): 10～14.

方海燕, 蔡强国, 陈浩, 等. 2007. 黄土丘陵沟壑区岔巴沟下游泥沙传输时间尺度动态研究. 地理科学进展, 26(5): 77～87.

傅伯杰, 赵文武, 陈利顶. 2006. 多尺度土壤侵蚀评价指数. 科学通报, 51(16): 1936～1943.

龚时旸, 熊贵枢. 1979. 黄河泥沙来源和地区分布. 人民黄河, (1): 7～17.

龚时旸, 熊贵枢. 1980. 黄河泥沙的来源和输移//河流泥沙国际学术讨论会论文集. 北京: 光华出版社: 43～54.

管新建, 张文鸽, 李勉, 等. 2011. 模拟降雨侵蚀产沙量与其影响因子的灰关联分析. 水土保持通报, 31(2): 168～171.

江忠善, 王志强, 刘志. 1996. 黄土丘陵区小流域土壤侵蚀空间变化定量研究. 土壤侵蚀与水土保持学报, 2(1): 1～9.

李铁键, 王光谦, 薛海, 等. 2009. 黄土沟壑区产输沙特征的空间尺度效应研究. 中国科学(E辑: 技术科学), 39(6): 1095～1104.

蔺鹏飞, 张晓萍, 刘二佳, 等. 2015. 黄土高原典型流域水沙关系对退耕还林(草)的响应. 水土保持学报, 29(1): 1～6.

刘纪根, 蔡强国. 2004. 流域侵蚀产沙模拟研究中的尺度转换方法. 泥沙研究, (3): 69～74.

刘纪根, 蔡强国, 刘前进, 等. 2005. 流域侵蚀产沙过程随尺度变化规律研究. 泥沙研究, (4): 7～13.

刘前进, 蔡强国, 刘纪根, 等. 2006. 黄土丘陵沟壑区土壤侵蚀模型的尺度转换. 资源科学, 26(S1): 81～90.

刘淑燕, 余新晓, 信忠保, 等. 2010. 黄土丘陵沟壑区典型流域土地利用变化对水沙关系的影响. 地理科学进展, 29(5): 565～571.

卢金发, 黄秀华. 2004. 黄河中游地区流域产沙中的地貌临界现象. 山地学报, 22(2): 147～153.

倪九派, 魏朝富, 谢德体. 2005. 土壤侵蚀定量评价的空间尺度效应. 生态学报, 25(8): 2061～2067.

邱扬, 傅伯杰. 2004. 异质景观中水土流失的空间变异与尺度变异. 生态学报, 24(2): 330～337.

汤立群. 1996. 流域产沙模型的研究. 水科学进展, 7(1): 47～53.

唐克丽. 1991. 黄土高原地区土壤侵蚀区域及其治理途径. 北京: 中国科学技术出版社.

唐政洪, 蔡强国, 许峰, 等. 2002. 不同尺度条件下的土壤侵蚀实验监测及模型研究. 水科学进展, 13(6): 781～787.

王飞, 李锐, 杨勤科, 等. 2003. 水土流失研究中尺度效应及其机理分析. 水土保持学报, 17(2): 167～169.

王海龙, 李国胜. 2006. 近50年来黄河入海水沙通量变化的多尺度分析. 自然科学进展, 16(12): 1639～1644.

王红闪, 黄明斌, 张橹. 2004. 黄土高原植被重建对小流域水循环的影响. 自然资源学报, 19(3): 344～350.

王玲玲, 姚文艺, 王文龙, 等. 2013. 黄丘区坡沟系统不同时间尺度下的侵蚀产沙特征. 水利学报, 44(11): 1347～1351.

王玲玲, 姚文艺, 王文龙, 等. 2015. 黄土丘陵沟壑区多尺度地貌单元输沙能力及水沙关系. 农业工程学报, 31(24): 120～126.

王文龙, 雷阿林, 李占斌, 等. 2004. 黄土区坡面侵蚀时空分布与上坡来水作用的实验研究. 水利学报, (5): 25～32.

王兴奎, 钱宁, 胡维德. 1982. 黄土丘陵沟壑区高含沙水流的形成及汇流过程. 水利学报, (7): 26～35.

魏翔, 李占斌. 2007. 流域输沙函数应用的尺度限制. 水土保持通报, 27(1): 95～98.

夏军, 张祥伟. 1993. 河流水质灰色非线性规划的理论与应用. 水利学报, (12): 1～9.

肖培青, 郑粉莉, 姚文艺. 2009. 坡沟系统坡面径流流态及水力学参数特征研究. 水科学进展, 20(2): 236～240.

肖学年, 崔灵周, 李占斌. 2004. 黄土高原小流域水沙关系空间变异研究. 水土保持研究, 11(2): 140～142.

辛树帜, 蒋德麒. 1982. 中国水土保持概论. 北京: 农业出版社.

许炯心. 1999. 黄河流域产沙模数与流域面积的关系及其地貌学意义//地貌. 环境. 发展——1999 年嶂石岩会议文集. 北京: 中国环境科学出版社: 1～5.

许炯心. 2000. 黄河中游多沙粗沙区的风水两相侵蚀产沙过程. 中国科学(D), 30(5): 540～548.

许炯心. 2002. 人类活动对黄河中游高含沙水流的影响. 地理科学, 22(3): 294～299.

闫云霞, 许炯心. 2006. 黄土高原地区侵蚀产沙的尺度效应研究初探. 中国科学 D 辑, 36(8): 767～776.

袁再健, 蔡强国, 秦杰, 等. 2006. 鹤鸣观小流域不同土地利用方式的产流产沙特征. 资源科学, 28(1): 70～74.

袁再健, 孙倩. 2016. 海河流域大清河土石山区不同空间尺度水沙关系分析. 资源科学, 38(4): 750～757.

张光辉. 2002. 土壤侵蚀模型研究现状与展望. 水科学进展, 13(3): 389～396.

张胜利, 于一鸣, 姚文艺. 1994. 水土保持减水减沙效益计算方法. 北京: 中国环境科学出版社.

张永, 丁志宏, 何宏谋. 2010. 黄河中游水沙变化关系不确定性的时间尺度特征研究. 水利水电技术, 41(1): 18～21.

赵文武, 傅伯杰, 吕一河, 等. 2006. 多尺度土地利用与土壤侵蚀. 地理科学进展, 25(1): 24～33.

郑明国, 蔡强国, 陈浩. 2007a. 黄土丘陵沟壑区植被对不同空间尺度水沙关系的影响. 生态学报, 27(9): 3572～3581.

郑明国, 蔡强国, 王彩峰, 等. 2007b. 黄土丘陵沟壑区坡面水保措施及植被对流域尺度水沙关系的影响. 水利学报, 38(1): 47～53.

Asselman N E M . 1999. Suspended sediment dynamics in a large drainage basin: the River Rhine. Hydrological Processes, (13): 1437～1450 .

Bissonnais Y L, Benkhadra H, Chaplot V, et al. 1998. Crusting, runoff and sheet erosion on silty loamy soils at various scales and up scaling from m2 to small catchments. Soil & Tillage Research, (46): 69～80.

Dooge J C I. 1986. Looking for hydrologic laws. Water Resour. Res. , 22(9): 46～58.

Gao Z L, Fu Y L, Li Y H, et al. 2012. Trends of streamflow, sediment load and their dynamic relation for the catchments in the middle reaches of the Yellow River over the past five decades. Hydrology & Earth System Sciences, 16(9): 3219～3231.

Lam N S, Quattrochi D A. 1992. On the issues of scale, resolution, and fractral analysis in the mapping sciences. Prof. Geogr. , (44): 88～987.

Lenzi M A, Marchi L. 2000. Suspended sediment load during floods in a small stream of the Dolomites(northern Italy). Catena, (39): 267～282 .

Mathier L, Roy A G. 1996. A study on the effect of spatial scale on the parameters of a sediment transport equationfor sheetwash. Catena, (26): 161～169.

Milliman J D, Syvitski J P M. 1992. Geomorphic/tectonic control of sediment discharge to the ocean: the importance of small mountainous rivers. Journal of Geology, (100): 525～544.

Nearing M A. 1998. Why soil erosion models over–predict small soil losses and under–predict large soil losses. Catena, (32): 15～22.

Owens P, Slaymaker O. 1992. Late holocene sediment yields in small alpine and subalpine drainage basins. British Columbia IASH Publications, 209: 147～154.

Prosser I P, Rutherfurd I D, Olley J M. 2001. Large–scale patterns of erosion and sediment transport in river networks, with examples from Australia. Marine & Freshwater Research, (52): 81～99.

Renschler C S, Flanagan D C, Engel B A, et al. 2002. GeoWEPP-The Geo-Spatial Interface for the Water Erosion Prediction Project. Chicago: ASAE Annual Meeting.

Rovira A, Batalla J R . 2006. Temporal distribution of suspended sediment transport in a Mediterranean basin: The Lower Tordera(NE SPAIN). Geomorphology, (79): 58～71 .

Trimble S W. 1999. Decreased rates of alluvial sediment storage in the Coon Basin, Wisconsin, 1975-1993. Science, (285): 1244~1246.

Walling D E. 1999. Linking land use, erosion and sediment yields in river basins. Hydrobiologia, (410): 223~240.

Xu J X, Yan Y X. 2005. Scale effects on specific sediment yield in the Yellow River basin and geomorphology. Journal of Hydrology, (307): 219~232.

Zheng M G, Cai Q G, Cheng Q J. 2007. Sediment yield modeling for single storm events based on heavy~ discharge stage characterized by stable sediment concentration. International Journal of Sediment Research, 22(3): 208~217.

第 4 章　四川紫色土地区分布式侵蚀产沙模型研究

4.1　建模的必要性

分布式侵蚀产沙模型是水土流失研究领域中的热点与难点，国外研究居多，但由于国外的下垫面条件和气候条件与国内存在差异，很难把国外的模型直接运用到国内。而国内的侵蚀产沙模型多为经验模型，分布式侵蚀产沙模型并不多见，并且研究区主要集中在黄土高原，而黄土高原属于超渗产流区，模型的推广受到限制。在长江流域蓄满产流区的研究相对较少，而在四川盆地紫色土地区的研究更少。

因此，针对四川紫色土地区水土流失的研究现状，在前人研究工作的基础上，探讨了紫色土地区不同尺度的侵蚀产沙特征，并采用水文学、地理学、土壤侵蚀学、计算机技术与 GIS 技术，以鹤鸣观小流域为典型试验流域，李子口小流域为模型推广流域，系统地研究了典型小流域的水土流失情况。其目的在于通过对鹤鸣观小流域、李子口小流域侵蚀产沙进行研究，建立小流域基于 GIS 的分布式土壤侵蚀产沙模型，进而探求流域的泥沙输移规律与次降雨泥沙输移比，并且分析流域不同水土保持措施的治理效益。本书的研究不仅对研究流域的水土流失治理、减少土壤侵蚀有现实意义，而且由于研究区属于四川盆地紫色土地区典型小流域，使该研究对于四川盆地紫色土地区水土保持相关研究有重要借鉴作用与参考价值。

4.2　流域栅格的划分与系统数据库

为了反映流域内地形地貌、土壤、植被和人类活动造成的下垫面变化等在空间分布的差异性，将流域细化为多个连续的小栅格，划分原则是在每一个栅格单元内要求其人类活动和下垫面要素（如土地利用、植被类型、土壤类型等）分布基本均衡。栅格划分后，每一栅格单元上的土地利用类型、坡度、植被类型、土壤类型、植被覆盖度等信息都以相应的代码存入数据文件。本书主要根据流域土地利用方式及土壤特征将栅格单元划分为以下几类：坡耕地、梯地、水田、林地、灌木林（幼林）、荒地及其他类型。栅格的分辨率为 20 m×20 m。在分布式模型中，将对每一个栅格进行操作，计算其侵蚀产沙量。

建立的小流域数据库包括空间数据库、属性数据库、模型数据库 3 部分。小流域空间数据库主要是小流域图像数据库，包括小流域数字高程模型（DEM）、土地利用图、土壤类型图。小流域属性数据库是指与小流域空间数据库相联结的属性数据，包括小流域各种有关的属性数据。小流域模型数据库是指模型运算所必需的各类侵蚀产沙关系式、子模型等。

4.3　鹤鸣观小流域分布式侵蚀产沙模型

鹤鸣观小流域的各种侵蚀产沙与输沙过程具有明显的垂直分带规律。坡角由山脚的几度增加到坡面的 30 多度，多为坡耕地，部分开辟为梯田，侵蚀过程主要是溅蚀、面蚀、细沟侵蚀和浅沟侵蚀。流域沟道是水流输送泥沙到沟口的通道。基于侵蚀过程的分带性规律，把流域从地形结构上概化成由坡面和沟道两部分组成，其中把流域中水流汇集、水沙输移的主要通道定义为沟道，其余部分则定义为坡面，由于缺乏沟道侵蚀观测资料，本模型重点考虑坡面侵蚀，在沟道通过的栅格单元粗略地加上沟道侵蚀因子（袁再健，2006）[①]。

4.3.1　降雨因子分析

降雨侵蚀是降雨与下垫面相互作用的结果，在建立小流域的坡面侵蚀模型之前，有必要对小流域的侵蚀因子进行分析（这里主要分析降雨因子及地表径流），以确定模型参数的选取。降雨因子的分析包括降雨量、降雨强度的分析，同时分析侵蚀模数与地表径流的关系，通过建立降雨因子各指标与侵蚀模数，以及径流与侵蚀模数的关系式，进而选择最佳指标，并从中选取符合鹤鸣观小流域侵蚀产沙规律的侵蚀产沙关系式。

1. 降雨特性分析

根据南部县升钟水土保持实验站多年观测资料（1985～2004 年），鹤鸣观小流域降雨具有以下特点：①降雨量的年际变化较大，据南部县志，多年降雨量为 770～1300 mm，表 4-1 为 1985～2004 年汛期 5～10 月降雨量。②降雨量年内分布也很不均匀，75%左右的降雨量分布在 6～10 月。③降水呈现出历时较长、强度低的特点。据 1985～2004 年 85 次降雨资料统计，降雨历时 5h 以内的占 24.1%，5～10h 的占 21.7%，10h 以上的占 54.2%；其中 60%以上次降雨平均雨强在 0.1 mm/min 以下，38.6%的暴雨平均雨强在 0.1mm/min 以上。分析流域多年降雨侵蚀资料得知，每年最大次降雨的产沙模数占全年平均产沙模数的 26.2%～100%（表 4-2），这一数据充分反映了鹤鸣观小流域次降雨的重要地位，因此在本书的建模中采用次降雨的建模方法是可行的。

表 4-1　鹤鸣观小流域多年汛期降雨量*

年份	1985	1986	1987	1988	1989	1990	1991	1992	1993
降雨量（mm）	996.1	591.6	1146	907.4	983.3	712.5	714.0	737.3	844.9
年份	1994	1995	1996	1998	1999	2000	2001	2004	
降雨量（mm）	514.7	633.0	385.2	891.9	906.7	934.4	835.8	917.3	

*分析所需的原始资料来自《鹤鸣观小流域Ⅱ号支沟历年降雨侵蚀统计资料》，升钟水土保持试验站。
注：缺少 1997 年数据。

[①] 袁再健. 2006. 基于 GIS 的四川紫色土地区典型小流域分布式侵蚀产沙模型研究. 北京：中国科学院地理科学与资源研究所博士学位论文。

表 4-2　鹤鸣观小流域 II 号支沟小流域全年最大一次降雨的侵蚀产沙分析[*]

时间 （年.月.日）	雨量 （mm）	平均雨强 （mm/min）	产沙模数	
			最大一次（t/km²·a）	比例（%）
1985.8.7	119.7	0.16	935.9	26.2
1986.7.23	45.2	0.32	147	87.6
1987.7.8	178.6	0.1	931.5	37.7
1988.7.23	145.2	0.08	734.8	56.6
1989.8.29	105.2	0.07	575.2	34.4
1990.7.16	62.5	0.08	56.1	42.8
1991.6.28	132.4	0.09	265.9	68.99
1992.6.1	85.5	0.09	47.22	53.1
1993.8.15	152.8	0.11	379.2	95.9
1994.6.29	101.8	0.07	3.4	100
1995.8.15	51.1	0.09	4.5	38.1
1996.7.22	78.2	0.07	0.97	100
1998.8.20	100	0.09	20.7	86.97
1999.7.4	184.7	0.16	79.7	69.1
2000.8.16	214.7	0.14	60.4	55.46
2001.8.23	240.8	0.1	299.3	94.99
2004.9.19	74.2	0.13	18.4	63.67

[*]分析所需的原始资料来自《鹤鸣观小流域 II 号支沟历年逐次降雨侵蚀统计资料》，升钟水土保持试验站。

2. 降雨因子与侵蚀产沙相关分析

分布式坡面侵蚀模型主要根据 3 个试验小区 1983～2004 年的 94 次天然降雨（剔除了治理中的 1987 年与刚治理的 1988 年及次降雨径流深小于 0.3mm 的降雨）径流资料（表 4-3）。通过对 3 个径流小区 1983～2004 年 94 次天然降雨的降雨因子与侵蚀模数的分析可以发现，第一阶段（1983～1986 年）3 个小区的侵蚀模数与次降雨量、径流深关系明显，与平均降雨强度的相关性次之；第二阶段（1987～2004 年）3 个小区的侵蚀模数与次降雨量、平均雨强的相关性很差，与径流深的线性相关性较好（表 4-4）。利用 1985～1987 年，以及 1991～2001 年的 II 号支沟出口站雨量过程线资料，分析 I_{10}、I_{30}、I_{60} 与次降雨侵蚀模数的关系，得知其线性相关性较差。

3. 降雨侵蚀力分析

降雨对土壤侵蚀的影响是通过降雨侵蚀力指标来进行描述的。目前，EI_{30} 是应用最为广泛的降雨侵蚀力指标。许多学者对降雨侵蚀力指标也进行了探讨，这些研究大多以 EI_n（I_n 是最大 n 时段雨强）的组合形式为基础，结合实际观测资料，分析不同时段最大雨强与降雨动能的组合。Lal（1976）、Foster 等（1982）、Bagarello 和 Asaro（1994）及王万中和焦菊英（1996）等的研究表明，EI_{30} 与 PI_{30}（P 为降雨量）之间高度线性相关，也可以利用指标 PI_{30} 来计算次降雨侵蚀力。

表 4-3　3 个试验小区 1983～2004 年 94 次天然降雨径流资料*

序号	年份	月份	日	历时（min）	雨强（mm/h）	降雨量（mm）	1 号场		2 号场		3 号场	
							径流深（mm）	侵蚀模数（t/km²）	径流深（mm）	侵蚀模数（t/km²）	径流深（mm）	侵蚀模数（t/km²）
1			13	155	13.8	35.6	13.87	425.5	13.59	127.2	8.98	517.8
2			14	501	6.6	54.9	20.98	218.1	19.27	74.4	17.45	360.9
3			21	500	6.8	56.3	17.63	181.6	13.99	65.2	13.29	313.4
4		5	24	466	8.3	64.7	25.80	458.7	23.18	133.6	19.15	415.3
5			24～25	670	1.5	16.9	7.54	34.5	5.49	6.5	4.16	52.1
6			25～26	254	6.1	26	16.26	145	15.08	21.8	13.71	182.6
7			26	404	2.2	15	2.27	13.7	1.65	3.4	3.64	14.3
8			1	425	5.5	38.7	18.65	124.4	15.50	26.9	16.01	176.2
9			4～5	515	5.4	46.4	21.46	155.5	17.85	37.5	19.16	256.2
10		6	5～6	625	1.8	18.9	7.63	21.2	6.47	3.3	5.60	45.7
11			7	220	4	14.5	5.84	28.3	4.30	2.6	3.82	33.3
12	1983		22	485	2.8	22.7	2.01	34.5	1.57	3.7	1.82	44.9
13			23	635	1.7	18.2	4.55	13.8	3.85	4.4	3.31	15.5
14			12～13	395	3.4	22.1	2.01	17.9	1.09	6.4	0.87	10.4
15			18	288	3.3	16	1.64	11.8	0.90	2.3	0.71	12.2
16		7	19	220	4	14.8	2.33	9.4	1.59	3.1	1.21	8.7
17			27	171	12.7	36.2	11.96	266.2	11.04	87.2	8.45	220.3
18			28～29	908	3.8	57.7	25.71	49.2	23.71	18.3	1.29	85.5
19			29～30	987	2.4	40.3	21.81	36.6	19.97	6.3	14.65	32.6
20			5	580	3.9	37.6	13.58	102.4	11.17	21.1	8.03	51.9
21			18	685	5.9	67.1	29.23	222	24.68	58.8	18.61	130
22		8	30～31	288	16	77	38.34	428.6	34.58	96.7	24.22	604.8
23			3～4	185	4.6	14.3	2.25	13.3	1.59	4.2	1.19	13.3
24			6～7	1507	5.5	139	62.58	337.4	57.73	161.6	52.76	833.5
25		6	5	326	4.7	25.3	3.31	47.9	2.28	16.5	1.57	61.4
26			1～2	465	8.4	65.1	26.57	432.7	23.84	126.1	15.15	506.4
27			4～6	1809	6.5	194.9	106.87	868.4	86.35	238.4	84.65	1115.3
28		7	9	27	2.8	6.4	0.83	1.6	0.34	0.5	0.12	2.9
29			22	625	4.4	45.6	21.18	227.7	17.13	109.8	16.56	411.6
30	1984		23	196	8.5	27.8	15.59	60.6	12.16	34.7	17.87	267.2
31			13	300	6.1	30.7	8.69	83.3	5.87	22	2.71	212.4
32		8	26～27	403	4.2	28.3	9.86	62.4	6.85	16.7	4.49	109.8
33			29	220	5.1	18.6	8.36	25.6	7.65	12.3	5.52	48.5
34			4～6	1680	1.9	53.5	13.72	23.3	10.92	11.8	7.56	51.5
35		9	16	410	3.2	21.8	7.51	18.7	5.83	4.3	3.33	55.2
36			21～22	720	4	48.2	20.30	172.5	18.25	35.7	16.14	273.3

续表

序号	年份	月份	日	历时（min）	雨强（mm/h）	降雨量（mm）	1号场		2号场		3号场	
							径流深（mm）	侵蚀模数（t/km²）	径流深（mm）	侵蚀模数（t/km²）	径流深（mm）	侵蚀模数（t/km²）
37		5	10	207	14.5	49.9	19.17	668.1	17.53	442.6	17.53	1168.3
38		6	27～28	1148	3.9	73.9	24.49	122.7	19.67	64.7	17.05	204.8
39			11	565	8.7	81.8	3.87	329.4	35.63	82.8	33.97	572
40	1985	7	18	70	15.4	18	10.33	75.5	9.32	37.7	8.18	150.4
41			21	223	8.6	31.9	13.25	126.8	11.11	35.6	9.56	261.2
42			7～8	433	11	79.2	38.17	564.9	33.38	194.1	34.28	878.8
43		8	9～10	317	7	36.9	28.71	169.2	24.91	54.8	24.10	229.6
44			18～19	660	4.5	49.3	17.20	53.1	13.59	24.3	12.39	95.4
45		9	13～14	1545	3.2	83.2	25.76	95.4	20.63	11.3	19.65	158.1
46		5	19	480	4.1	32.4	5.00	146.7	4.55	71.4	4.11	259.1
47	1986	7	23	250	10.7	44.6	27.76	317.5	20.40	165.8	25.52	618.3
48		8	15～16	470	4	31.7	15.06	124.4	10.18	37.4	9.06	227.4
49		9	8～9	940	2.1	33.1	9.22	74.5	5.06	12.6	5.96	146.7
50		6	5～6	470	6.5	50.8	6.83	36.5	12.17	71.4	15.82	190.5
51			25～26	1560	2.4	62	2.75	2.2	12.10	8.8	11.57	36.6
52			5	133	8.4	18.6	2.15	14.6	3.82	26.3	4.72	32.3
53			7	258	8.2	35.2	3.35	16.1	11.02	44.2	13.83	76.4
54		7	9～10	1116	3.7	68.5	9.79	6.4	17.86	28.7	31.30	45.3
55	1989		16	212	5	17.7	2.36	2.8	4.57	11.8	4.29	21.3
56			25～26	475	3.3	25.9	1.96	0.9	3.16	6.2	3.44	17.8
57			17	502	5.2	43.1	6.74	4.4	9.56	21.6	6.96	41.4
58		8	25	60	22.3	22.3	2.19	2.4	4.18	8.8	4.67	24.8
59			29～30	758	5.5	69.8	12.62	18.2	21.88	37.3	29.70	107.3
60			30～31	382	4.6	29.5	6.23	5.8	8.69	12.2	8.38	30.5
61		5	14	1210	3.2	64	0.35	0.2	0.35	0.3	0.60	0.4
62	1990	6	14	260	5.3	23	0.20	0.1	0.87	0.4	1.44	37.2
63		7	6	256	6	25.6	0.21	0.1	0.92	0.4	6.70	62.8
64			20	220	5.8	20.2	0.13	0.2	0.23	0.3	7.72	35.1
65			1	115	9.3	17.8	0.75	0.223	0.87	0.91	0.56	1.179
66		6	10	205	10.2	34.9	0.60	0.758	1.00	2.217	1.02	6.8
67			12	428	10.3	73.3	0.89	0.612	2.92	2.972	26.86	198.751
68	1991		29	660	9.1	100.5	1.60	0.898	6.02	6.477	46.32	357.691
69		7	14	780	4.2	55	0.17	0.087	2.52	0.258	2.15	0.859
70			27	244	8.9	36.2	0.52	0.33	0.92	0.835	1.36	60.1
71		8	5	520	7.2	62.4	0.27	0.155	2.78	0.313	18.05	39.473
72		5	1～2	157	5.8	15.1	0.31	0.4	0.62	0.3	0.49	3.4
73		6	1～2	892	5.4	80.7	0.98	0.7	0.86	0.4	6.01	11.3
74	1992	7	13～14	553	5.1	46.7	0.27	0.2	0.09	0.2	0.80	1.9
75		8	16～17	600	3.3	32.8	0.05	1.2	0.27	0.6	0.29	1.8
76		9	21～22	735	3.5	43.4	0.14	0.1	0.18	0.1	0.46	2.3

序号	年份	月份	日	历时（min）	雨强（mm/h）	降雨量（mm）	1 号场		2 号场		3 号场	
							径流深（mm）	侵蚀模数（t/km²）	径流深（mm）	侵蚀模数（t/km²）	径流深（mm）	侵蚀模数（t/km²）
77		6	27	1078	5.7	102.4	0.29	0.7	0.76	1.8	1.08	6.6
78	1993	7	10	408	7.7	52.4	2.26	0.7	0.36	0.8	0.59	3.9
79		8	4	365	7.1	43	0.14	0.1	0.28	0.7	0.70	1.6
80			15	815	9.4	128.1	1.64	0.4	2.04	0.4	28.33	9
81	1994	6	30	1487	3.6	89.6	0.22	1.8	0.32	1.5	0.57	2.1
82	1999	7	4	750	13.1	163.5	1.57	0.7	5.92	2.1	15.74	19.5
83			22	1443	5.4	121.1	1.30	0.4	1.51	0.9	6.94	4.5
84		7	11	1884	4.2	128.4	1.24	0.4	1.74	0.4	7.03	7
85	2000	8	16	285	19.9	94.5	0.39	0.7	9.45	1.8	1.28	6.6
86			17	1261	5.6	117.9	1.34	0.5	1.55	1	7.03	5.1
87			7	135	17.6	39.6	0.78	1	1.76	3.7	2.46	4.9
88	2001	8	18	840	7.9	111	2.56	6.5	4.14	8.2	5.80	11.3
89			19～20	1540	5	129.2	8.79	4.5	11.65	5.4	12.57	5.6
90		9	2～3	1385	2.6	58.8	0.52	0.7	1.40	1	0.85	1.1
91		5	1	1240	4.4	91.2	3.94	29.6	2.61	43.7	21.48	139.8
92	2004		10	1464	56.5	22.6	0.48	0.8	0.40	1.1	1.30	5.6
93		9	3	503	4.5	38.0	4.67	1.1	1.36	0.7	2.93	6.5
94			20	558	7.8	72.7	2.67	2.3	1.81	5.1	2.61	4.2

*分析所需的原始资料来自《鹤鸣观小流域径流小区历年逐次降雨侵蚀统计资料》，升钟水土保持试验站。

表 4-4　小区次降雨量、平均雨强、径流深与侵蚀模数单因子分析表*

年份	小区号	方程	样本数	相关系数	F 检验
		$Ms = 0.213P^{1.674}$	49	0.818	$F = 56.506^{**}$
	I	$Ms = 6.977I^{1.558}$	49	0.698	$F = 31.353^{**}$
		$Ms = 6.749H^{1.039}$	49	0.791	$F = 55.899^{**}$
		$Ms = 0.039P^{1.800}$	49	0.792	$F = 20.759^{**}$
1983～1986	II	$Ms = 1.2934I^{1.833}$	49	0.739	$F = 29.373^{**}$
		$Ms = 2.27H^{1.056}$	49	0.811	$F = 22.950^{**}$
		$Ms = 0.271P^{1.714}$	49	0.794	$F = 52.499^{**}$
	III	$Ms = 9.6391I^{1.597}$	49	0.679	$F = 29.794^{**}$
		$Ms = 17.823H^{0.956}$	49	0.846	$F = 74.727^{**}$
		$Ms = 0.416P^{0.219}$	45	0.088	$F = 0.005$
	I	$Ms = 0.933I^{0.028}$	45	0.01	$F = 0.333$
		$Ms = 0.982H^{0.910}$	45	0.772	$F = 19.546^{**}$
		$Ms = 1.556P^{0.073}$	45	0.026	$F = 0.249$
1989～2004	II	$Ms = 1.374I^{0.220}$	45	0.076	$F = 0.360$
		$Ms = 1.141H^{0.988}$	45	0.777	$F = 31.220^{**}$
		$Ms = 12.757P^{-0.021}$	45	0.008	$F = 0.295$
	III	$Ms = 5.692I^{0.388}$	45	0.144	$F = 0.039$
		$Ms = 3.667H^{0.889}$	45	0.769	$F = 60.162^{**}$

*分析所需的原始资料来自《鹤鸣观小流域径流小区历年逐次降雨侵蚀统计资料》，升钟水土保持试验站。

　　根据鹤鸣观小流域现有降雨资料，主要是鹤鸣观小流域Ⅱ号支沟出口观测站自记雨量计资料和人工雨量摘录表，提取了以下几个与降雨相关的参数：雨量（P）、平均雨强（I）、最大 10min 雨强（I_{10}）、最大 30min 雨强（I_{30}）、最大 60min 雨强（I_{60}）、降雨动能（E）。其中，降雨量（P）和平均雨强（I）可以直接由次洪水检验成果表得出，而对于最大 10min、30min 和 60min 雨强，以及降雨动能，必须由自记雨量过程线读取。自记雨量过程线如图 4-1 所示，次降雨的选取一般依据次洪水检验成果表来进行。对于一场降雨，一般隔 2～3min 取一次点，读取相应点的降雨量和时间记录成表。如果雨强变化较大的时段可以适当多取一些点，对于雨强较为均衡的时间可以少取一些点，摘录的数据见表 4-5。由前后两次降雨量得到该时段雨强，再由雨强得到该时段的降雨动能，最后累加时段降雨动能得到次降雨总动能。最大 10min、30min 和 60min 雨强的读取是以 10min、30min 和 60min 为一个时段。

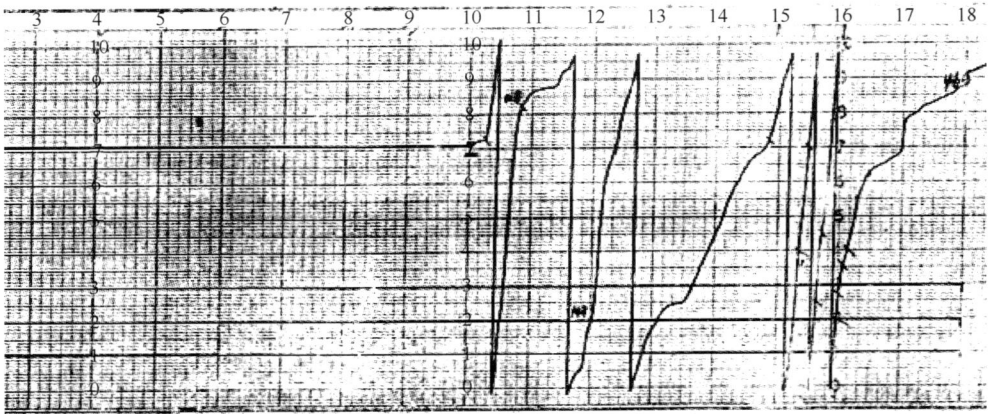

图 4-1　次降雨自记雨量过程线

表 4-5　鹤鸣观小流域Ⅱ号支沟 1991 年 5 月 31 日次降雨动能的摘录表[*]

时段开始	时段结束	历时（h）	累积雨量（mm）	时段雨量（mm）	降雨强度（mm/h）	降雨动能（MJ/hm²）	累积降雨动能（MJ/hm²）
3:05	3:12	0.12	0.6	0.6	5.14	1.1076	1.1076
3:12	6:12	3.00	0.7	0.1	0.03	0.0000	1.0974
6:12	6:15	0.05	1.4	0.7	14.00	1.5631	2.6606
6:15	6:20	0.08	1.5	0.1	1.20	0.1283	2.7889
6:20	7:10	0.83	1.6	0.1	0.12	0.0393	2.8283
7:10	7:25	0.25	1.7	0.1	0.40	0.0859	2.9141
7:25	7:50	0.42	3.7	2	4.80	3.6386	6.5527
7:50	7:55	0.08	3.8	0.1	1.20	0.1283	6.6811
…	…	…	…	…	…	…	…

*分析所需的原始资料来自《鹤鸣观小流域Ⅱ号支沟 1991 年雨量过程线资料》，升钟水土保持试验站。

　　计算降雨动能的公式使用了目前运用最为广泛的 USLE 和 RUSLE 中所推荐使用的降雨动能公式：

$$E_m = 0.29\left[1 - 0.72\exp\left(-0.05I_m\right)\right] \tag{4-1}$$

式中，E 为降雨功能（MJ/hm^2），I 为降雨强度（mm/h）

由反映降雨集中程度的短历时最大雨强与降雨动能和降雨量的不同组合，进一步得到以下几个指标：PI_{10}、PI_{30}、PI_{60}、EI_{10}、EI_{30} 和 EI_{60}，见表 4-6。根据以上指标得到了 II 号支沟在治理前后次降雨与流域产沙模数之间的相关矩阵，见表 4-7、表 4-8。

表 4-6　鹤鸣观小流域次降雨因子[*]

时间（年.月.日）	降雨量	EI_{10}	EI_{30}	EI_{60}	PI_{10}	PI_{30}	PI_{60}	I	PI
1991.5.31	23.5	131.45	106.68	95.25	648.6	526.4	470	9.3	218.55
1991.6.9	40.8	563.8	516.82	291.3	2448	2244	1264.8	11	448.8
1991.8.4	61.9	381.65	346.96	271.78	2042.7	1857	1454.65	6.8	420.92
1991.8.8	17.9	36.47	32.42	19.86	322.2	286.4	175.42	1.6	28.64
1991.8.18	22.3	126.11	79.13	43.68	682.38	428.16	236.38	4.7	104.81
1992.5.5	36.6	157.31	160.23	153.67	790.56	805.2	772.26	11.56	423.1
1992.6.1	85.5	286.52	249.38	198.98	1846.8	1607.4	1282.5	3.59	306.95
1992.7.14	86.7	267.01	200.97	143.55	1612.62	1213.8	867	2.61	226.29
…	…	…	…	…	…	…	…	…	…

[*]分析所需的原始资料来自《鹤鸣观小流域 II 号支沟 1991 年与 1992 年雨量过程线资料》，升钟水土保持试验站。

表 4-7　鹤鸣观小流域治理前降雨动力指标与产沙模数的相关系数矩阵（$n = 8$）

项目	P	I	PI	PI_{10}	PI_{30}	PI_{60}	EI_{10}	EI_{30}	EI_{60}	M_S
P	1									
I	−0.242	1								
PI	0.531	0.649	1							
PI_{10}	0.821（*）	0.142	0.755（*）	1						
PI_{30}	0.870（*）	0.089	0.754	0.996（**）	1					
PI_{60}	0.889（**）	0.073	0.779（*）	0.977（**）	0.989（**）	1				
EI_{10}	0.768（*）	0.214	0.775（*）	0.995（**）	0.983（**）	0.962（**）	1			
EI_{30}	0.813（*）	0.168	0.778（*）	0.998（**）	0.994（**）	0.980（**）	0.997（**）	1		
EI_{60}	0.827（*）	0.158	0.803（*）	0.985（**）	0.987（**）	0.992（**）	0.982（**）	0.991（**）	1	
M_S	0.710（**）	0.092	0.610	0.722（**）	0.738（**）	0.761（**）	0.702（**）	0.722（**）	0.746（**）	1

表 4-8　鹤鸣观小流域治理后降雨动力指标与产沙模数的相关系数矩阵（$n = 34$）

项目	P	I	PI	PI_{10}	PI_{30}	PI_{60}	EI_{10}	EI_{30}	EI_{60}	M_S
P	1									
I	−0.020	1								
PI	0.803（**）	0.497	1							
PI_{10}	0.860（**）	0.204	0.804（**）	1						
PI_{30}	0.865（**）	0.199	0.810（**）	0.979（**）	1					
PI_{60}	0.878（**）	0.231	0.850（**）	0.932（**）	0.969（**）	1				
EI_{10}	0.807（**）	0.333	0.848（**）	0.981（**）	0.969（**）	0.939（**）	1			
EI_{30}	0.807（**）	0.317	0.844（**）	0.956（**）	0.985（**）	0.966（**）	0.979（**）	1		
EI_{60}	0.806（**）	0.386	0.897（**）	0.915（**）	0.954（**）	0.971（**）	0.953（**）	0.981（**）	1	
M_S	0.521（**）	0.165	0.518（**）	0.623（**）	0.721（**）	0.756（**）	0.654（**）	0.745（**）	0.791	1

从表 4-7 和表 4-8 可以看出，无论治理前后，产沙模数与平均雨强的关系都明显不如产沙模数与降雨量之间的关系密切。这与研究区的产流方式有较大关系，在超渗产流地区平均雨强与产沙模数间的关系往往要好于降雨量与产沙模数的关系。嘉陵江上游紫色土丘陵区属于蓄满产流区，流域的产流量与降雨量的关系较雨强的关系更为密切，而产流量又直接影响到流域产沙。因此，降雨量与产沙模数间的关系要好于雨强与其之间的关系。PI_{10}、PI_{30}、PI_{60}、EI_{10}、EI_{30} 和 EI_{60} 与产沙模数之间的相关性都比较好，不过还是有一定的差别。从不同时段的最大雨强与降雨量和降雨动能之间的组合来看，最大 60min 雨强的组合形式与输沙模数的关系最密切，最大 30min 雨强和最大 10min 雨强次之。这与唐克丽（2004）和章文波等（2002）所得出的结论一致，在我国黄土高原地区，多短历时、高强度的暴雨，表现为该地区以超渗产流为主，降雨侵蚀力指标运用短时段的最大雨强更合适。而在我国南方湿润地区，尽管汛期的次暴雨雨量和雨强也较大，但是同黄土高原的暴雨相比还是有很大的差别，主要体现在降雨历时和降雨强度上（秦杰，2007）[①]。南方的暴雨持续时间一般较黄土高原暴雨长，这时短历时的最大雨强不能真实地反映一场降雨的集中程度，此时选择最大 60 min 雨强要好于最大 10 min 雨强。

4. 径流侵蚀力分析

地表径流具有分散土壤和搬运泥沙的能力，通过对以上降雨因子的分析得知，侵蚀模数与 PI_{60}、EI_{60} 的相关性最好，但受资料的限制（径流小区的降雨资料与流域出口的降雨资料不一致，不能把流域出口的降雨资料用到径流小区，并且没有径流小区雨量过程线资料，没法得到径流小区次降雨侵蚀力），侵蚀模数与径流深的相关性也较好，因此坡面侵蚀模型主要考虑径流侵蚀力。虽然一些学者以各种不同的方式来表示坡面径流侵蚀力，但 Bagnold（1977）所定义的水流力有长处，它所需要的资料很容易测量得到。因此，在这个模型中，按其所定义的水流力来计算坡面径流侵蚀力（Govers and Rauws，1986）：

$$E_{\mathrm{w}} = 0.001 \rho g H A \sin\theta \qquad (4-2)$$

式中，E_{w} 为坡面径流侵蚀力（N）；ρ 为水的比重（1000kg/m^3）；g 为重力加速度（9.8m/s^2）；H 为平均径流深（mm）；A 为单宽汇流面积（m^2）；θ 为坡度（°）。

通过对 3 个径流小区 1983～2004 年 94 次天然降雨的侵蚀模数（t/km^2）与径流侵蚀力的回归分析，得到如下关系式，见表 4-9。

表 4-9　小区次降雨侵蚀模数与径流侵蚀力的关系分析[*]

小区	代表栅格	方程	样本数	相关系数	F 检验	备注
Ⅰ号（1983～1986 年）	荒地	$M_{\mathrm{s}} = 0.106 E_{\mathrm{w}}^{1.039}$	49	0.791	$F = 55.899$	
Ⅰ号（1987～2004 年）	林地	$M_{\mathrm{s}} = 0.026 E_{\mathrm{w}}^{0.910}$	45	0.772	$F = 19.546$	
Ⅱ号（1983～1986 年）	自然灌木林	$M_{\mathrm{s}} = 0.034 E_{\mathrm{w}}^{1.056}$	49	0.811	$F = 22.950$	式中：MS 为侵蚀模数
Ⅱ号（1987～2004 年）	有水土保持的灌木林	$M_{\mathrm{s}} = 0.022 E_{\mathrm{w}}^{0.988}$	45	0.777	$F = 31.220$	（t/km^2），E_{w} 为径流侵蚀力（N）
Ⅲ号（1983～1986 年）	坡耕地	$M_{\mathrm{s}} = 0.368 E_{\mathrm{w}}^{0.956}$	49	0.846	$F = 74.727$	
Ⅲ号（1987～2004 年）	梯地	$M_{\mathrm{s}} = 0.100 E_{\mathrm{w}}^{0.889}$	45	0.769	$F = 60.162$	

*分析所需的原始资料来自《鹤鸣观小流域径流小区历年次降雨降雨产沙资料》，升钟水土保持试验站。

① 秦杰. 2007. 川北紫色土低山丘陵区小流域产沙模型研究. 武汉：华中农业大学硕士学位论文。

4.3.2　流域年内植被覆盖变化情况

对整个流域进行水土保持综合治理会对流域土地利用结构产生变化，也会进一步对流域的侵蚀产沙过程产生影响。不仅如此，同一土地利用方式由于植被及管理措施的不同，也会对流域的侵蚀产沙产生影响。本书主要是针对耕地而言，一年之内耕地随着种植作物的植被覆盖、生长周期及管理措施的不同会影响到流域的侵蚀产沙。为了更为精确地描述鹤鸣观小流域的侵蚀产沙模数，课题组成员对鹤鸣观小流域的耕地作物种植情况进行了实地考察。在枯水期主要种植小麦和油菜，霜降（10 月下旬）后开始种植小麦，10 天左右开始发芽，大约两个月开始抽穗，5 月中下旬收割。油菜相对要提前 1 个月，3 月左右开花，4 月收割。在汛期，耕地（旱地）主要作物是红苕（甘薯）和玉米，当地一般红苕套种大豆或绿豆，玉米套种绿肥。5 月中下旬种植红苕，生长期约 150 天，9 月上旬收获。套种的夏大豆 6 月中旬播种，生长期一般为 90 天左右。耕地最大覆盖度达到 98%。吴素业的研究表明，以测定时间 t 为自变量，以相应植被度 P 为因变量，点绘 t-P 关系曲线，可知二者关系曲线呈 S 形分布，说明植被度随时间的变化过程是初期增长较小，中期增长较大，至开花结实后期增长又变小，所以可以选择 S 型函数来模拟二者间的变化。

$$P(t) = \frac{aP_0}{bP_0 + (a - bP_0)e^{-a(t-t_0)}} \qquad (4\text{-}3)$$

$$a = \frac{P_{max} \times 10^{-2}}{t_{max}} \qquad (4\text{-}4)$$

$$b = \frac{a}{P_{max}} \qquad (4\text{-}5)$$

式（4-3）为耕地覆盖度模拟曲线，其中 a、b 为系数；P_{max} 为实测植被生长期最大覆盖度，式（4-4）和式（4-5）可以分别计算出 a 和 b 的值；t_{max} 为最大覆盖度时的生长天数（以旬计）；P_0 为首次观测的作物始覆盖度；t_0 为播种后距首次观测的天数。红苕套种大豆的生长周期与玉米套种绿肥的生长周期相近，而且最大覆盖度也较为接近，可以采用相同的曲线来模拟。其最大覆盖度为 98%，首次观测覆盖度为 1%，生长至最大覆盖度的时间为 7 月，则 a 分别为 0.065 和 0.095，b 分别为 0.000 68 和 0.000 99。分析得到如下耕地植被覆盖度变化图（图 4-2，图 4-3）。

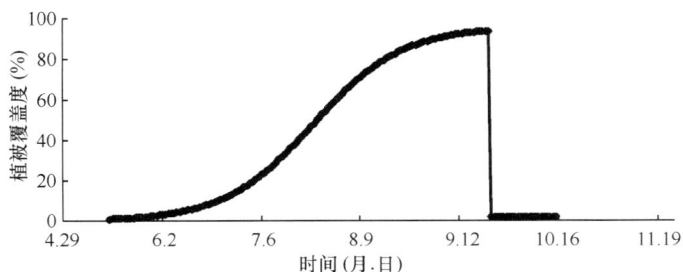

图 4-2　鹤鸣观小流域汛期耕地植被覆盖度变化图（玉米）

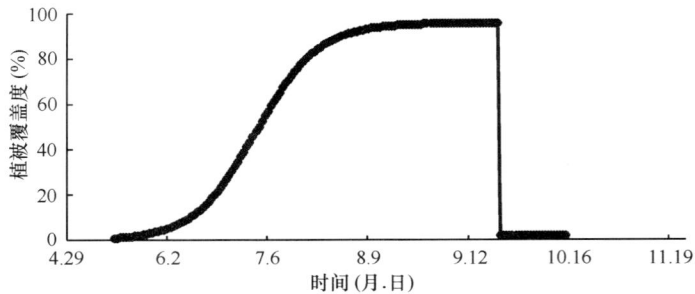

图 4-3　鹤鸣观小流域汛期耕地植被覆盖度变化图（红苕）

　　由图 4-2 可以看出，在 7 月初植被覆盖度大约为 20%，8 月初达到 70%。有研究表明，在植被覆盖度小于 20% 时，植被对于土壤侵蚀的影响很小，在植被覆盖度达到 70%以上时，植被对于土壤侵蚀的影响接近最大，植被覆盖度的继续增加对土壤侵蚀的影响也不是很大。因此，对于鹤鸣观小流域，耕地作物覆盖对土壤侵蚀产沙的影响主要表现在 7～9 月中旬。5～7 月植被覆盖度小于 20% 左右，此时可以忽略作物覆盖的影响；7～8 月，耕地的覆盖度变化较大，从 20% 左右增加到 70% 左右，此时植被覆盖对于土壤侵蚀产沙的影响最为复杂。8～9 月中旬，作物的覆盖度达到最大，此时植被覆盖对于土壤侵蚀的影响接近恒定。9 月中旬以后，随着作物的收割，此时为残茬期，由于当地农户没有秸秆还田的习惯，耕地接近于裸露状况。在本分布式模型中，每个计算单位的植盖截留量主要参考其覆盖度来计算。

4.3.3　坡度因子分析

　　坡度是影响降雨径流侵蚀力的基本要素之一，它的作用是改变地面水流和泥沙的平衡状态，使坡面水流特征发生变化。四川紫色土地区土壤侵蚀受坡度的影响很大，其随坡度的增加而变大。本模型用分段的方法来考虑坡度对土壤侵蚀的影响。因为研究区径流小区坡度基本一致，本书参考四川遂宁水土保持试验站径流小区观测资料（遂宁水保站在 1984 年和 1985 年建了 5 个坡耕地径流小区，记录 12 场降雨径流泥沙数据，小区的降雨条件和土壤情况和研究区类似，小区的坡度分别为 5°、10°、15°、20° 与 25°），在 McCool 等（1987）与 Liu 等（1994）研究的坡度公式的基础上对其系数加以修正后得到以下公式：

$$S = 2.428\sin\theta + 0.007 \qquad \theta \leqslant 5° \qquad (4\text{-}6)$$

$$S = 3.777\sin\theta - 0.112 \qquad 5° < \theta < 10° \qquad (4\text{-}7)$$

$$S = 4.925\sin\theta - 0.216 \qquad \theta \geqslant 10° \qquad (4\text{-}8)$$

4.3.4　沟道侵蚀探讨

　　对于小流域而言，侵蚀产沙过程主要发生在流域的坡面部分，但沟道的侵蚀也是不可忽略的（主要是浅沟与切沟沟壁，切沟沟底已侵蚀到基岩，沟底侵蚀在本书不作考虑），本模型中，把有沟道通过的栅格提取出来，在计算这些栅格侵蚀量时，根据沟道权重及沟道宽度估算沟道侵蚀，本书主要参考前人在四川紫色土地区沟道侵蚀的研究成果（李青云等，1995）：在相同降雨条件下切沟年侵蚀模数是坡耕地年侵蚀模数的 3 倍左右；

当然前人的研究是以年为时间单位，在没有实测沟道侵蚀资料的情况下，当栅格没有沟道通过时，其沟道因子为 1，其他栅格的沟道因子由以下公式估算：

$$G_c = 1 + \frac{3W_g}{20} \tag{4-9}$$

式中，G_c 为沟道因子，W_g 为沟道宽度（m）。

4.3.5　坡面径流计算

根据以上降雨径流及实地土壤采样分析可以发现，流域产流方式以蓄满产流为主。在蓄满产流模型的基础上得到一个次降雨情况下计算坡面栅格单元地表径流深（H, mm）的方程：

$$R_s = P - E - Z - (W_m - W_0) - F_C \tag{4-10}$$

式中，R_s 为地表径流深（mm）；P 为次降雨时段降雨量（mm）；E 为蒸发量（mm）；Z 为植物截留量（mm）；W_0 为时段初的土壤蓄水量（mm）；W_m 为田间持水量（mm）；F_C 为时段稳定入渗量（mm）。本模型中，在计算时间步长（10min）内，蒸发量被忽略，但计算整个次降雨产流量时将考虑蒸发量。

式（4-10）中的 W_m 为流域平均蓄水容量，是流域干旱程度的指标。一般用实测雨洪资料分析确定。选取久旱无雨后一次降雨量较大且全流域产流的雨洪资料，计算流域平均产流量 R。因久旱无雨，可认为降雨开始时流域蓄水量 $W_0=0$。所以，

$$W_m = P - Z - R - E \tag{4-11}$$

式中，P 为流域平均降雨量（mm）；Z 为植被截留量（mm）；R 为 P 产生的总径流深（mm）；E 为雨期蒸发量（mm）。一个流域的经验表明是反映该流域蓄水能力的基本特征，我国大部分地区的最大蓄水量一般为 80～120 mm。流域的实际蓄水量 W 为 0～W_m。根据升钟水土保持试验站在 II 号支沟 5 个入渗试验点多年实测入渗与土壤前期含水量的资料，以及布设在 II 号支沟流域上的 3 个试验小区多年观测资料，按式（4-11）计算出流域不同土地利用方式的平均蓄水容量 W_m：林地为 109.2 mm、灌木（幼林）为 98.9 mm、坡耕地为 79.9 mm、梯地为 85.5 mm、荒地为 54.5mm。

式（4-10）中需确定降雨前的流域平均蓄水量 W_0。设一场暴雨起始流域蓄水量为 W_0，时段末流域蓄水量计算公式如下：

$$W_{t+\Delta t} = W_t + P_{\Delta t} - Z_{\Delta t} - E_{\Delta t} - R_{\Delta t} \tag{4-12}$$

式中，W_t、$W_{t+\Delta t}$ 为时段初、末流域蓄水量（mm）；$P_{\Delta t}$ 为时段内流域的面平均降雨量（mm）；$R_{\Delta t}$ 为时段内的产流量（mm）；$Z_{\Delta t}$ 为时段内流域的植物截留量（mm）；$E_{\Delta t}$ 为时段内流域的蒸散发量（mm），式中的蒸发量根据流域逐日水面蒸发量数据，按一定比例计算得到。

植物截留损失的降雨量与植被类型和植被覆盖度有关，一般来说，森林的郁闭度大、叶面积指数高、林分结构好、雨前树冠较干，则截留量大，同时，雨量大、雨强小、历时长的降雨类型，有利于林冠截留。尽管截留损失在降雨初期较大，而后渐小并趋于饱和，但在计算中假设降雨时截留均匀损失。式（4-10）中 Z 的具体数值运用 Hartley 在 1987 年提出的一个简单计算植物截留损失的降雨量 Z（mm）的关系式：

$$Z = Z_{\max} C_v \tag{4-13}$$

式中，C_v 为植被覆盖度（%）；$Z_{\max}$ 为植被覆盖度为 100% 时，植被所拦截的降雨量（mm）。不同的植被，其 $Z_{\max}$ 取值是不同的，具体数值参照一些研究成果（梁建民等，1980；于静洁和刘昌明，1989），并根据鹤鸣观小流域不同季节的植被覆盖变化情况，确定每一栅格次降雨截留量。

式（4-10）中的 F_C（稳定入渗量）由土壤采样实验得出各种土壤类型的平均稳定入渗率 F_C，再根据稳定入渗时间求得稳渗量。该流域每种土壤的平均稳定入渗率如下：泥土的稳渗率为 0.827mm/min、夹沙土的稳渗率为 0.972mm/min、冷沙土为 1.305mm/min、沙土为 1.213mm/min、黄泥土 0.818mm/min；在没有缝隙的情况下，沙田为 0.263mm/min、黄泥田为 0.08mm/min、泥田为 0.005mm/min。由此，可估算出每个计算单元的稳渗率。

4.3.6　单元格汇流与侵蚀模型

任意单元格的出口总径流量可用下式表示：

$$Q_o(x) = Q_i(x) + Q(x) \tag{4-14}$$

式中，$Q_o(x)$ 为单元格出口的总径流量（m^3）；$Q_i(x)$ 为单元格入口的总径流量（包括来自坡面侧向入流量与上游坡面入流量，m^3）；$Q(x)$ 为单元格内部产生的径流量（m^3），等于单元格产生的径流深乘以面积单元格。

任意单元格的出口地表径流总量可表示为：

$$Q_{os}(x) = Q_{is}(x) + Q_s(x) \tag{4-15}$$

式中，$Q_{os}(x)$ 为单元格出口的地表径流总量（m^3）；$Q_{is}(x)$ 为单元格入口的地表径流总量（包括来自坡面侧向入流量与上游坡面入流量，m^3）；$Q_s(x)$ 为单元格内部产生的地表径流量（m^3），等于单元格产生的地表径流深乘以面积单元格。

坡上来水来沙在坡下方引起的净侵蚀量的大小受上方来水量及其水含沙量和降雨强度的影响，受泥沙搬运能力影响，随上方来水含沙量的减少而增加。本书利用遂宁水土保持试验站不同坡长的径流小区实验数据，计算上坡来水来沙对下坡计算单元的侵蚀增量：

$$\Delta M = 4.517 W_{上}^{-0.0098} M_{上}^{0.7568} \qquad (R = 0.868, n = 18) \tag{4-16}$$

因此，采用式（4-17）计算每个栅格侵蚀量：

$$M(x) = M + \Delta M = M + \left(4.517 W_{上}^{-0.0098} M_{上}^{0.7568}\right) \tag{4-17}$$

式中，$M(x)$ 为计算单元栅格的侵蚀量（kg）；M 为该栅格自身径流的侵蚀量（kg），结合坡度因子与沟道因子及表 4-9 中的公式，计算每个栅格的侵蚀量；ΔM 为上坡来水来沙在本栅格的侵蚀增量（kg），如果没有上坡来水来沙，ΔM 为零，$W_{上}$ 为上坡来水（kg）；$M_{上}$ 为上坡来沙量（kg）。

地表径流输沙：模型中输沙的计算公式是 Beasley 和 Huggins（1982）基于改进后的 Yalin（1963）公式，并结合 Foster 和 Meyer 的公式及大量实验数据推导出的（牛志明，2000）[①]，由于牛志明论文的研究区是三峡库区紫色土地区，其气候条件与土壤类型与本

---

① 牛志明. 2000. 分散型物理模型在三峡库区小流域土壤侵蚀过程模拟中的应用研究. 北京：北京林业大学博士学位论文。

研究区类似，并且其所采用的栅格分辨率为千米级别的，因此本书在没有实际观测数据的情况下参考了他的公式，并且对其系数加以修正（系数主要根据分布式模型空间尺度大小，以及模型计算结果经过数次调整得到，比牛志明公式的系数小很多），得到如下公式：

$$G_s^b = 3.341 S_0 q^{0.5} \qquad q \leqslant 0.046 \text{ m}^2/\text{min} \qquad (4\text{-}18)$$

$$G_s^b = 33.864 S_0 q^2 \qquad q > 0.046 \text{ m}^2/\text{min} \qquad (4\text{-}19)$$

式中，G_s^b 为以质量计的单宽输沙率[kg/(min·m)]；q 为地表径流单宽流量（m^2/min）；S_0 为坡度比降。小流域侵蚀产沙子模型的计算中，若单元内的地表径流输沙量小于侵蚀量，则单元内有泥沙淤积，淤积量等于侵蚀量减去地表径流输沙量，否则没有泥沙淤积。

4.3.7　模型实现

1. 模型数据准备

模型中运用的 II 号支沟流域 DEM 的分辨率为 20 m×20 m。支沟小流域的坡度、土地利用、土壤类型、植被类型、植被覆盖度等信息，通过流域 DEM（图 4-4）、土壤图（图 4-5）、土地利用图和实地测量数据整理得到。图 4-6 为 1985 年（治理前）的土地利用图，图 4-7 为 2004 年（治理后）的土地利用图（根据 2004 年 2 月 17 日拍摄的 2.5m 分辨率 SPOT 卫星影像解译，结合 90 年代的土地利用图及 3 次实地考察绘制而成）。

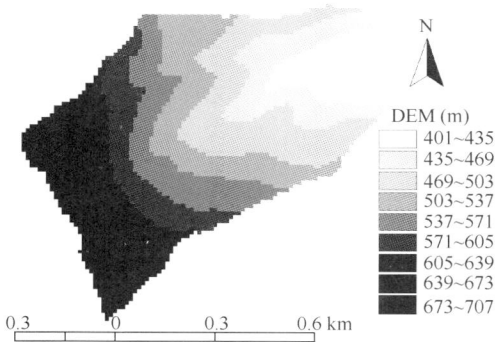

图 4-4　鹤鸣观小流域 II 号支沟 DEM

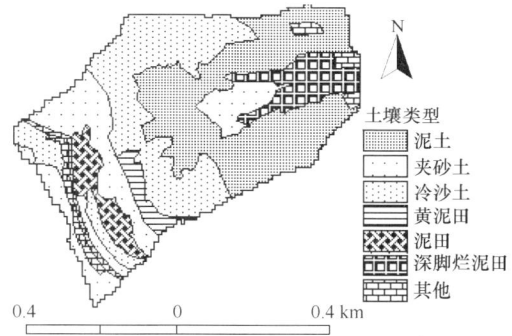

图 4-5　鹤鸣观小流域 II 号支沟土壤类型图

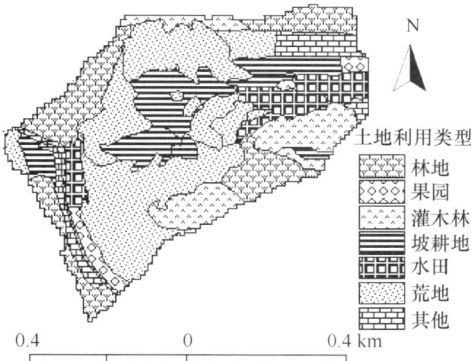

图 4-6　鹤鸣观小流域 II 号支沟土地利用图
（1985 年）

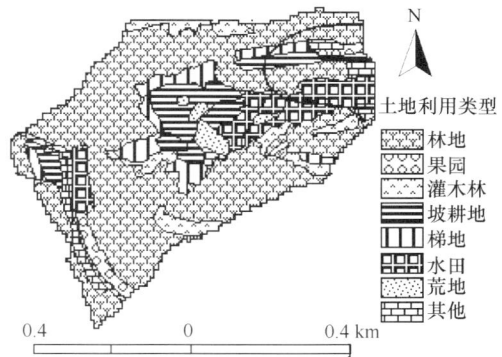

图 4-7　鹤鸣观小流域 II 号支沟土地利用图
（2004 年）

　　为了对 DEM 的每个栅格的入流量与土壤侵蚀量进行计算，首先需要对 DEM 进行水文分析，得出流域内各网格单元上的水沙汇集流向与水沙运移线路，然后计算出有多少个栅格单元的出流汇入到该栅格单元，逐个计算各栅格单元的 8 个相邻的入流单元数目，通过编程确定递归计算，可得出每一个栅格单元的汇流数。在流量的基础上计算每个栅格的土壤侵蚀量。

　　由 DEM 分析出流域内各网格单元上的水流汇集流向，如图 4-8 所示，其中细箭头所示为坡面单元上水流汇集流向，而粗箭头则为沟道单元水流汇集主流路，图 4-9 是部分汇流网络放大图。

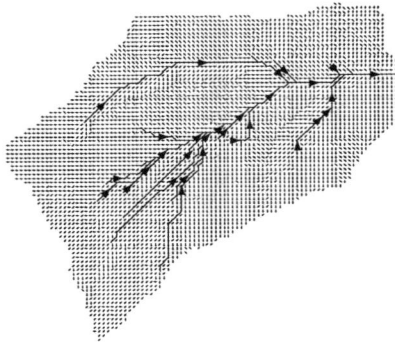

图 4-8　鹤鸣观小流域Ⅱ号支沟汇流图　　　图 4-9　鹤鸣观小流域Ⅱ号支沟部分汇流网络放大图

2. 模型数据库建设

　　分布式侵蚀产沙模型的数据库由以上图件的属性数据及流域实际观测资料得到，本模型运用 Excel 数据库，分为 "calculate" 表格[包括栅格号、坡度、土地利用类型代号、面积、土壤类型、覆被度、有无沟道、上部栅格来水来沙、田间持水量、稳渗率等字段（图 4-10）]与 "timestep" 表格[包括时间与时段降雨量两个字段（图 4-11）]。

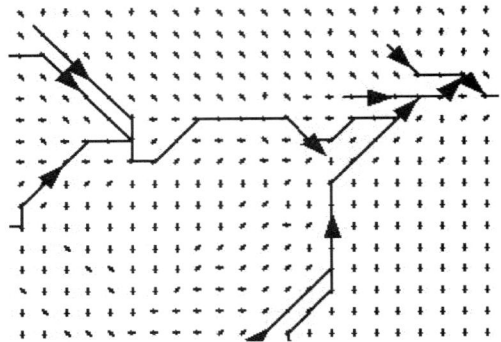

图 4-10　数据库 "calculate" 表格　　　图 4-11　数据库 "timestep" 表格

3. 模型的计算机程序开发

模型程序设计的流程图（图 4-12）如下。

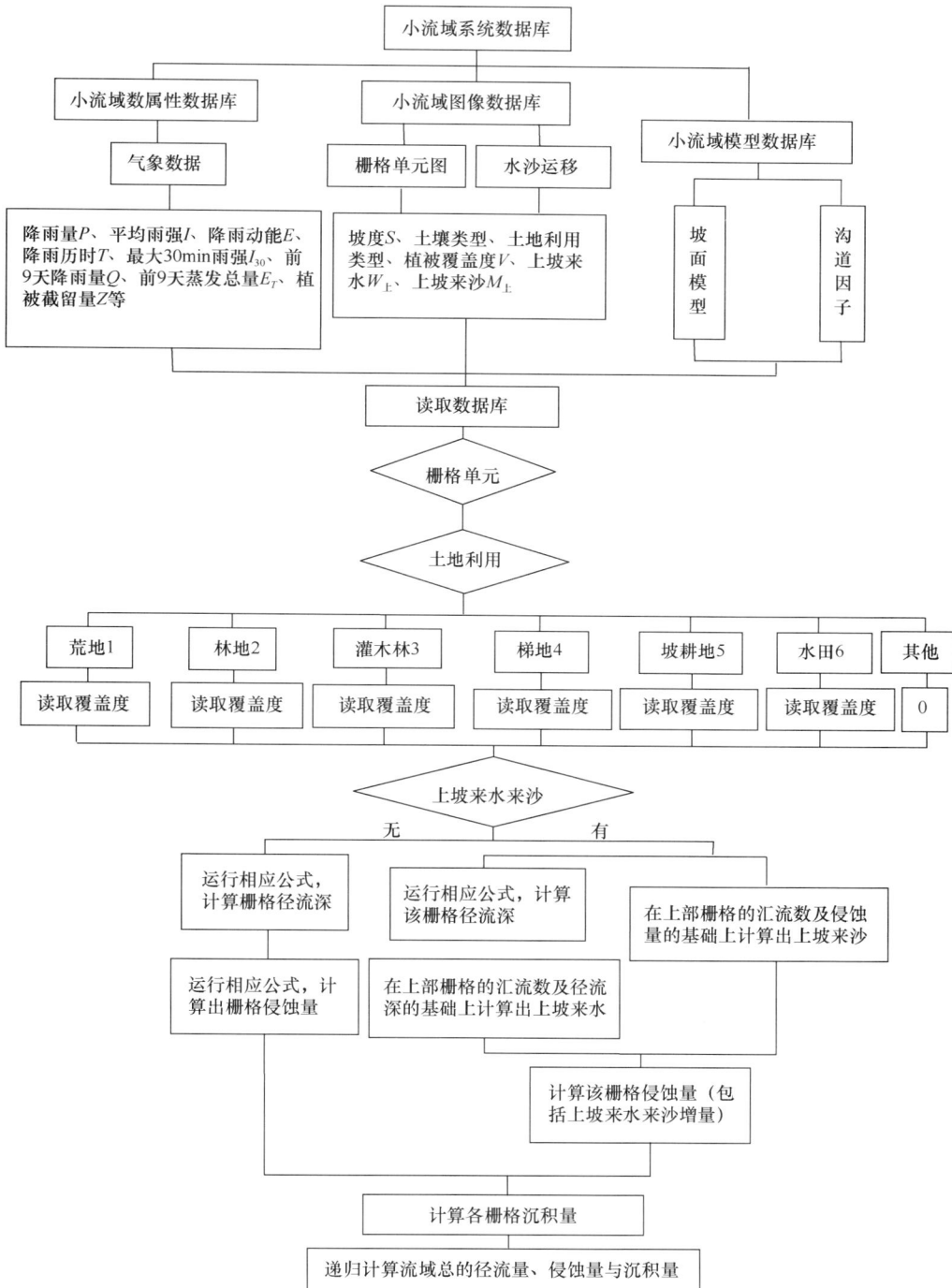

图 4-12　鹤鸣观分布式模型程序设计流程图

鹤鸣观小流域分布式侵蚀产沙模型的程序开发界面如图 4-13，图 4-14 所示。

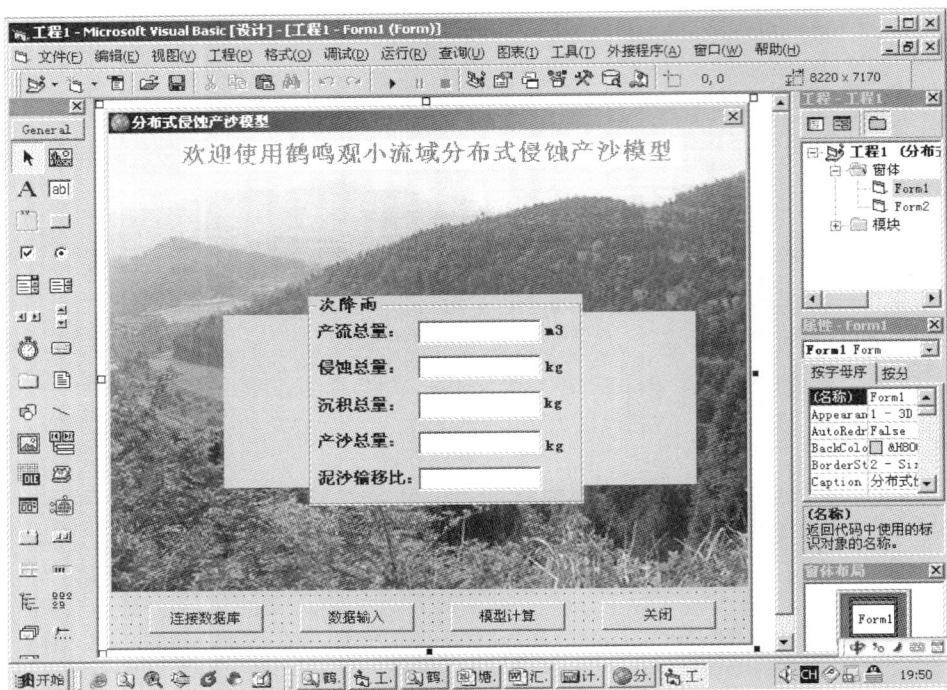

图 4-13　鹤鸣观分布式侵蚀产沙模型 VB 程序界面 1

图 4-14　鹤鸣观分布式侵蚀产沙模型 VB 程序界面 2

图 4-15～图 4-17 是模型程序代码窗口。

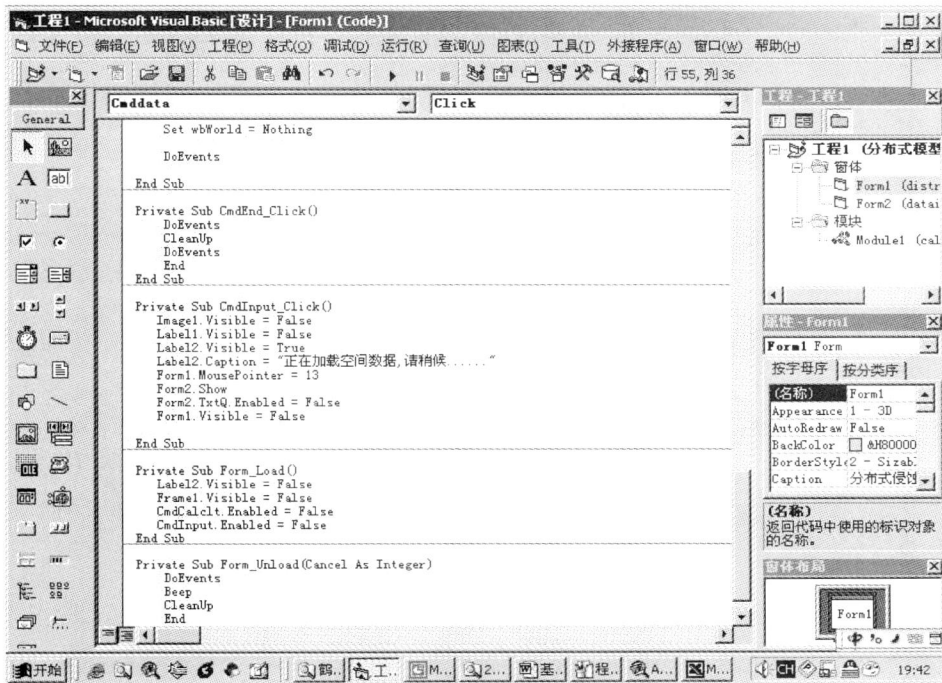

图 4-15　鹤鸣观模型程序代码窗口 1

图 4-16　鹤鸣观模型程序代码窗口 2

图4-17　鹤鸣观模型程序代码窗口3

鹤鸣观模型程序按以下步骤运行。

（1）运行分布式模型（图4-18）；

图4-18　鹤鸣观模型运行界面1

（2）点击"连接数据库"，选择鹤鸣观.xls 数据文件，点击"打开"（图 4-19～图 4-21）；

图 4-19　鹤鸣观模型运行界面 2

图 4-20　鹤鸣观模型运行界面 3

图 4-21　鹤鸣观模型运行界面 4

（3）点击"确定"后再点击"数据输入"（图 4-22、图 4-23）；

图 4-22　鹤鸣观模型运行界面 5

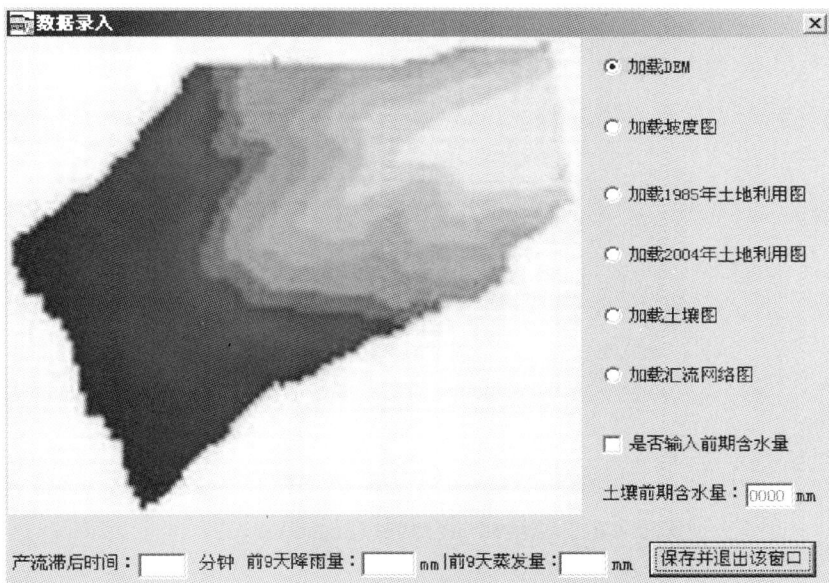

图 4-23　鹤鸣观模型运行界面 6

（4）输入产流滞后时间（为流域全面产流时间），如果有前期土壤含水量数据则点击"是否输入前期含水量"，提示输入土壤前期含水量；如果没有土壤前期含水量数据，则输入前 9 天降雨量、前 9 天蒸发量，点击"保存并退出该窗口"（图 4-24）；

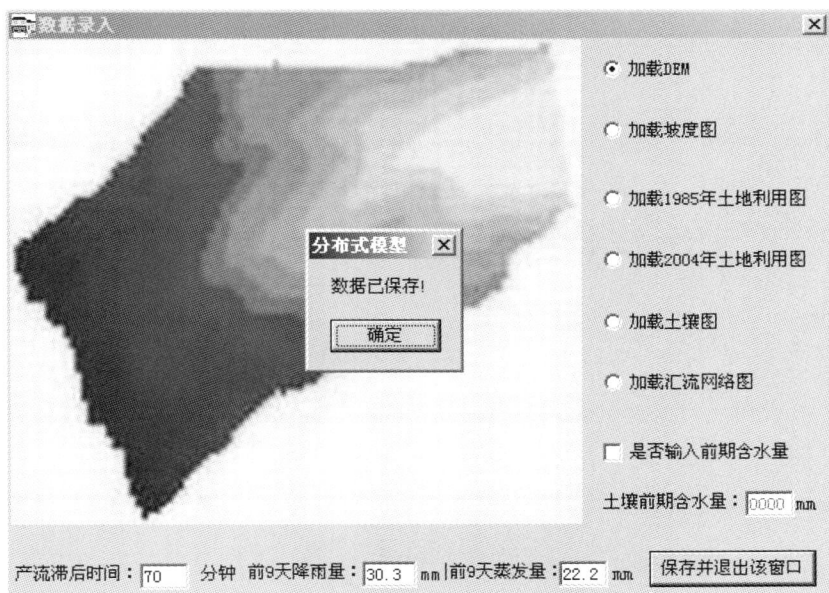

图 4-24　鹤鸣观模型运行界面 7

（5）点击"模型计算"，模型计算需 10min 左右的时间（图 4-25～图 4-28）；

图 4-25　鹤鸣观模型运行界面 8

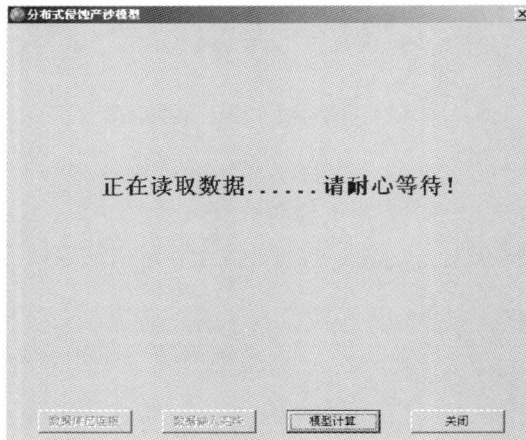

图 4-26　鹤鸣观模型运行界面 9

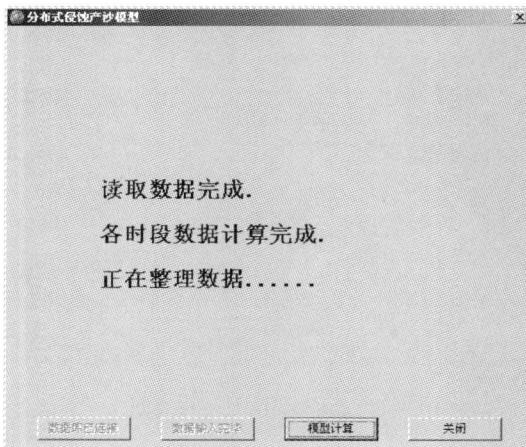

图 4-27　鹤鸣观模型运行界面 10

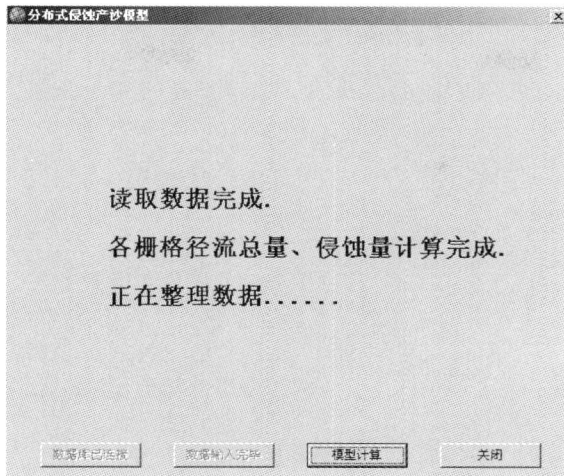

图 4-28　鹤鸣观模型运行界面 11

（6）点击"关闭"，模型计算完毕（图 4-29）。

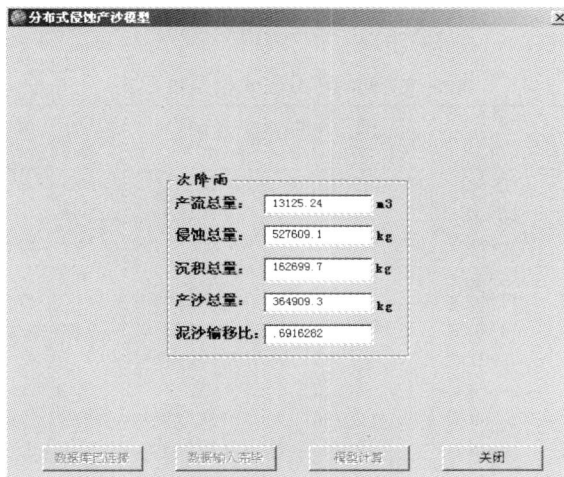

图 4-29　鹤鸣观模型运行界面 12

（7）模型输出的结果包括每一栅格的地表径流量（包括上坡来水）、径流总量（包括上坡来水）、侵蚀量，以及整个流域的侵蚀总量、沉积总量、产沙总量与次降雨泥沙输移比，如图 4-30 所示。

4. 模型检验

鹤鸣观模型的验证选取了鹤鸣观小流域Ⅱ号支沟 1985 年、1986 年（治理前）与 1993～2001 年（治理后）26 次降雨径流侵蚀过程（与径流小区的资料不一致，原因是水土保持站只记录了出口有产沙的次降雨）。模型计算的时间步长为 10min。径流模拟精度为 79.07%，产沙量模拟精度为 75.70%，见表 4-10。

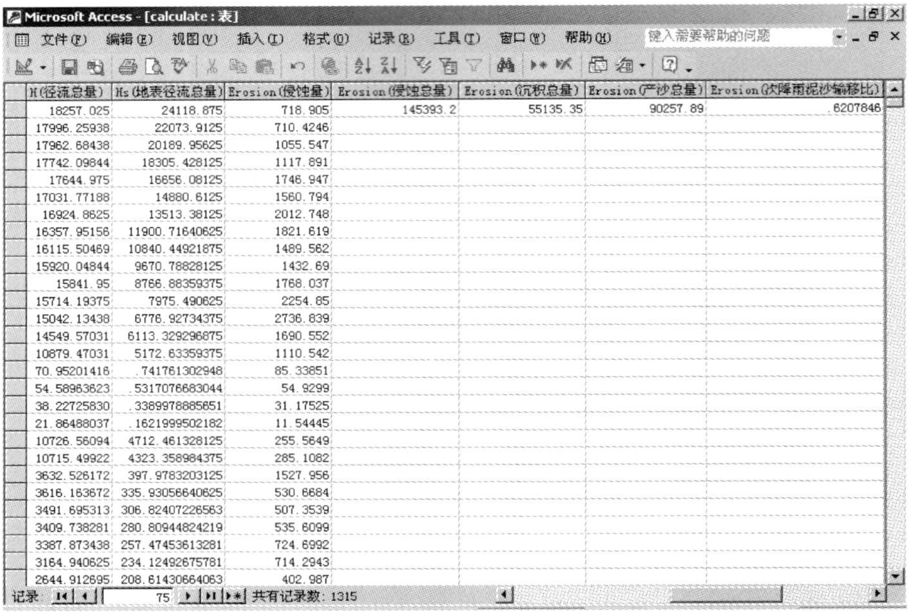

H(径流总量)	Hs(地表径流总量)	Erosion(侵蚀量)	Erosion(侵蚀总量)	Erosion(沉积总量)	Erosion(产沙总量)	Erosion(次降雨泥沙输移比)
18257.025	24118.875	718.905	145393.2	55135.35	90257.89	.6207846
17996.25938	22073.9125	710.4246				
17962.68438	20189.95625	1055.547				
17742.09844	18305.428125	1117.891				
17644.975	16656.08125	1746.947				
17031.77188	14880.6125	1560.794				
16924.8625	13513.38125	2012.748				
16357.95156	11900.71640625	1821.619				
16115.50469	10840.44921875	1489.562				
15920.04844	9670.78828125	1432.69				
15841.95	8766.88359375	1768.037				
15714.19375	7975.490625	2254.85				
15042.13438	6776.92734375	2736.839				
14549.57031	6113.329296875	1690.552				
10879.47031	5172.63359375	1110.542				
70.95201416	.741761302948	85.33851				
54.58963623	.5317076683044	54.9299				
38.22725830	.3389978885651	31.17525				
21.86488037	.1621999502182	11.54445				
10726.56094	4712.461328125	255.5649				
10715.49922	4323.358984375	285.1082				
3632.526172	397.9783203125	1527.956				
3616.163672	335.93056640625	530.6684				
3491.695313	306.82407226563	507.3539				
3409.738281	280.80944824219	535.6099				
3387.873438	257.47453613281	724.6992				
3164.940625	234.12492675781	714.2943				
2644.912695	208.61430664063	402.987				

图 4-30　鹤鸣观模型运行结果

表 4-10　鹤鸣观分布式模型验证表

降雨日期（年.月.日）	降雨量（mm）	实测径流量（m^3）	实测产沙量（kg）	计算径流量（m^3）	计算产沙量（kg）	径流误差	产沙误差
1985.6.27	92.5	15 905	102 585.7	14 721.12	73 639.71	–0.074 4	–0.282 2
1985.7.11	93.6	15 155.1	207 907.8	12 103.04	259 931.7	–0.201 4	0.250 2
1985.7.21	35.8	3 798.4	97 249.9	4 190.45	116 737.8	0.103 2	0.200 4
1985.8.7	119.7	17 821.6	391 242.1	13 364.11	458 627.4	–0.250 1	0.172 23
1985.8.19	60.2	11 423.2	50 531.4	14 195.60	34 865.86	0.242 7	–0.310 0
1985.9.13	85.2	13 358.4	102 529.3	15 140.05	89 063.94	0.133 4	–0.131 3
1986.7.23	58.1	6 827.4	61 593	5 245.99	69 416.56	–0.231 6	0.127 0
1986.9.8	37	2 819.1	8 715.2	3 577.01	11 248.92	0.268 8	0.290 7
1993.6.26	130.7	8 354.5	3 116.941	10 083.88	3 512.167	0.207 0	0.126 8
1993.7.10	55.4	1 656.1	488.691	1 915.6	653.154 2	0.156 7	0.336 5
1993.8.4	50.4	2 506.6	1 004.343	1 687.19	1 150.731	–0.326 9	0.145 8
1993.8.9	86.6	8 780.2	2426.848	7 050.16	2 011.472	–0.197 0	–0.171 2
1993.8.15	152.8	31 183.4	158 889.8	20 797.76	203 856	–0.333 1	0.283 0
1995.7.18	43.2	1 116.6	969.566	1 446.57	1 190.99	0.295 5	0.228 4
1995.7.21	26.2	1 477.1	1 195.826	1 778.22	1 444.565	0.203 9	0.208 0
1995.8.15	51.1	1 576.1	1 896.813	1 762.03	1 111.401	0.118 0	–0.414 1
1995.10.13	37.6	889.1	882.833	1 017.03	513.770 3	0.143 9	–0.418 0
1996.7.22	78.2	1 317.3	406.849	1 522.89	570.522	0.156 1	0.402 3
1998.5.20	74.2	1 333.5	310.06	1 574.73	376.003 1	0.180 9	0.212 7
1998.6.30	49.6	1 218.3	995.963	1 549.24	1 125.806	0.271 6	0.130 4
1998.8.20	100	10 055	8 667.015	8 768.64	10 270.29	–0.127 9	0.185 0
2000.7.10	195.4	19 405.8	20 321.5	24 345.2	29 914.73	0.254 5	0.472 1
2000.8.16	214.7	25 958.5	25 307.6	31 342.19	32 274.05	0.207 4	0.275 31
2001.8.7	43.1	3 952	3 100.6	3 022.49	4 442.472	–0.235 2	0.432 8
2001.8.18	240.8	26 449.2	125 406.7	32 053.55	141 968.6	0.211 9	0.132 1
2001.9.2	64.4	5 526	3 519.6	4 699.42	3 992.944	–0.149 6	0.134 5

图 4-31，图 4-32 分别是这 26 次天然降雨 II 号支沟出口径流量、产沙量观测值与模型计算值的比较。

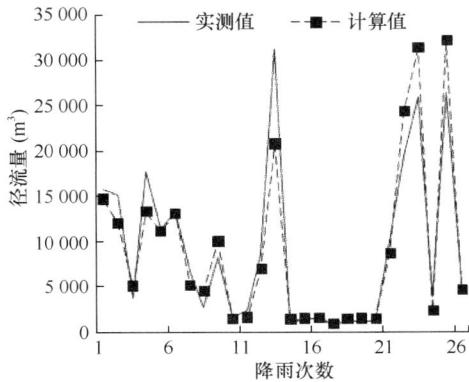

图 4-31　鹤鸣观模型次降雨径流总量计算值
与实测值比较

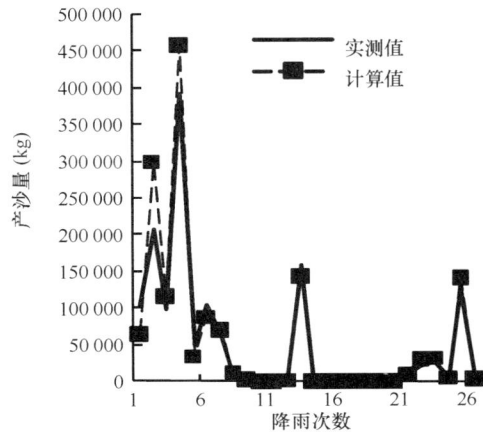

图 4-32　鹤鸣观模型次降雨产沙量计算值
与实测值比较

4.4　李子口小流域分布式侵蚀产沙模型

4.4.1　李子口小流域塘坝淤积分析

为了进一步验证鹤鸣观模型的推广价值，本书在李子口小流域也构建了分布式侵蚀产沙模型。李子口小流域分布式侵蚀产沙模型的原理和结构与鹤鸣观小流域分布式侵蚀产沙模型一致，不同的是李子口模型是基于地块，并且考虑了塘坝截留与淤积。因为李子口小流域面积比鹤鸣观小流域大数倍，基于栅格会给数据处理与数据库构建（主要是难以重新确定上坡来水来沙栅格序号，而递归算法必须要求栅格序号从大到小或者从小到大排列，序号不能错乱，否则会使计算结果出错）带来很大困难，基于地块确定上方地块的序号要简单得多，并能大幅度减少计算量，另外，由于李子口小流域分布有数个塘坝，所以模型计算流域出口的产流量时减去了塘坝截流的部分，计算流域出口产沙量时减去了塘坝淤积的部分。

为了反映流域内地形地貌、土壤、植被和人类活动造成的下垫面变化等在空间分布的差异性，将流域细化为多个连续的地块，划分原则是在每一个地块单元内要求其人类活动和下垫面要素（如土地利用、植被类型、土壤类型等）分布基本均衡。其主要分为以下几类：坡耕地、梯地、水田、林地、荒地及其他类型（主要是建筑用地）。地块划分之后，每一地块单元上的土地利用、坡度、植被类型、土壤类型、植被覆盖度等信息都以相应的代码存入数据文件。本模型对地块面积没有限制，在李子口模型 302 个地块中，面积大于 1×10^4 m² 的地块占 32.45%，面积在 $3 \times 10^3 \sim 1 \times 10^4$ m² 的占 5.63%，面积在 $1 \times 10^3 \sim 3 \times 10^3$ m² 的占 18.54%，面积小于 1×10^3 m² 的占 43.38%（主要属于建筑用地）。

分析李子口塘坝淤积调查资料（表 4-11），得到年淤积量的公式如下：

$$Q_{\text{Sed}} = 5186.918 P^{-0.474} A^{0.788} \quad (R = 0.83, F = 403.02**, n = 10) \tag{4-20}$$

式中，Q_{Sed} 为年淤积量（t）；P 为年降雨量（mm）；A 为集雨面积（km²）。在李子口小流域分布式侵蚀产沙模型计算中，集雨面积是指降雨产流的那部分面积，不包括不产流的面积，表 4-11 中的集雨面积偏大。

表 4-11　李子口小流域塘坝淤积调查表

名称	集雨面积（m²）	池塘面积（m²）	淤积总量（t）	年淤积量（t）	年降雨量（mm）	淤积时间（年）
店子河	3.7×10^6	7128.05	4714.51	589.31	831.1	8
田坝头	3.71×10^4	2116.23	167.75	15.25	724.3	11
石岩田	8×10^4	1002.02	345.94	34.59	750.5	10
元包岭	5.63×10^4	2030	274.34	24.94	724.3	11
邓家坪	2.79×10^4	2297	484.78	10.54	957	46
大田山	1.91×10^4	1727	107.01	7.64	823.6	14
芋子嘴	4.18×10^4	1653	560.41	20.01	870.5	28
香炷山	9.5×10^3	722.31	79.60	5.69	823.6	14
鹤鸣观	7.9×10^5	4132.6	6353.38	162.91	921.4	39
平塘	2.9×10^4	2147	574.81	14.74	921.4	39

在本模型中，利用次降雨量与次降雨塘库集雨面积，再根据式（4-20）来估算次降雨塘坝淤积量。

4.4.2　李子口分布式侵蚀产沙模型数据准备

模型中运用的李子口小流域 DEM 的精度为 20 m×20 m。小流域的坡度、土地利用、土壤类型、植被类型、植被覆盖度等信息，通过流域 DEM（图 4-33）、坡度图（图 4-34）、土地利用图（图 4-35）、土壤类型图（图 4-36）和测量数据整理得到。

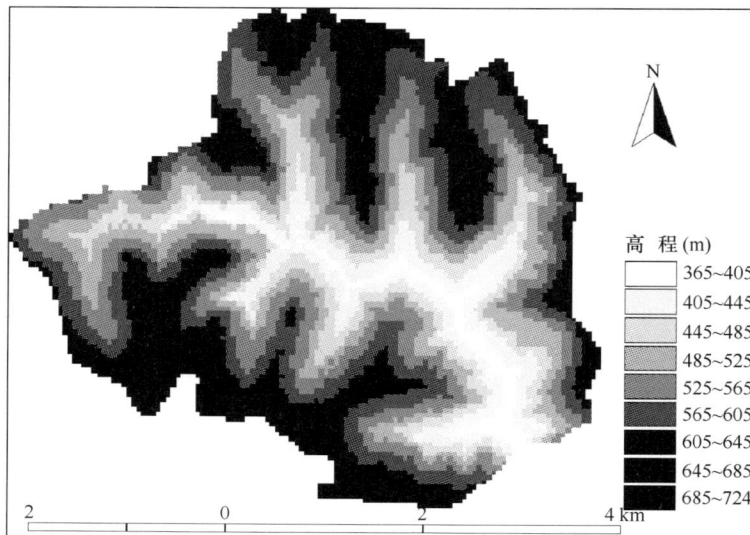

图 4-33　李子口小流域 DEM

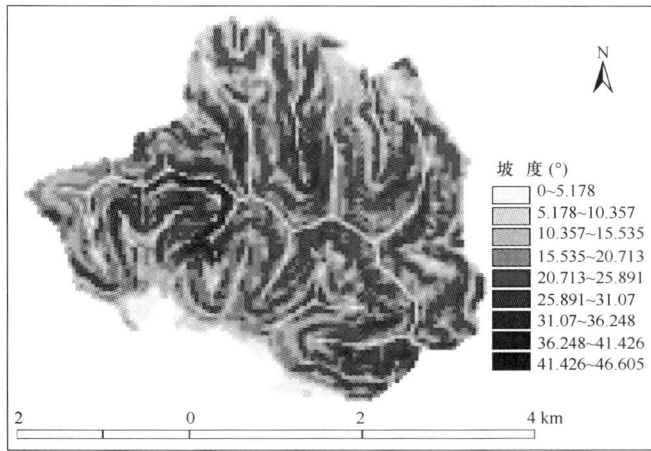

图 4-34　李子口小流域坡度图

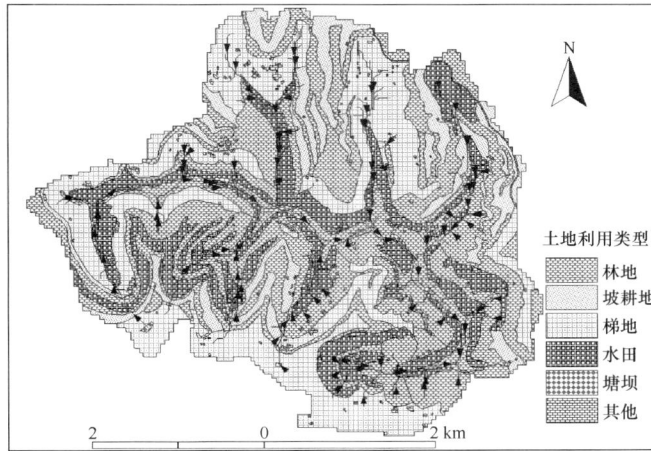

图 4-35　李子口小流域土地利用图

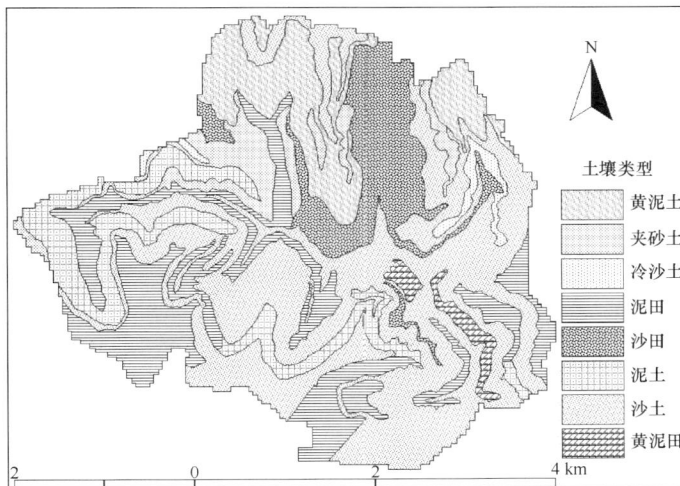

图 4-36　李子口小流域土壤类型图

由 DEM 分析出流域内各网格单元上的水流汇集流向，如图 4-37 所示，其中细箭头所示为坡面单元上水流汇集流向，而粗箭头则为沟道单元水流汇集主流路，图 4-38 是部分汇流网络放大图。

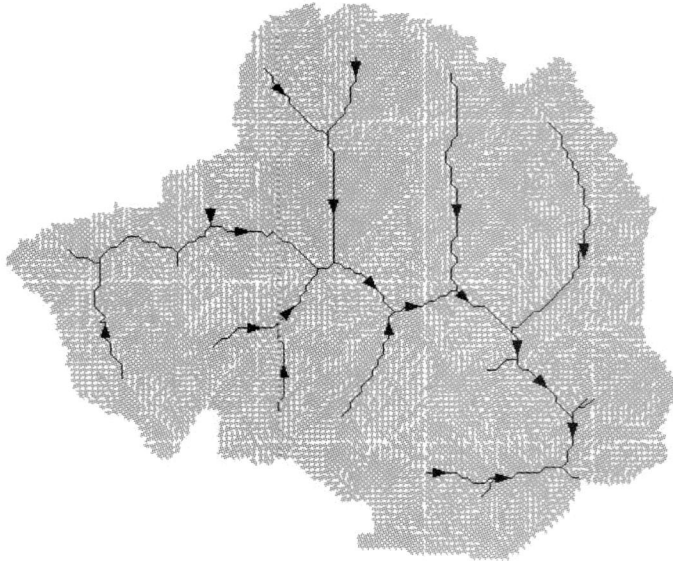

图 4-37　李子口小流域汇流图

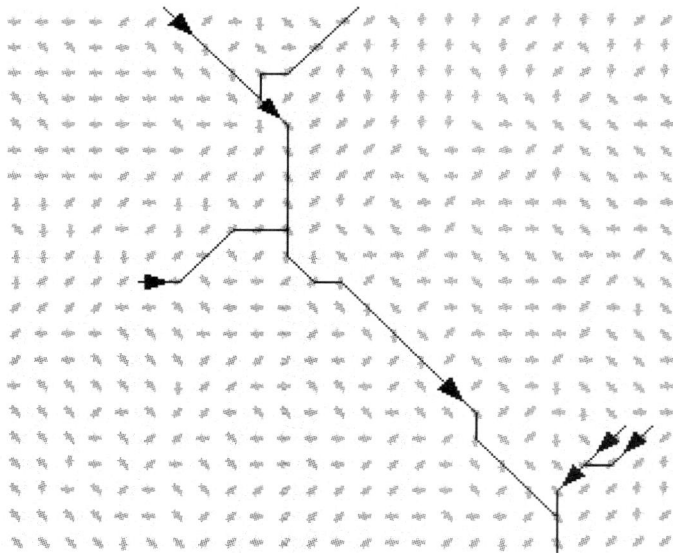

图 4-38　李子口小流域部分汇流网络放大图

4.4.3　李子口分布式侵蚀产沙模型数据库

根据以上图形属性数据及实地测量数据构建模型数据库，如图 4-39 所示。

	A	B	C	D	E	F	G	H	I	J
1	地块号	坡度	土地利用	面积	土壤类型	覆被度	有无沟道	上部地块来水来沙	田间持水量	稳渗率
2	1	20.1	1	473238	8	95	0	2,3,6,7,8,9,10,11,12(40%),13(40%),63(45%)	98.5	0.005
3	2	1.8	4	175404	4	65	0	4,5,12(40%),63(55%),68(90%),98	90	0.818
4	3	1.6	4	214420	8	65	0	14	90	0.005
5	4	8	5	720.97	4	15	0	0	0	0.818
6	5	8	5	662.22	7	15	0	0	0	0.827
7	6	8	5	387	7	15	0	0	0	0.827
8	7	8	5	1072.8	5	15	0	0	0	1.305
9	8	8	5	2042.8	7	15	0	0	0	0.827
10	9	8	5	1378	7	15	0	0	0	0.827
11	10	13.5	1	251666	5	95	0	12(15%),13(60%)	98.5	1.305
12	11	3	4	95407	8	65	1	12(5%)	90	0.005
13	12	23.5	1	339356	6	95	0	64,65,66,67	98.5	0.972
14	13	2.3	4	2E+06	6	65	0	25(75%),38,39,40,41,42,43,44,45,46,47(70%),75,76,77(40%),78(90%),165,168(95%),177,179(95%),214,222,228,261(85%)	90	0.972

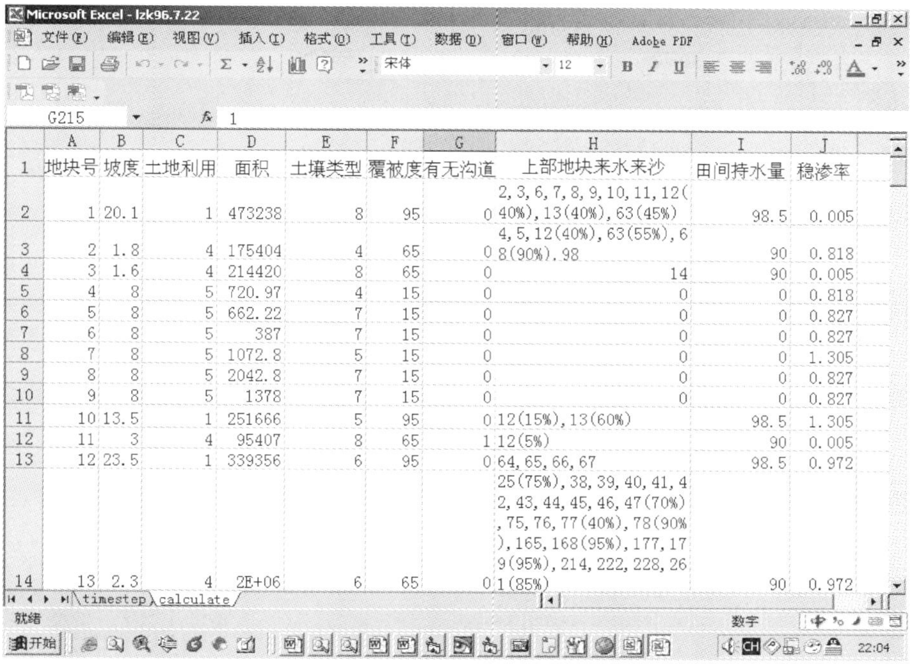

图 4-39　李子口模型数据库表

4.4.4　李子口模型实现

李子口模型开发界面如图 4-40～图 4-41 所示。

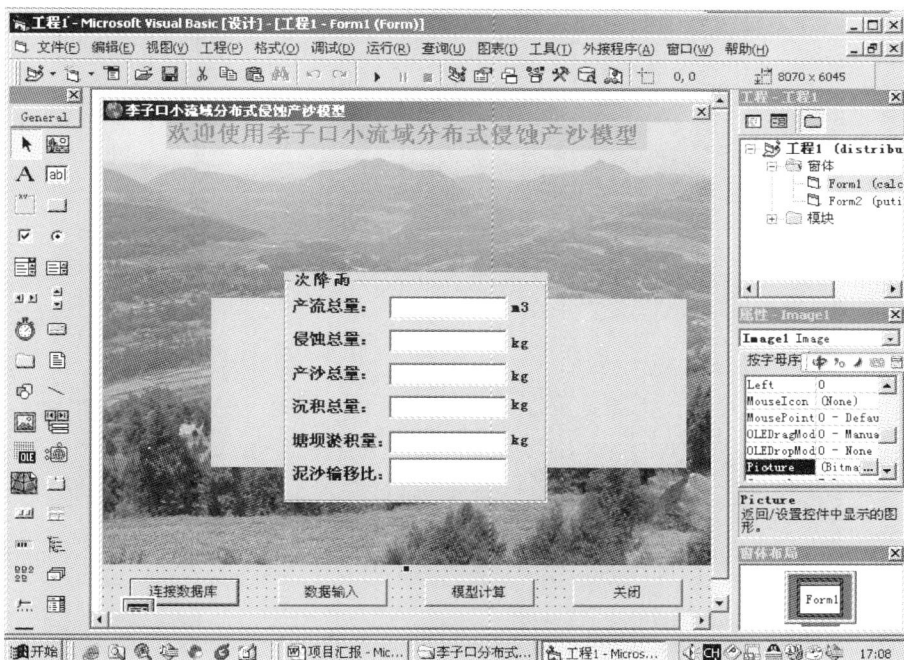

图 4-40　李子口模型开发界面 1

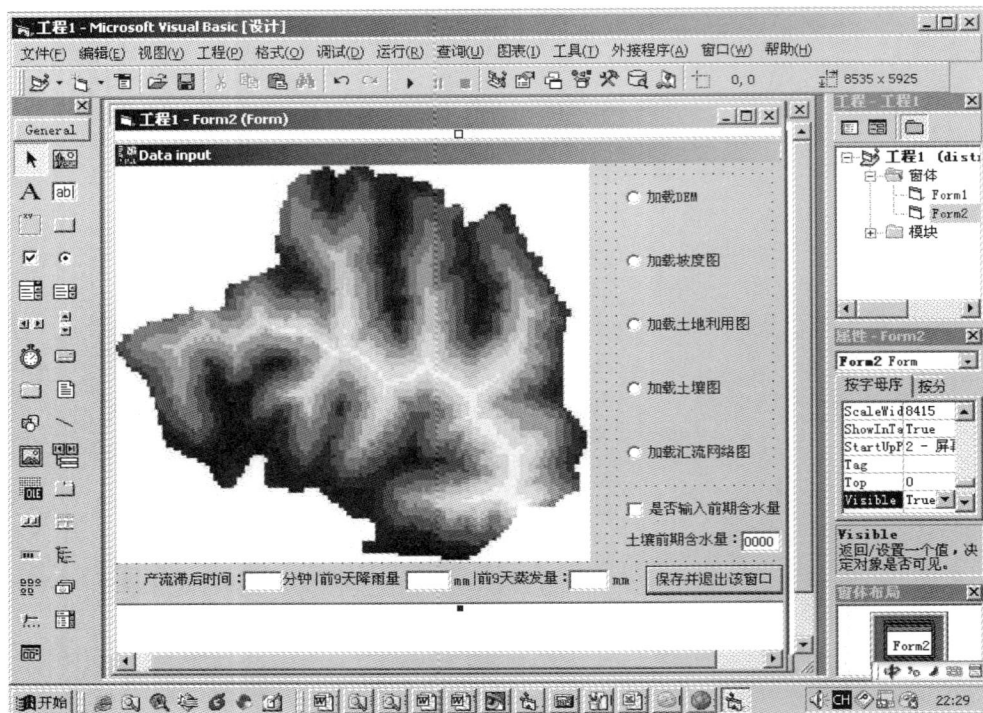

图 4-41　李子口模型开发界面 2

模型按以下步骤运行（图 4-42～图 4-48）。

图 4-42　李子口模型运行界面 1

图 4-43　李子口模型运行界面 2

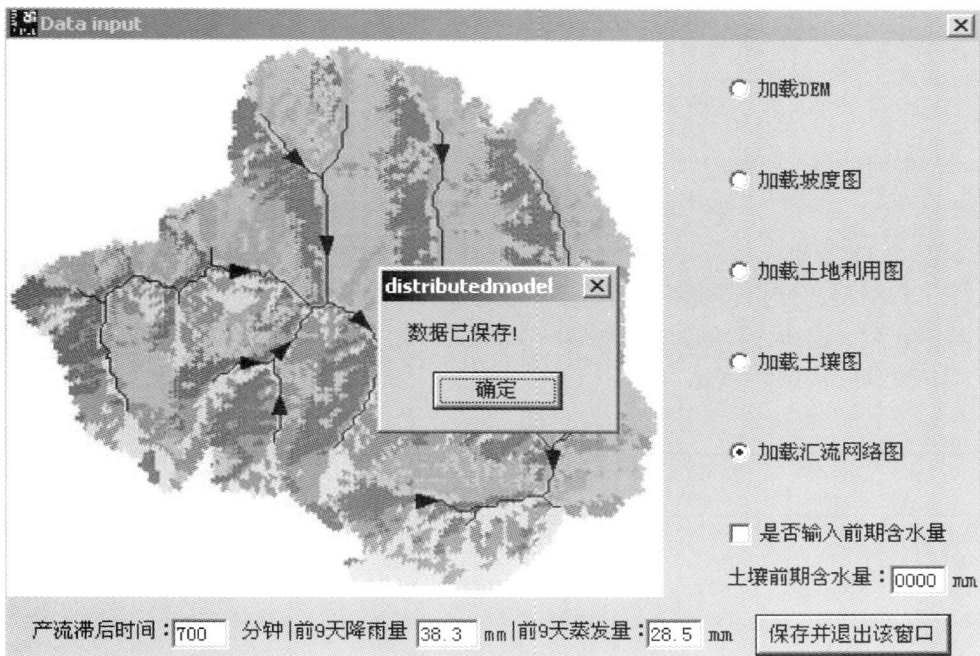

图 4-44　李子口模型运行界面 3

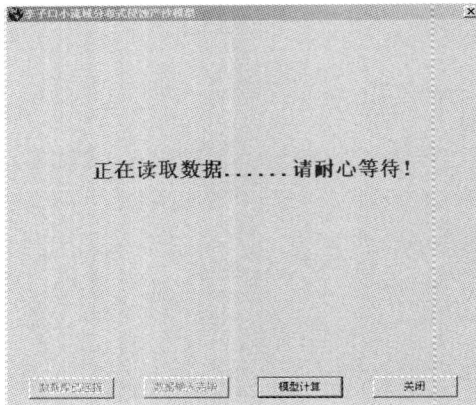

图 4-45　李子口模型运行界面 4

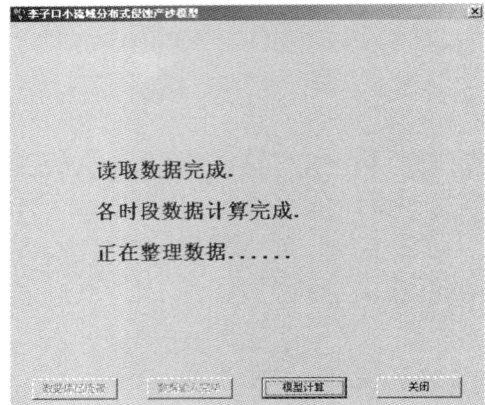

图 4-46　李子口模型运行界面 5

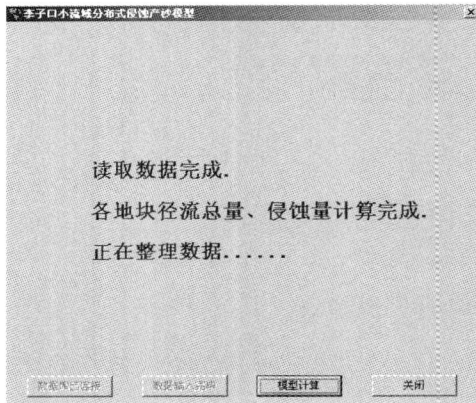

图 4-47　李子口模型运行界面 6

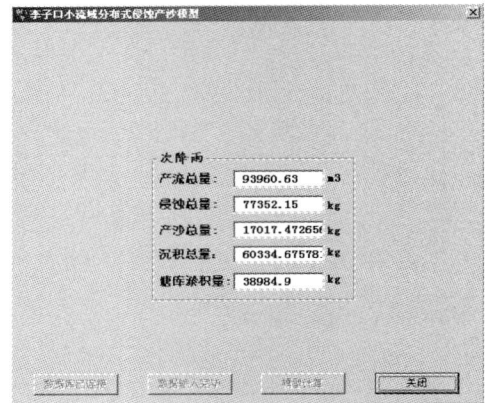

图 4-48　李子口模型运行界面 7

4.4.5　模型验证

李子口模型的检验选取了李子口小流域 2004 年 8 月～2005 年 9 月实测侵蚀性降雨径流侵蚀过程，模型计算的时间步长为 10min。径流模拟平均精度为 77.79%，产沙量模拟平均精度为 70.30%，见表 4-12。

表 4-12　李子口模型验证表

降雨日期 （年.月.日）	降雨量 （mm）	实测径流量 （m³）	实测产沙量 （kg）	计算径流量 （m³）	计算产沙量 （kg）	径流误差 （%）	产沙误差 （%）
2004.8.23	53.75	106 200.54	760.67	93 960.63	1 371.46	−0.115	0.803
2004.9.1	64.9	158 053.5	4 623.71	136 649	5 141.14	−0.135	0.112
2004.9.18	73.6	338 077.2	81 755.13	332 318.9	102 493.63	−0.017	0.254
2005.7.2	56.4	184 346.4	36 849.69	193 650.9	39 432.58	0.050	0.070
2005.7.17	37.8	71 250	16 382.81	76 234.88	9 885.80	0.070	−0.261
2005.7.24	95.1	269 228.58	86 027.17	73 166	81 648.88	−0.728	−0.051
2005.8.2	38.4	153 551.7	38 915.93	113 356.5	18 051.28	−0.262	−0.536
2005.8.17	41.7	240 141.3	28 616.29	186 289.5	15 609.89	−0.224	−0.455
2005.9.30	45.7	205 555.8	21 906.98	287 129.5	24 794.53	0.397	0.132

以下是模型模拟 2004 年 9 月 1～3 日的一场降雨径流侵蚀过程，这次降雨量为 64.4mm，历时为 19.2h。降雨前 9 天该流域有 53.75mm 的降雨，前 9 天的蒸发量为 45.5mm。利用李子口小流域出口观测站的实测数据资料，对由以上降雨所计算出的流量进行验证，在流域出口观测到的总径流量为 158 053.5 m³，模型计算的总径流量为 136 649 m³，模拟精度为 86.5%；流域出口观测到的产沙量为 4623.71 kg。模型计算的整个流域的侵蚀量为 24 673.7kg，计算流域出口的产沙量为 5141.14 kg，产沙量模拟精度为 88.8%。图 4-49 是这次降雨在每个地块的径流总量图（包括其他地块的流入量），图 4-50 是每个地块的侵蚀模数图。

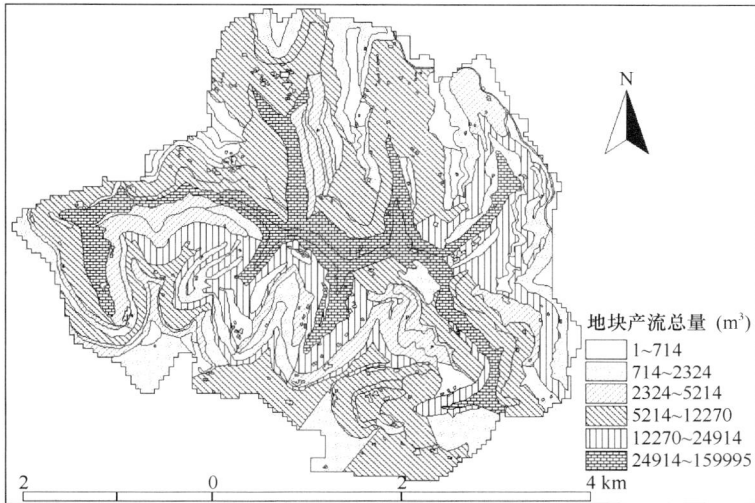

图 4-49　李子口小流域每个地块的径流总量图

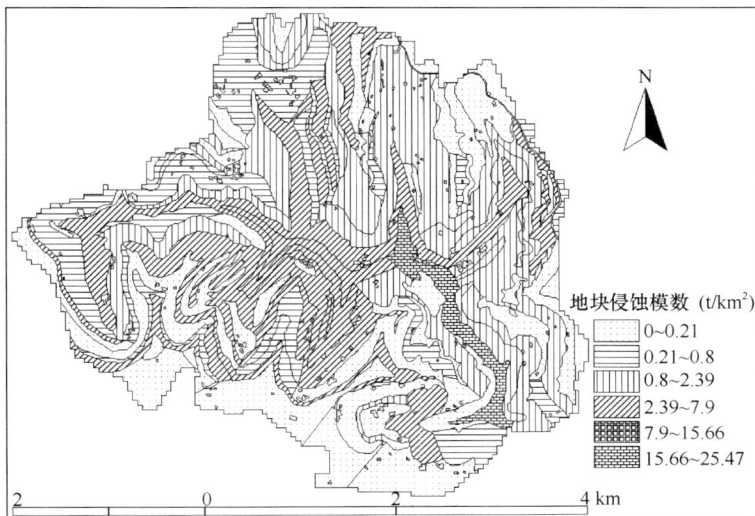

图 4-50　李子口小流域每个地块的侵蚀模数图

另外，分析了 2004 年 8 月 2 日与 4 日的两场降雨，这两场降雨量分别为 41.7 mm

与 34.6 mm，在流域出口有流量产生，但非常小，流域出口没有产沙量。原因应该是这两场降雨的产流量与侵蚀量绝大部分被塘坝所拦截。

4.5　模型推广分析

4.5.1　影响模型精度的主要原因

影响分布式模型精度的主要因素如下。

（1）坡度因子与上坡来水来沙对下坡侵蚀产沙影响分析的数据都来源于遂宁市水土保持试验站的径流小区，而这遂宁市几个径流小区都为坡耕地，土壤均为红棕紫色泥土、中壤，与布设在鹤鸣观小流域的 3 个径流小区的差异较大，因此这是影响模型精度的重要原因；

（2）模型概化时间步长 10min 内各计算单元的侵蚀产沙过程（包括单元出口过水断面面积是时刻变化的，但在本模型中每个计算时段内当作不变值）；

（3）李子口模型考虑了塘坝的截留，但由于缺乏相应的数据，只是根据次降雨前流域平均蓄水容量大小来估算本次降雨的截流量（如本次降雨前流域平均蓄水容量小，则本次降雨的塘库截流量就大），这是影响模型精度的一个方面；

（4）坡面模型由于资料有限，没有考虑溅蚀，这在一定程度上影响模型了的精度，另外模型精度在很大程度上取决于试验观测的准确性。

4.5.2　模型敏感度分析

分布式模型考虑的参数有前 9 天降雨总量、前 9 天蒸发总量；次降雨总量、时段降雨量；次降雨时段截流量、时段入渗量；次降雨流域产流滞后时间；坡度、上坡来水来沙因子；此外，模型还受时空尺度影响。要定量分析每个参数的敏感度几乎不可能，这里重点分析次降雨总量、前 9 天降雨总量与前 9 天蒸发总量 3 个参数。

次降雨总量是影响次降雨径流总量的直接因子，分析得知，次降雨总量增加 10%，径流总量增加 30.5%左右；前 9 天降雨总量增加 10%，径流总量增加 3.5%左右；前 9 天蒸发总量增加 10%，次降雨径流总量减少 5.6%左右。次降雨产沙主要由流域产流以后各时段降雨量决定，流域全面产流的时刻由产流滞后时间参数来反映，但没法做到对该参数进行敏感度分析，假如产流滞后时间推迟 10min，本次降雨流域产沙量不一定增加（可能该 10min 没有产生地表径流）。同样，也没法对各时段降雨进行敏感度分析，原因是模型划分次降雨时段很多，不可能对每个时段进行敏感度分析。

另外，在李子口模型中，塘坝截留也是个很重要的因素，但没有相应的数据支持，模型只能根据本次降雨前流域平均蓄水容量（根据前 9 天降雨量与蒸发量来计算）来估算，如果蓄水容量大，那么塘坝对该次降雨的截留就少，反之则多。这部分内容还有待于完善。

4.5.3　模型输入参数与推广的条件

本书的研究构建的分布式模型所需的数据为基本图件（DEM、土地利用图与土壤类型图）、次降雨 10min 时段降雨量与降雨总量。输入的参数为流域次降雨前 9 天降雨总量与蒸发总量，以及次降雨流域全面产流滞后时间。

　　模型推广的前提条件如下。

　　（1）流域气候（亚热带季风气候，年降雨量为 800～1300mm），以及土壤（石灰性紫色土或是与其侵蚀特征相似的土壤）与研究流域类似，最好是四川盆地紫色土地区；

　　（2）模型推广必须具备前面所需的数据支持；

　　（3）必须构建好前文所述的数据库，尤其是上部地块（或栅格）来水来沙字段中地块（或栅格）序号不能弄乱，因为模型采用的递归算法只能由上而下或者由下而上计算，中间顺序乱了就会使计算结果出错。

　　（4）模型推广的流域没有建设大型的水利工程项目，因为本模型对塘坝等水利工程的截留还不能充分合理的考虑。

　　（5）模型的建模思路适合于其他类似的中小流域，只需改变侵蚀产沙关系式即可。

参 考 文 献

李青云, 蒋顺清, 孙厚才. 1995a. 长江上游紫色土丘陵区小流域地面侵蚀量的确定. 长江科学院院报, 12(1): 51～56.

梁建民, 罗士英, 刘彩堂. 1980. 林冠截留降雨的观测试验研究. 地理集刊, (12): 36～52.

唐克丽. 2004. 中国水土保持. 北京: 科学出版社.

王万中, 焦菊英. 1996. 中国的土壤侵蚀因子定量评价研究. 水土保持通报, 16(5): 1～20.

于静洁, 刘昌明. 1989. 森林水文学研究综述. 地理研究, 8(1): 88～98.

袁再健, 蔡强国, 吴淑安, 等. 2006. 四川紫色土地区典型小流域分布式产汇流模型研究. 农业工程学报, 22(4): 36～41.

章文波, 谢云, 刘宝元. 2002. 用雨量和雨强计算次降雨侵蚀力. 地理研究, 21(3): 384～390.

Bagarello V D, Asaro F. 1994. Estimation single storm erosion index. Trans., ASAE, 37: 785～791.

Bagnold R A. 1977. Bed load transport by natural rivers. Water Resources, (13): 303～311.

Beasley D B, Huggins L F. 1982. ANSWERS User's Manual. West Layette: Dept. If Agric, Eng., Purdue University.

Foster G R, Lombardi F, Moldenhauer W C. 1982. Evaluation of rainfall-runoff erosivity factors for individual storms. Trans., ASAE, 25(1): 124～129.

Govers G, Rauws G. 1986. Transporting capacity of overland flow on plane and on irregular beds. Earth Surface Processes & Landforms, 11(5): 515～524.

Lal R. 1976. Soil erosion on Alfisols in western Nigerial. Ⅲ: effects of rainfall characteristics. Geoderma, 16(15): 389～401.

Liu B Y, Nearing M A, Risse L M. 1994. Slope gradient effects on soil loss for slopes. Transactions of the ASAE, 37(6): 1835～1840.

McCool D K, Brown L C, Foster G R, et al. 1987. Revised slope steepness factor for the universal soil loss equation. Transactions of the ASAE, 30(5): 1387～1396.

Yalin Y S. 1963. An expression for bed-load transportation. Journal of the Hydraulics Division ASCE, (89): 221～250.

Yuan Z J, Cai Q G, Chu Y M. 2007. A GIS-based distributed soil erosion model: a case study of typical watershed, Sichuan Basin. International Journal of Sediment Research, 22(2): 120～130.

第 5 章　海河流域大清河土石山区侵蚀产沙模型研究

5.1　模型数据准备

5.1.1　地图数据

（1）大清河流域 DEM（90 m×90 m）、多年（1984~2010 年）平均降雨等值线图（图 5-1）与崇陵小流域 DEM（30 m×30 m）（图 5-2）。

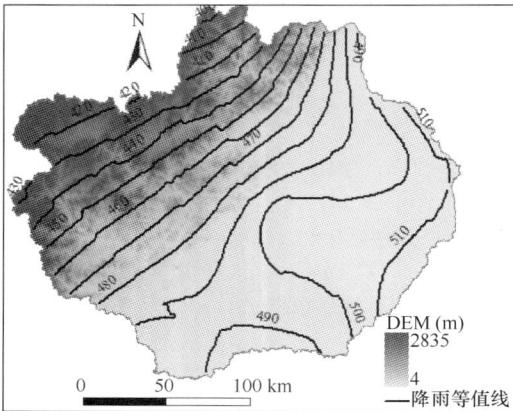

图 5-1　大清河流域 DEM 与降雨等值线

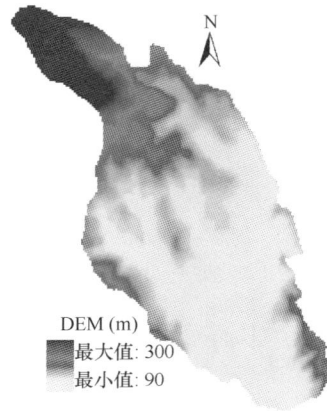

图 5-2　崇陵小流域 DEM

（2）大清河流域 5 期土地利用图（90 m×90 m）（图 5-3~图 5-7）与崇陵小流域土地利用图（2000 年，30 m×30 m）（图 5-8）。

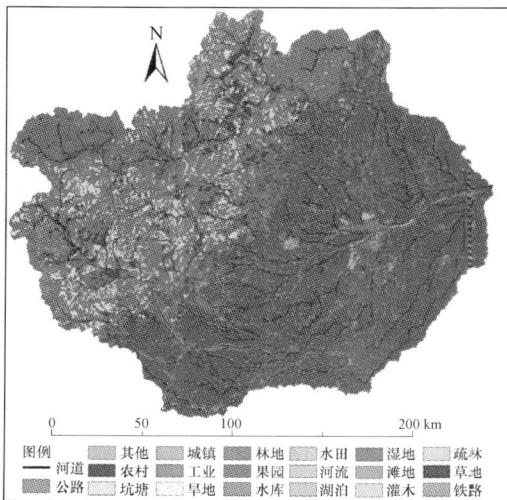

图 5-3　大清河流域 1970 年土地利用图

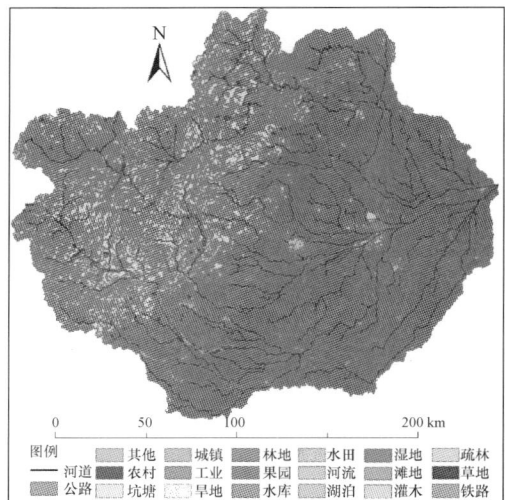

图 5-4　大清河流域 1980 年土地利用图

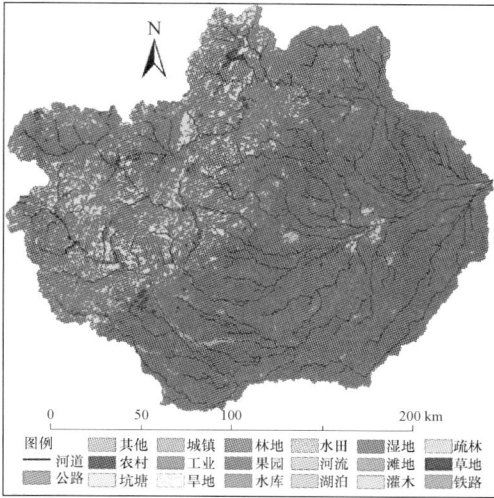

图 5-5　大清河流域 1990 年土地利用图

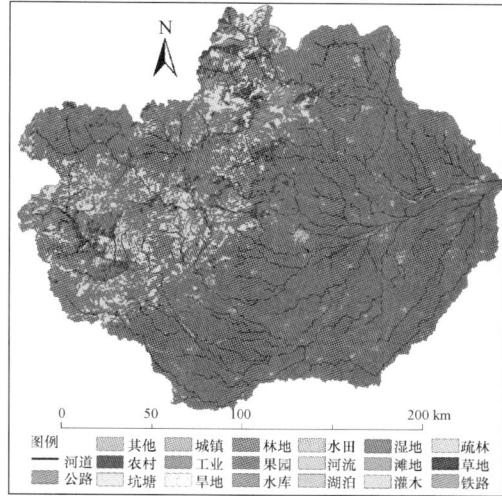

图 5-6　大清河流域 2000 年土地利用图

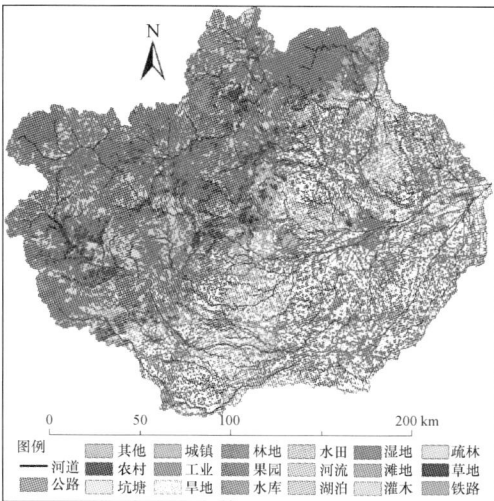

图 5-7　大清河流域 2008 年土地利用图

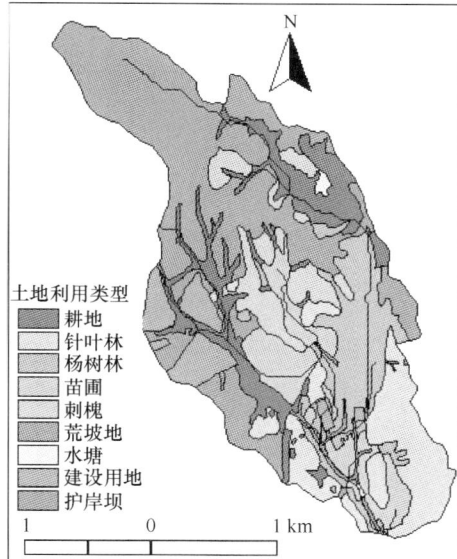

图 5-8　崇陵小流域土地利用图

（3）其他图件：大清河流域水文站点分布图（图 5-9），大清河流域土壤图（1 km×
1 km）（图 5-10），崇陵小流域流向图（图 5-11）、坡度图（图 5-12）、坡向图（图 5-13），
这 3 张地图均由 ArcGIS 空间分析生成。

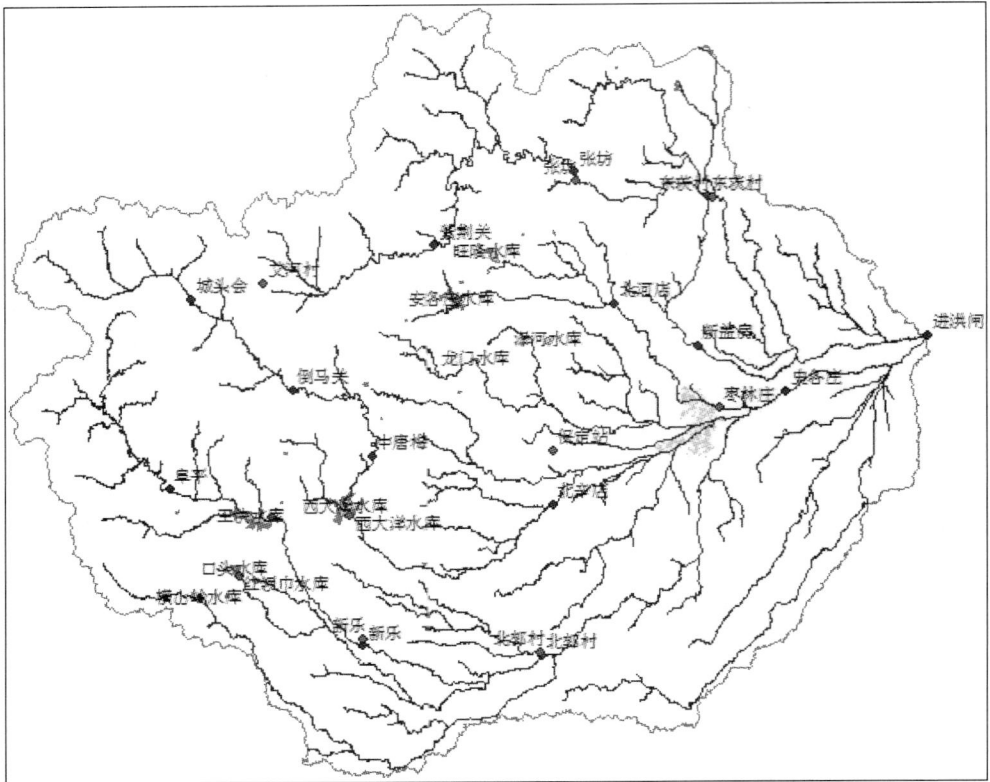

图 5-9　大清河流域水文站点分布图

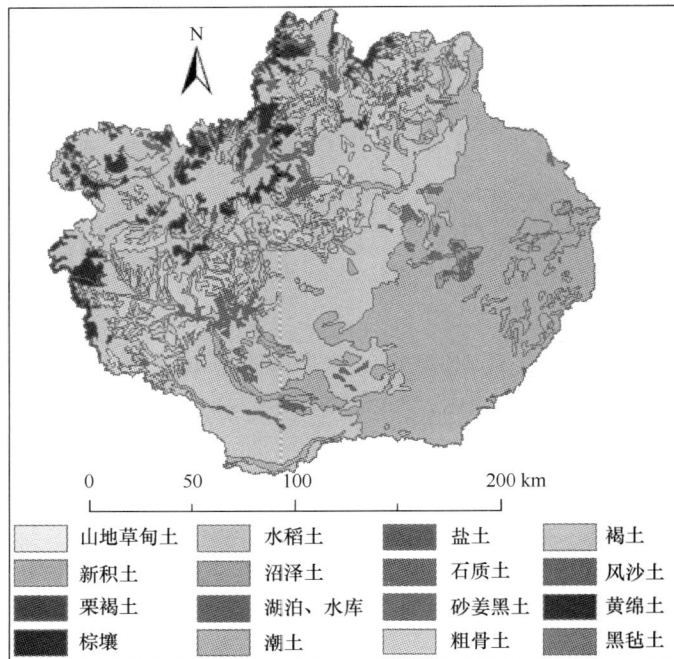

图 5-10　大清河流域土壤图

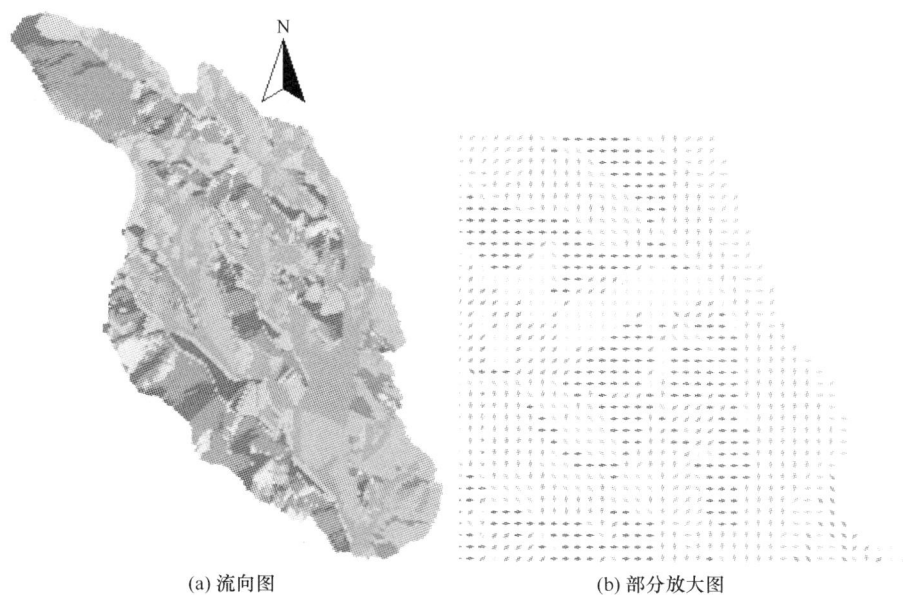

(a) 流向图　　　　　　　　　　　　　　　(b) 部分放大图

图 5-11　崇陵小流域流向图

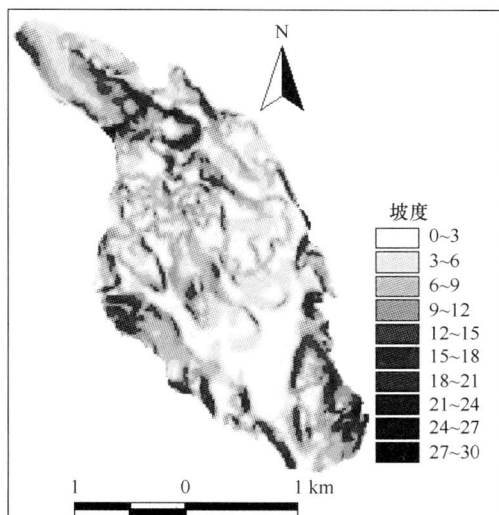

图 5-12　崇陵小流域坡度图

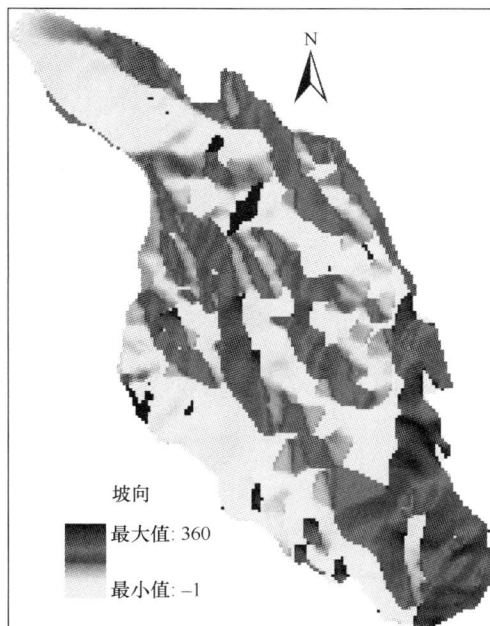

图 5-13　崇陵小流域坡向图

5.1.2　气象数据与水沙数据

　　收集到大清河流域水文站及崇陵小流域出口水沙资料、大清河流域及周边常规气象站、崇陵小流域内气象资料（1985 年以来），6 个径流小区（包括下垫面条件类似的其他地区的 3 个径流小区）的水沙资料（表 5-1）。

表 5-1　大清河土石山区径流小区的主要特征

编号	土地利用方式	植被覆盖状况	平均坡度 （°）	坡长 （m）	面积 （m²）	土壤厚度 （cm）	地点	数据时段
1	林地	松树和槐树	12	10	50	25	崇陵小流域	1987～1991 年 5 年数据
2	灌丛	荆棘、酸枣、紫穗槐	18	10	50	20		
3	坡耕地	大豆	7	20	100	30	怀安县（40°35' N， 114°19' E）	2003～2005 年 3 年数据
4	草地	白草、羊胡子草	7	20	100	25		
5	裸地	无	16.5	20	40	20	张家口郊区 （40°47' N，114°50' E）	1991～2000 年 10 年数据
6	裸地	无	16.5	40	80	20		

崇陵小流域内气象站数据主要有降雨（包括降雨过程线，降雨历时、降雨日期等）（表 5-2）、气温等。

表 5-2　崇陵小流域出口产沙的 42 场降雨（1985～2000 年）

降雨时间 （年.月.日）	历时 （min）	降雨量 （mm）	平均降雨强度 （mm/min）	最大 10min 雨强 （mm）	最大 30min 雨强 （mm）
1985.7.24	90	40.7	0.45	6.2	15.0
1985.8.13	56	38.7	0.69	8.9	20.0
1985.8.25	955	75.2	0.08	5.0	12.2
1986.6.27	506	115.0	0.23	5.3	9.5
1986.7.3	320	72.0	0.23	5.0	10.1
1986.7.5	92	15.6	0.17	4.2	8.5
1986.7.18	87	21.6	0.25	6.1	12.0
1986.7.23	90	19.0	0.21	4.0	10.0
1986.7.25	54	21.4	0.40	6.0	12.4
1987.7.1	51	27.0	0.53	13.4	20.0
1987.8.15	62	25.4	0.41	5.2	11.0
1987.8.26	110	35.0	0.32	5.0	10.0
1988.8.4	150	42.3	0.28	8.0	18.5
1988.8.5	420	50.0	0.12	7.1	10.1
1988.8.6	100	39.2	0.39	15.0	24.5
1988.8.8	51	26.0	0.51	13.0	25.1
1988.8.9	106	43.0	0.41	13.5	27.1
1988.8.14	705	70.0	0.10	9.0	14.4
1988.9.2	102	28.7	0.28	9.1	18.3
1989.6.10	200	71.5	0.36	7.3	17.1
1989.7.21	343	91.4	0.27	8.2	20.0
1989.7.22	470	56.2	0.12	9.0	16.1
1990.7.4	57	31.0	0.54	10.2	19.3
1990.7.7	420	40.0	0.10	6.1	10.1
1990.7.13	132	32.2	0.24	6.0	12.1

续表

降雨时间 （年.月.日）	历时 （min）	降雨量 （mm）	平均降雨强度 （mm/min）	最大 10min 雨强 （mm）	最大 30min 雨强 （mm）
1990.8.1	122	48.0	0.39	7.2	13.0
1993.8.6	180	46.4	0.26	9.0	13.4
1993.8.20	163	46.3	0.28	9.2	19.0
1994.7.8	360	43.0	0.12	6.8	13.5
1994.8.3	205	78.0	0.38	7.4	16.0
1994.8.6	270	75.0	0.28	7.8	14.5
1995.7.29	602	105.8	0.18	5.6	9.9
1995.8.11	65	41.4	0.64	12.5	25.1
1995.8.17	506	98.7	0.20	8.1	15.0
1996.8.5	662	115.3	0.17	7.0	10.2
1996.8.10	440	47.7	0.11	7.3	12.5
1998.7.13	403	58	0.14	6.5	12.0
2000.7.4	368	72	0.20	8.4	17.0
2000.7.5	403	37	0.09	8.0	14.0
2000.8.2	210	72	0.34	7.1	12.1
2000.8.8	572	53	0.09	4.0	6.8
2000.8.10	104	30	0.29	7.0	14.0

5.2　唐河上游径流输沙经验模型

近年来，数学模型被广泛用于河流泥沙运动的模拟研究，自 20 世纪 40 年代以来，世界各国研究工作者从不同角度对输沙模型进行了富有成就的探索，并且取得了许多重要研究成果，为寻找输沙规律，指导荒漠化治理、流域管理奠定了理论基础，形成了众多的输沙模型，但各类模型均有其适用范围和条件。输沙模型按照数据处理手段可分为两个阶段，以手工处理为主的阶段及随着计算机工具介入（GIS 及 GPS、RS）之后的迅猛发展阶段。按照建立模型的方法、途径和应用目的，输沙模型又可分为经验统计模型、物理模型两大类。经验统计模型一般不考虑侵蚀产沙过程的物理机制，主要从侵蚀产沙因子角度入手，建立径流、产沙与降雨、植被、土壤、土地利用、耕作方式、水保措施等因素之间的多元回归因子关系式，尽管在描述土壤侵蚀产沙过程中存在一定的局限性，但由于其结构简单、使用方便，目前仍被视为一种有效的土壤侵蚀产沙模拟工具；由于经验统计模型本身在模型构造上存在先天不足，在移植应用过程中难度很大，实用性不强，因而促进了基于有关理论的输沙模型的蓬勃发展，这类模型更注重从侵蚀产沙机理的角度来研究土壤侵蚀产沙关系，以土壤侵蚀产沙的物理机制为基础，借助水文学、水力学、土壤动力学、河流动力学的基本原理，根据已知降雨、径流条件来描述土壤侵蚀产沙过程，其特点是能够较为细致地描述土壤侵蚀发生的物理过程及其机理，但由于缺乏详尽的实测资料，在大中型尺度流域的应用中受到很大限制。

5.2.1 唐河概况

唐河位于东经 113°50′~116°20′、北纬 38°10′~40°00′，是大清河南支的一条主要干流，发源于山西省浑源县抢风岭，东南经山西省灵邱县流入河北省保定市，最终于保定安新县韩村注入白洋淀，全长 302 km（主河道长 2263 km），流域面积为 4993 km²。海拔为 10~2700 m，流域上游位于山区坻带，中游为丘陵地带，下游位于平原地带。地表植被较差，上游植被覆盖度小于 30%，水土流失较严重。唐河流域地处温带半干旱大陆性季风气候区，春季干旱多风，夏季炎热，局部地区暴雨较多，秋季昼暖夜凉，冬季寒冷小雪。流域降水年际间差异较大，年内分配极不均匀，容易造成旱涝灾害（回凤林等，2016）。5~8 月蒸发量最大，占全年的一半左右（李晓春，2009）。多年平均气温为 12.1℃，最高气温为 40.7℃，多发生在 7 月；最低气温为–22.6℃，多发生在 1 月。初霜一般出现在 10 月下旬，终霜期多在次年 4 月中旬，全年无霜期为 190 d。全年风向多为西北风，风力一般为 6 级，阵风可达 8 级；冰冻期在 12 月至次年 3 月（张亚芳和姜黎，2011）。唐河在大清河流域的位置如图 5-14 所示。

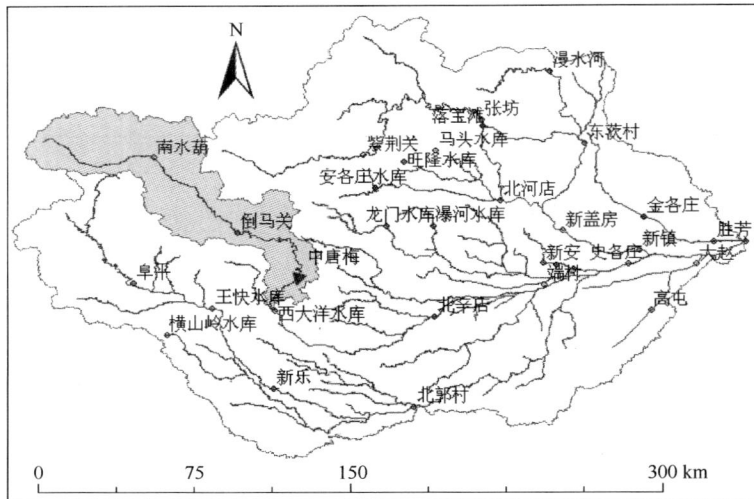

图 5-14　唐河在大清河流域所处位置示意图

5.2.2 唐河数据收集

采用《中华人民共和国水文年鉴海河流域大清河水系水文资料》1976~1991 年的数据，所使用的各项水文资料具体观测方法如下。

（1）流量：平水期每 5~10 天施测一次，汛期每 3 天施测一次，水位变化大时随时加测，以测得完整的流量变化过程。在仪器使用方面，各观测站均用流速仪施测，洪水及枯水期个别站使用浮标法施测，仅少数站在陡涨陡落期间采用浮标法和中泓浮标法施测，浮标系数采用 0.85，中泓浮标系数采用 0.6 或实验系数。平均流量数据由涡轮流量计获得。涡轮流量计，是速度式流量计中的主要种类，它采用多叶片的转子（涡轮）感受流体平均流速，从而推导出流量或总量的仪表。一般它由传感器和显示仪两部分组成，也可做成整体式。采用涡轮进行测量的流量计先将流速转换为涡轮的转速，再将转速转换成与流量成正比的电信号。这种流量计用于检测瞬时流量和总的计算流量，其输出信号为频率，易于数字化。其感应线圈和永久磁铁一起固定在壳体上。当铁磁性涡轮叶片经过磁铁时，磁路的磁阻发生变化，从而产生感应信号。信号经放大器放大和整形，送到计数器或频率计，显示总的计算流量。同时，将脉冲频率经过频率–电压转换以指示瞬时流量。叶轮的转速正比于流量，叶轮的转数正比于流过的总量。涡轮流量计的输出是频率调制式信号，不仅提高了检测电路的抗干扰性，而且简化了流量检测系统。它的量程比可达 10∶1，精度为–0.2%～0.2%。惯性小而且尺寸小的涡轮流量计的时间常数可达 0.01s。

（2）降雨量：雨量筒口径为 20cm，器口距地面 2m，昼夜记载降雨量起讫时分。1～4 月及 10～12 月以 8 时为日分界，5～9 月以 6 时为日分界，计算一日雨量并监测雾露霜量。自 6 月 15 日至 9 月 30 日增加逐时观测，部分观测站使用自记雨量计。

（3）蒸发量：测量蒸发的仪器常用的有小型蒸发器和大型蒸发桶两种。小型蒸发器是口径为 20cm、高约 10cm 的金属圆盆，盆口呈刀刃状，为防止鸟兽饮水，器口上部套一个向外张成喇叭状的金属丝网圈。测量时将仪器放在架子上，器口离地 70cm，每日放入定量清水，隔 24h 后，用量杯测量剩余水量，所减少的水量即为蒸发量。大型蒸发桶是一个器口面积为 0.3m² 的圆柱形桶，桶底中心装一直管，直管上端装有测针座和水面指示针，桶体埋入地中，桶口略高于地面。每天 20 时观测，将测针插入测针座，读取水面高度，根据每天水位变化与降水量计算蒸发量。

（4）输沙率及单位含沙量：以瓶式积深采样器采取水样，单位含沙量平水期每 5～10 天施测一次，汛期每 3 天施测一次。输沙率平水期每月施测两次，高水期每月施测 3 次，沙量变化大时随时加测，以测得沙量变化过程。取样一般采用深积法固定垂线，洪水期上游观测站以一点法汲取水样，仅个别站利用流速仪输送器汲取中泓一线水样。沙样处理采用过滤法，烘箱为炭烘箱和蒸汽烘箱，使用的天平精度为 1%。

5.2.3　唐河径流输沙主要影响因子的年际变化

1. 降雨量

降雨导致流域地表的侵蚀和上游河槽的冲刷，其挟带泥沙进入河流，是影响河流输沙量的重要因素之一。大清河流域处于温带半干旱大陆性季风区，四季分明，降雨量年际变化较大。流域各河流年内降水主要集中在汛期 6～9 月，其中 7～8 月降雨更加集中，占全年的 80%左右，春冬降水稀少。根据中唐梅站 1976～1991 年这 16 年的数据，最大年降水量为 703.9mm（1979 年），多年平均降雨量为 543.89mm，降雨量年际变化较大，年降雨量略有上升（图 5-15）。

2. 水面蒸发量

水面蒸发量是以一段时间内蒸发的水的相当深度来计算的，其和"降雨量"的单位相同，但方向是相反的，其同样是影响河流输沙的重要因素之一。根据唐河中唐梅站 1976～1991 年这 16 年的数据，最大年水面蒸发量为 1343.8mm（1978 年），多年平均蒸发量为 953.9mm，水面蒸发量年际变化呈明显下降趋势（图 5-16）。

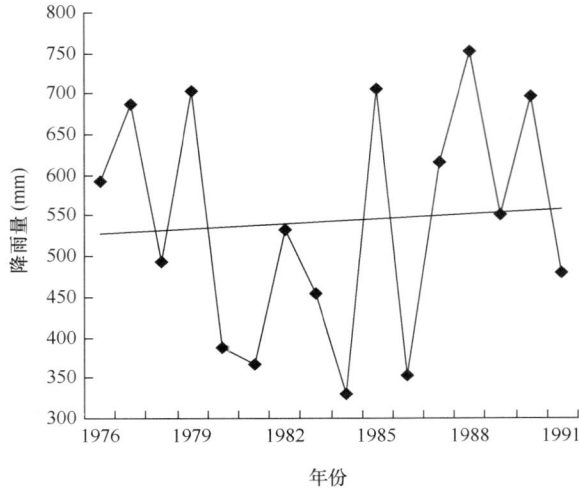

图 5-15　　1976～1991 年唐河年降雨量年际变化曲线

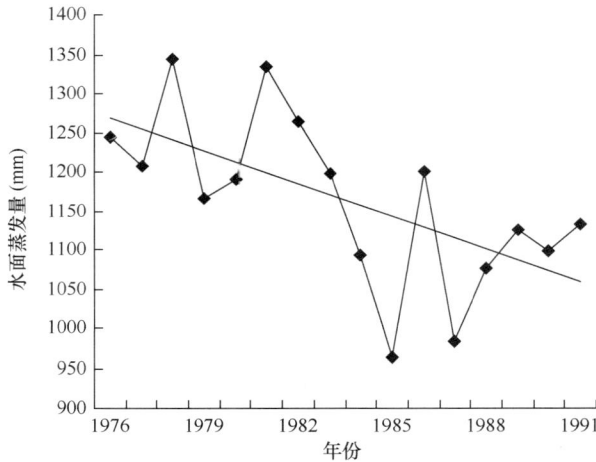

图 5-16　　1976～1991 年唐河水面蒸发量年际变化曲线

3. 流量

流量的年内分配与降水的年内分配极为相近，主要集中于夏秋雨季，7～9 月的流量约占全年的 60％。一般而言，流量随着降雨量的增加而增加，随着降雨量的减少而减少，当然流量可能滞后于降雨 1～2 天，也可能降雨当天流量随即增加。根据唐河中唐梅站 1976～1991 年的数据，年最大流量为 3610 m³（1979 年），多年平均流速为 18.5 m³/s，流量年际变化较大，总体上略有下降趋势（图 5-17）。

4. 输沙量

大清河流域来沙量主要集中在 7～9 月，这期间产沙量最大的时期又集中在暴雨洪水期，输沙量在年内分配中集中程度较降水、流量更突出。据统计，7～9 月输沙量可占全年输纱量的 85.9%，有些年份甚至一次降雨过程输沙量占全年输沙量的 70%以上。产沙和输沙在短时段内高度集中是大清河流域输沙量年内分配的一个重要特征。一般情况下，降雨期含沙量大多为 200～500kg/m³，有时出现降雨期含沙量大于 500 kg/m³，呈高含沙水流状态。输沙与降雨趋势一致，但 60%～80%的输沙滞后于降雨 1～2 天，即降雨在前，输沙在后。根据唐河中唐梅站 1976～1991 年这 16 年的数据，年最大平均输沙率为 202kg/s（1979 年），最小含沙量为 11.1kg/m³（1979 年），多年平均含沙量为 2.59kg/m³，输沙量年际变化如图 5-18 所示。由图 5-18 可以看出，年际输沙量呈下降趋势。

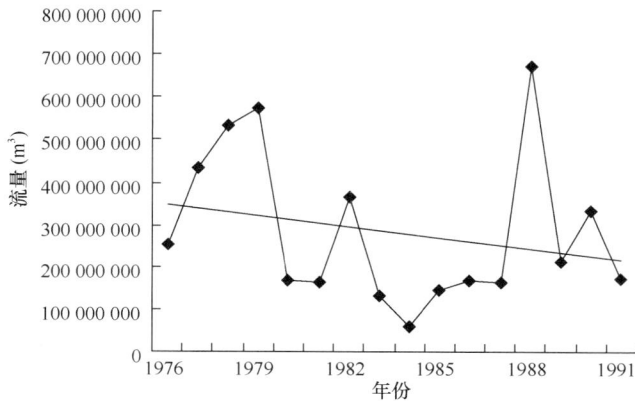

图 5-17　1976～1991 年唐河流量年际变化曲线

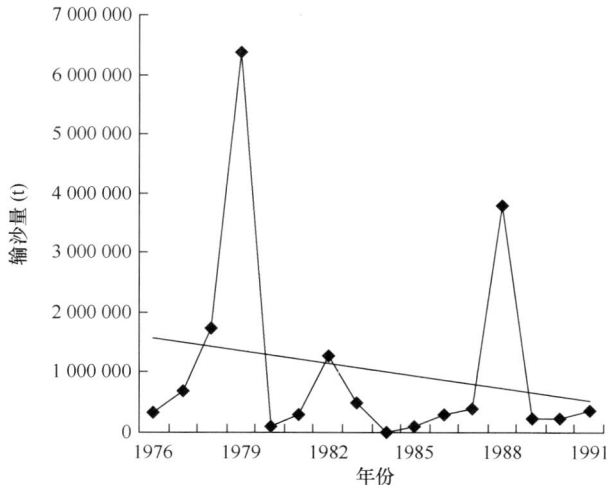

图 5-18　1976～1991 年输沙量年际变化

5.2.4　唐河径流输沙模型

　　首先分析了唐河上游的降雨量、水面蒸发量、平均流量及平均含沙量（数据来源于中唐梅水文站）的年际变化，然后对影响流域输沙的主要因素进行了单因素分析。通过对 1976～1985 年 25 次天然降雨因子与输沙模数的相关性分析得知,输沙模数与降雨量、水面蒸发量相关性较差,线性相关系数 R 分别为 0.211 与 0.098。而输沙模数与径流深(表 5-3)的线性相关系数 R 达 0.82,由此可构建唐河上游输沙经验模型:

$$M_s = 7.61H - 12.52 \qquad (R = 0.82, \; n = 25) \tag{5-1}$$

式中,M_s 为次暴雨输沙模数(kg/km^2);H 为径流深(mm)。

表 5-3　1976～1985 年唐河中唐梅站径流深与输沙模数

降雨时间(年.月.日)	径流深(mm)	输沙模数(t/km^2)
1985.6.17	0.933	5.700
1985.7.1	0.292	0.107
1985.7.8	2.795	5.885
1985.7.28	1.247	6.640
1985.8.8	2.284	5.105
1985.8.22	5.522	9.119
1983.8.3	4.170	75.801
1983.8.21	3.585	47.182
1982.7.23	2.850	8.886
1982.8.1	24.108	89.075
1981.8.2	9.260	65.590
1981.8.12	2.230	3.477
1980.8.7	0.993	0.919
1980.8.13	1.776	7.470
1979.7.1	1.034	0.797
1979.7.17	2.225	4.588
1979.7.26	8.916	25.392
1978.7.21	0.872	0.222
1978.7.26	12.233	68.618
1978.8.5	9.107	13.549
1978.8.25	38.014	345.033
1977.6.22	4.147	13.327
1977.7.21	9.295	71.509
1976.8.11	2.300	6.272
1976.8.19	7.031	3.648

　　最后,利用用唐河中唐梅站 1987～1991 年 10 次暴雨事件的水文观测数据对上述模型进行验证,结果表明,模型的精度较高,模拟值与实测值线性相关系数 R 为 0.87(图 5-19)。

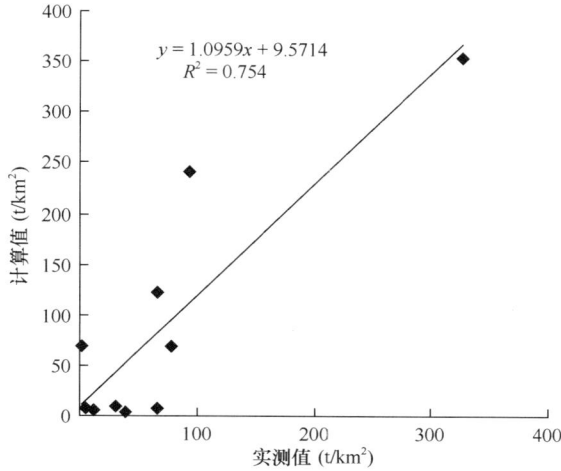

图 5-19　唐河输沙模型验证结果

5.3　崇陵小流域分布式侵蚀产沙模型

5.3.1　崇陵模型介绍

1. 地表径流模拟

采用水量平衡方程计算地表径流量，公式如下：

$$\mathrm{RS}_i(T) = P_i(T) - I_i(T) - E_i(T) - F_i(T) - \mathrm{SD}_i(T) \tag{5-2}$$

式中，$\mathrm{RS}_i(T)$ 为栅格 i 在时段 T 的地表径流量（mm）；$P_i(T)$ 为时段 T 的降雨量（mm）；$I_i(T)$ 为同时段的截留量（mm）；$F_i(T)$ 为入渗量（mm）；$\mathrm{SD}_i(T)$ 为填洼量（mm）；$E_i(T)$ 为蒸发量（mm）。蒸发量由 FAO-56 彭曼公式（Allen et al.，1998）计算：

$$\mathrm{ET}_0 = \frac{0.408\Delta(R_\mathrm{n} - G) + \gamma\dfrac{900}{T_\mathrm{em} + 273}u_2(e_\mathrm{s} - e_\mathrm{a})}{\Delta + \gamma(1 + 0.34u_2)} \tag{5-3}$$

式中，ET_0 为参考蒸散量（mm/d）；R_n 为参考作物表面净辐射[MJ/（m²·d）]；G 为土壤热通量密度[MJ/（m²·d）]；T_em 为日均温（℃）；u_2 为 2m 高处风速（m/s）；e_s 为大气饱和水气压（kPa）；e_a 为实际水汽压（kPa）；γ 为干湿表常数（kPa/℃）；Δ 为饱和水汽压–温度曲线的斜率（kPa/℃）。在日时间尺度中 G 可以忽略，对具体某一天而言，逐时潜在蒸散可以用下面的经验公式计算（De Smedt，1997）：

$$\mathrm{EP} = \frac{\mathrm{ET}_0}{24}\left[1 + 0.9\sin\left(2\pi\frac{h - 6}{24}\right)\right] \tag{5-4}$$

式中，EP 为逐时潜在蒸散（mm）；h 为一天中 0～24 的小时数。一般而言，实际蒸散（ET）为土壤或植被表层的水分蒸发，如果土壤饱和，ET 与 ET_0 相当，否则 ET 小于 ET_0。本书的研究中，假定土壤饱和情况下时段 i 的蒸发 $E_i(T)$ 等于 EP/6，因为该分布式模型（a distributed soil erosion and sediment yield model，DSESYM）的时间步长为 10 min；如果土壤不饱和，E_i（T）等于 EP/12；如果土壤含水量处于凋萎系数以下，E_i（T）为 0。

截留量用以下公式计算（Liu and De Smedt，2004）：

$$I_i(T) = \begin{cases} I_{i,0} - \text{SI}_i(T-1) & P_i(T) > I_{i,0} - \text{SI}_i(T-1) \\ P_i(T) & P_i(T) \leqslant I_{i,0} - \text{SI}_i(T-1) \end{cases} \tag{5-5}$$

式中，$I_{i,0}$ 为栅格最大截留量（mm）；SI_i（$T-1$）为时段 $T-1$ 时的截留量。时段 T 的截留量 SI_i（T）用以下公式计算：

$$\text{SI}_i(T) = \text{SI}_i(T-1) + I_i(T) - \text{EI}_i(T) \tag{5-6}$$

式中，EI_i（T）为该时段来源于截留量中的蒸发量，当截留量为 0 或在降雨过程中，EI_i（T）等于 0。截留能力与叶面积指数及植物种类有关，且随季节变化。根据长时间的观测与统计，De Smedt（1997）建立了一个经验方程用来计算截留量：

$$I_{i,0} = I_{i,\min} + (I_{i,\max} - I_{i,\min})\left[\frac{1}{2} + \frac{1}{2}\sin(2\pi\frac{d-87}{365})\right]^b \tag{5-7}$$

式中，$I_{i,\min}$ 为栅格 i 的最少截留量（mm）；$I_{i,\max}$ 为最大截留量（mm）；d 为一年中的哪一天。在本研究的模型中，假定具体某天每 10min 的截留能力没有变化，指数 b 可以依据当地的情况进行调整（Liu and De Smedt，2004）。不同作物冬夏季最大最小截留能力见表 5-4。结合以上公式可以计算出每个栅格每个步长的截留量。

表 5-4　表征土地利用类型的模型初始参数

土地利用类型	叶面积指数*	根深*（m）	曼宁系数**（m$^{-1/3}$s）	截留能力***（mm）
作物或混合耕作	0.5～6.0	1.0	0.15	0.05～1.00
短草	0.5～2.0	1.0	0.2	0.05～1.00
常绿针叶林	5.0～6.0	1.5	0.4	0.10～0.80
落叶针叶林	1.0～6.0	1.5	0.4	0.05～0.80
落叶阔叶林	1.0～6.0	2.0	0.8	0.05～2.00
常绿阔叶林	5.0～6.0	1.5	0.6	0.15～2.00
深草	0.5～6.0	1.0	0.4	0.10～1.50
灌溉农田	0.5～6.0	1.0	0.2	0.05～1.00
沼泽或湿地	0.5～6.0	1.0	0.2	0.05～1.00
常绿灌木	0.5～6.0	1.0	0.4	0.10～1.50
落叶灌木	1.0～6.0	1.0	0.4	0.05～1.50
裸地	0.5～2.0	1.0	0.1	0.05～1.00
不透水地面	0.0～0.0	0.0	0.02	0.00～0.00
开放水域	0.0～0.0	0.0	0.02～0.05	0.00～0.00

* 来源于 Dickinson et al.，1993。** 来源于 Lull，1964；Zinke，1967；Rowe，1983。*** 来源于 Chow，1964；Haan，1982；Yen，1992；Ferguson，1998。

土壤入渗用下式计算（Holtan，1961；Holtan et al.，1967）：

$$F_i(T) = K_{si}(T) + a_i(S_{mi} - F_i)^{\varphi_i} \tag{5-8}$$

式中，K_{si}（T）为栅格 i 在时间段 T 的饱和导水率（mm）；a_i 为植物茎平均占其总面积的比例，通常随季节变化，为 0.2～0.8（Holtan，1961）或者 0～1（Morgan et al.，1998）；S_{mi} 为上层土壤潜在含水量（mm）；F_i 为土壤初始含水量（mm）；φ_i 为一指数，其值通常为 1.4（李辉，2007）[①]。

本书的研究中，填洼量用下面公式计算（Onstad，1984）：

$$SD_i(T) = 0.0112R_{r,i} + 0.031R_{r,i}^2 - 0.012R_{r,i}S_i \qquad (5\text{-}9)$$

式中，$R_{r,i}$ 为栅格 i 的表面粗糙度（mm）；S_i 为该栅格坡度（m/m）。

2. 汇流计算

坡面流（假定为稳定流）流速采用曼宁公式计算：

$$v_i = \frac{1}{n_i} R_i^{\frac{2}{3}} S_i^{\frac{1}{2}} \qquad (5\text{-}10)$$

式中，v_i 为栅格 i 的流速（m/s）；n_i 栅格 i 的曼宁系数（$m^{-1/3}$s），由土地利用方式及沟道特性决定，默认取值见表 5-3；R_i 为栅格 i 的平均水力半径（m），由以下公式计算（Molnar and Ramirez，1998）：

$$R_i = a_p(A_i)^{b_p} \qquad (5\text{-}11)$$

式中，A_i 为栅格 i 上游毛沟面积，可以由 ArcGIS 的汇流计算功能获得；a_p 为常数；b_p 为几何缩放指数。对普通洪水而言，a_p 与 b_p 分别取值 0.10 和 0.50（Liu et al.，2003）。

根据水动力原理，本书利用一维运动波模型的连续性方程和动力学方程计算汇流：

$$\frac{\partial Q_i}{\partial x} + \frac{\partial A_i}{\partial t} = q_L \qquad (5\text{-}12)$$

$$Q_i = \frac{1}{n} R_i^{\frac{2}{3}} S_i^{\frac{1}{2}} A_i \qquad (5\text{-}13)$$

式中，Q_i 栅格 i 位置 x 处的流量（m³/s）；q_L 侧向流（m²/s）。

崇陵小流域各栅格流向由 ArcGIS 的水文分析模块利用 D_8 算法获得。小流域的土壤侵蚀具有明显的垂直分带性，坡度范围从沟谷的 0.004° 到山坡的 30° 或 30° 以上，因此，流域被概化为坡面与沟道，并根据 ArcGIS 的水文分析结果来划分。每个栅格总的地表径流量由以下公式计算：

$$Q_{sumi}(T) = Q_{ini}(T) + Q_{sei}(T) \qquad (5\text{-}14)$$

式中，$Q_{sumi}(T)$ 为栅格 i 在时段 T 的地表径流总量（m³）；Q_{in} 与 Q_{se} 分别为入流量与自身产流量（m³）。

3. 产沙模型

坡度是影响侵蚀的重要因素，本书参考了他人的研究成果（McCool et al.，1987；Liu et al.，1994）来计算坡度因子（C_s）：

$$C_{si} = 10.8\sin\partial + 0.03 \qquad \partial < 5° \qquad (5\text{-}15)$$

---

① 李辉. 2007. 基于 DEM 的小流域次降雨土壤侵蚀模型研究与应用. 武汉：武汉大学博士学位论文.

$$Cs_i = 16.8\sin\partial - 0.5 \qquad 5° \leqslant \partial < 10° \qquad (5-16)$$

$$Cs_i = 21.91\sin\partial - 0.96 \qquad \partial \geqslant 10° \qquad (5-17)$$

式中，Cs_i 为栅格 i 的坡度因子；∂ 为坡度（°）。

基于径流小区次暴雨泥沙与流量之间的相关分析，并考虑到坡度因子，建立了侵蚀模数与地表径流量之间的相关方程（表 5-5）。

表 5-5　径流小区侵蚀模数（M_s，t/km^2）与地表径流（R_s，mm）的关系式

序号	土地利用类型	方程	样本数	决定系数 R^2	F 值	P 值
1	林地	$M_s = 0.81R_s$	30	0.83	324.38	2.75E-17
2	灌木林	$M_s = 1.69R_s$	25	0.83	226.61	1.00E-12
3	坡耕地	$M_s = 11.78R_s$	15	0.67	140.25	1.11E-08
4	草地	$M_s = 3.87R_s$	16	0.77	136.92	6.10E-09
5	裸地	$M_s = 6.12R_s$	21	0.78	221.84	2.74E-12

考虑到坡长对土壤侵蚀的影响，这里引用他人的公式（Wischmeier and Smith，1978）来计算坡长因子：

$$SL_i = \left(\frac{\lambda_i}{22.13}\right)^m \qquad m = \begin{cases} 0.2 & \partial \leqslant 0.57° \\ 0.3 & 0.57° < \partial \leqslant 1.72° \\ 0.4 & 1.72° < \partial \leqslant 2.86° \\ 0.5 & \partial > 2.86° \end{cases} \qquad (5-18)$$

式中，SL_i 为栅格 i 的坡长因子；λ_i 为该栅格的坡长（m）。

此外，计算单元的土壤侵蚀还受到其他栅格来水来沙的影响（肖培青等，2001）。基于不同坡长径流小区（表 5-1）数据，估算上坡来水来沙引起的侵蚀增量。

$$\Delta Qs_i(T) = 0.02\rho Q_{in}(T) + 0.26\mathrm{Sed}_{in}(T) - 1.83$$
$$(R^2 = 0.81, F = 56.88, n = 21) \qquad (5-19)$$

式中，ΔQs_i 为侵蚀增量（kg），如果没有其他栅格来水，其值为 0；ρ 为水的密度（kg/m^3）；Sed_{in}（T）为其他栅格的来沙量（kg）。

在崇陵小流域，水蚀是主要的侵蚀类型，模型在计算每个栅格侵蚀时，假定计算栅格的植被覆盖及下垫面条件与对应土地利用方式的径流小区类似。根据以上分析，可以用以下公式计算每个栅格的侵蚀量：

$$Qs_i(T) = Ms_i(T)(Cs_i/Cs_p)(SL_i/SL_p)Gc_iAr_i/1000 + \Delta Qs_i(T) \qquad (5-20)$$

式中，Qs_i（T）为栅格 i 时段 T 的侵蚀量（kg）；Ms_i 为栅格 i 的侵蚀模数（由表 5-5 中的经验方程计算，t/km^2）；Ar_i 为栅格 i 的面积（m^2）；Cs_p 和 SL_p 分别为对应土地利用方式径流小区的坡度因子和坡长因子；Gc_i 为沟道因子。在本书的研究中，由于缺乏沟道侵蚀的相关观测资料，根据他人的研究结果，其沟道侵蚀大约占总侵蚀的 40%（Li and Zhang，2000；Poesen et al.，2003），把有沟道通过的栅格提取出来。在没有沟道通过的

栅格，其沟道系数为 1，其余栅格沟道系数为 1.67。

泥沙输移由以下公式计算（Prosser and Rustomji，2000）：

$$q_{s,i}(T) = kq_i^{\beta}(T)S_i^{\gamma} \qquad (5\text{-}21)$$

式中，$q_{s,i}$ 为栅格 i 单宽输沙能力[kg/（m·s）]；q 为单宽流量（m²/s）；k，β 和 γ 为经验系数，其中 β 在 1.0 和 1.8 之间变动，γ 在 0.9 和 1.8 之间变动，如果没有观测数据，$\beta=\gamma=1.4$（李辉，2007）[①]。

根据以上分析，每个栅格的产沙量可表示为

$$\text{Sed}_i(T) = \text{Sed}_{in}(T) + \text{Qs}_i(T) - \text{Dp}_i(T) \qquad (5\text{-}22)$$

式中，Sed_i（T）为栅格 i 在时段 T 的产沙量（kg）；Sed_{in} 为其他栅格的来沙量（kg）；Dp_i 为栅格 i 的沉积量（kg），用以下公式计算：

$$\text{Dp}_i(T) = \begin{cases} \text{Sed}_{in}(T) + \text{Qs}_i(T) - q_{s,i}(T)\text{Len}_i & if \quad \text{Sed}_{in}(T) + \text{Qs}_i(T) > q_{s,i}(T)\text{Len}_i \\ 0 & if \quad \text{Qs}_i(T) + \text{Sed}_{in}(T) \leqslant q_{s,i}(T)\text{Len}_i \end{cases} \qquad (5\text{-}23)$$

式中，Len_i 为栅格 i 的宽度（m）。

5.3.2　模型校准与验证

1. NSE 和 PBIAS

用纳什效率系数（Nash-Sutcliffe efficiency，NSE）和百分比偏差（percent bias，PBIAS）对模型结果进行检验，NSE 表示为

$$\text{NSE} = 1 - \sum_{i=1}^{n}(Q_{o,i} - Q_{s,i})^2 \Big/ \sum_{i=1}^{n}(Q_{o,i} - \overline{Q_o})^2 \qquad (5\text{-}24)$$

式中，n 为侵蚀降雨次数；$Q_{o,i}$ 和 $Q_{s,i}$ 分别为观测值与模拟值；$\overline{Q_o}$ 为平均观测值。NSE 值反映了观测值与模拟值是否接近 1∶1 直线（Nash and Sutcliffe，1970）。NSE 值从 $-\infty \sim$ 1，其小于或接近于 0 说明模拟效果很差，接近于 1 说明效果很好。

PBIAS 用来表示平均模拟值大于或小于观测值，PBIAS 理想值为 0，其值越接近于 0 说明模拟精度越高，正值表示模拟值偏低，负值表示模拟值偏高（Gupta et al.，1999），计算公式如下：

$$\text{PBIAS} = \sum_{i=1}^{n}(Q_{o,i} - Q_{s,i}) \times 100\% \Big/ \sum_{i=1}^{n}Q_{o,i} \qquad (5\text{-}25)$$

2. 模型效验

共有 42 场降雨在崇陵小流域出口产沙，随意挑选了其中 30 次用来模型校准，其余 12 次用来验证。校准包括对模型中 a，b，Gc，k，β，γ 等参数的调整。对林地、灌木林、草地、坡耕地及其他土地利用类型，b 分别取值 1.13、1.18、1.21、1.34、0；对应的夏季（6~8 月）林地、灌木林、草地 a 分别取值 0.74，0.7，0.59，6~8 月坡耕地 a 分别

---

① 李辉. 基于 DEM 的小流域次降雨土壤侵蚀模型研究与应用. 武汉：武汉大学博士学位论文.

取值 0.4、0.52、0.64，其他土地利用类型 a 为 0。对有沟道通过的栅格，参数 Gc，k，β 和 γ 分别设置为 1.67、0.85、0.64 和 0.64，而其他栅格对应的值分别为 1、0.6、1.34 和 1.34。校准阶段的线性相关决定系数 R^2、NSE 和 PBIAS 分别为 0.80、0.70 和 29.73%，而验证阶段分别是 0.85、0.76 和 21.52%（图 5-20）

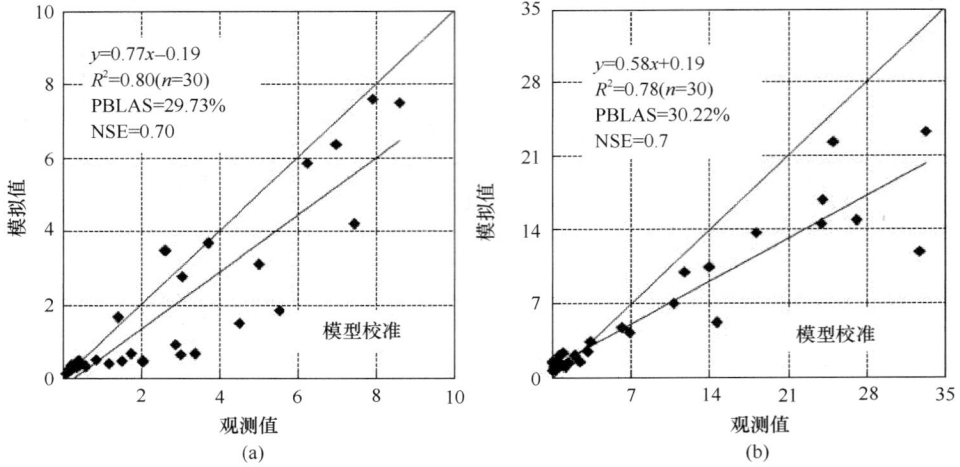

图 5-20　崇陵小流域校准和验证阶段径流量（$10^4\,m^3$）观测值与模拟值对比

总的来说，DSESYM 模型径流和产沙模拟偏小（图 5-20，图 5-21）。从决定系数 R^2、NSE 和 PBIAS 来看，产沙模拟精度较高，产沙校准以上 3 值分别为 0.78，0.71 和 30.22%，验证阶段分别为 0.83、0.78 和 18.23%。

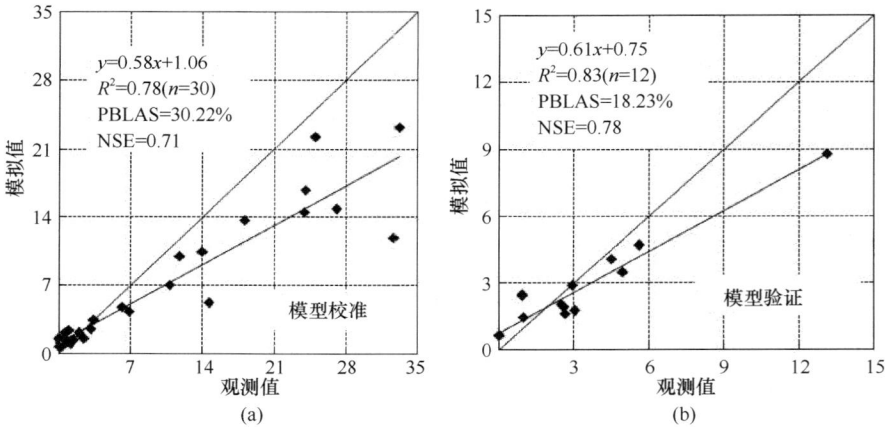

图 5-21　崇陵小流域校准和验证阶段产沙量（t）观测值与模拟值对比

3. 过程模拟

对径流、产沙过程的模拟表明，模型表现良好（图 5-22，图 5-23），次暴雨（2000.8.2）总径流和总产沙的模拟是以 10 min 为时间步长，通过迭代算法计算得到的。

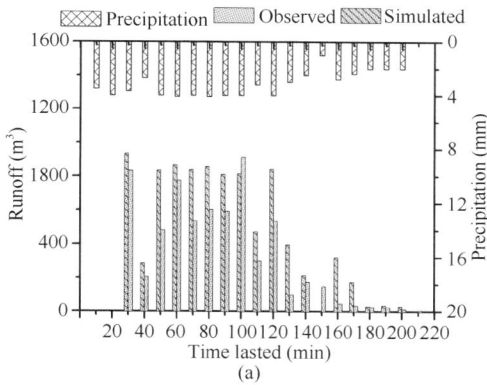

图 5-22　地表径流量模拟值与观测值对比
（2000.8.2）

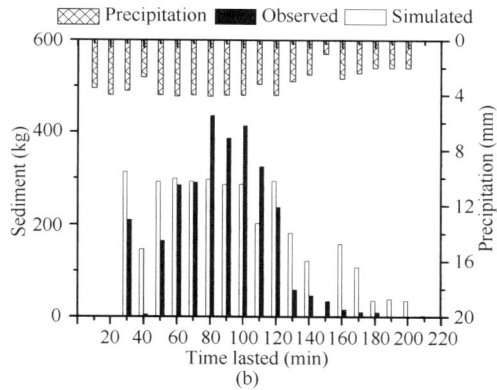

图 5-23　产沙量模拟值与观测值对比
（2000.8.2）

5.3.3　模型软件研发

利用 VB 与 MapObject 完成了崇陵小流域分布式产沙模型软件开发，软件已具备的主要功能有计算整个流域、各栅格次降雨径流量、侵蚀量、沉积量与产沙量；运行过程为进入模型运算界面以后，首先连接数据库（目前数据库用 Excel）；数据库包括栅格号、坡度、土地利用类型、降雨量、截留量、有无沟道、上部栅格来水来沙栅格号、填注量、稳渗率与土壤水饱和差 10 个字段。然后，开始读取数据库，数据库读取完毕后模型开始计算。最后，模型计算出各栅格与整个流域的次降雨径流量、侵蚀量、沉积量与产沙量。主要界面如下（图 5-24，图 5-25）。

图 5-24　大清河山区崇陵小流域分布式侵蚀产沙模型软件界面

5.3.4　模型讨论

1. 模型参考了其他文献

DSESYM 是在 WetSpa Extension 模型（Liu and De Smedt，2004）的基础上发展起来的，如截留、入渗等模块直接来源于 Wetspa Extension 模型，彭曼公式、曼宁公式也

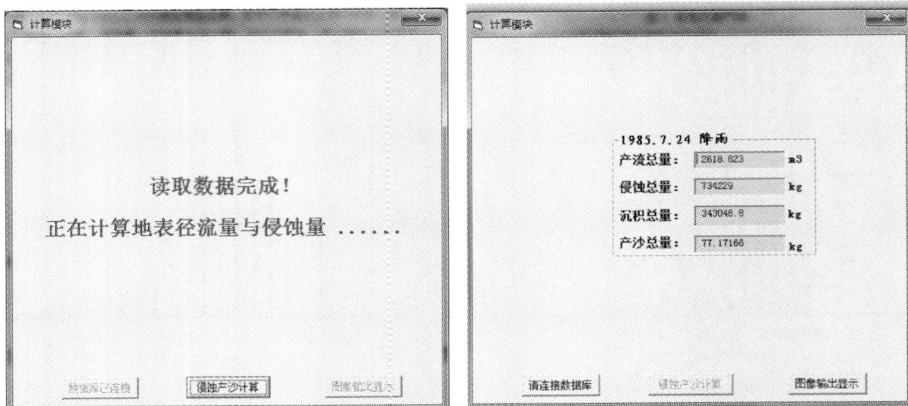

图 5-25　大清河山区崇陵小流域分布式侵蚀产沙模型软件运行结果界面

直接来源于他人文献，有些参数（如 b，a，φ，k，β 和 γ）由径流小区及小流域过程数据校准，地表径流由水量平衡公式计算得到，且产沙模型中坡度、坡长及泥沙输移等参考了他人文献。

许多基于事件的土壤侵蚀模型，如农业非点源污染模型（Young et al.，1989）、欧州土壤侵蚀预报模型（Morgan et al.，1998）、EUROSEM-2010（Borselli and Torri，2010）、荷兰土壤侵蚀预报模型（De Roo et al.，1996a，1996b；Jetten，2002）、EROSION 3D 模型（Schmidt，1996；Werner，2004），以及一些水文模型，如 CATFLOW（Maurer，1997；Zehe et al.，2001）、WASIM（Schulla，1997；Niehoff et al.，2002）等，也能够预测径流和泥沙，以上这些模型为本书的研究提供了重要参考，但这些模型需要一系列输入参数，由于参数化困难尚不能用于本书的研究中，以 EUROSEM 为例，EUROSEM 和我们的模型（DSESYM）差别如下：①前者区分了细沟侵蚀与细沟间侵蚀，且考虑了植被覆盖对降雨入渗的拦截作用（Morgan et al.，1998；Smets et al.，2011），而后者仅简单地考虑了片蚀与沟蚀；②前者对径流和泥沙的模拟是基于动态质量守恒方程，而后者的径流模拟基于水量平衡方程，泥沙模拟基于径流小区的经验方程；③前者使用的数据主要来源于细沟试验，而后者数据主要来源于径流小区、水文站与气象站。

2. 模型的假定条件与误差

在本书的研究中，仅初步考虑了沟道侵蚀及上坡来水来沙对计算栅格的影响。模型的假定条件如下：①次暴雨之前，每个栅格侵蚀量、地表径流量、产沙量、沉积量均为 0；②每 10min 时间步长中，降雨–径流及侵蚀产沙过程假定不变；③每个栅格的下垫面条件（如土地利用方式、土壤特征等）是不变的，仅根据栅格土地利用方式选择对应径流小区的经验关系式；④每个有沟道通过的栅格的沟道因子相同；⑤每个栅格的地表坡度在降雨过程中可能有所变化，但在本模型中假定为不变。

模型的误差来源于以下几个方面：①径流小区的坡长为 10 m 或 20 m，而栅格的坡长大于或等于 30 m；②侵蚀计算基于径流小区的经验公式，而各栅格的下垫面条件与径流小区有一定差异；③沟道侵蚀未考虑沟道实际发育情况；④由于没有实际观测数据验证，塘坝的沉积与截留被简化；⑤没有考虑次暴雨过程中栅格下垫面条件的变化。

5.4　分布式侵蚀产沙模型比较

把以上 3 个分布式侵蚀模型（鹤鸣观模型、李子口模型及崇陵模型）相比较，相同之处包括以下几个方面：①都是基于次暴雨事件的分布式侵蚀产沙模型；②都以 10 min 为时间步长；③各计算单元的侵蚀都基于径流小区的经验公式；④都基于水量平衡来计算地表径流深；⑤都考虑了坡度因子；⑥均考虑了上坡来水来沙的影响；⑦计算方法都采用递归算法。不同之处（表 5-6）主要包括以下几个方面：①适用的区域不同，前两者适用于四川紫色土地区，崇陵模型适用于海河流域土石山区；②空间计算单元不同，鹤鸣观模型与崇陵模型均以栅格为基本计算单元，而李子口模型以大小不一的地块为计算单元；③鹤鸣观模型未考虑塘坝影响，后两者均有所考虑，但李子口模型重点考虑了塘坝的泥沙淤积，而崇陵模型重点考虑了塘坝的截留；④前两者侵蚀经验公式由径流小区的侵蚀模数和径流侵蚀力线性相关分析而来，而崇陵模型栅格侵蚀计算依据径流小区的侵蚀模数与地表径流深的关系式；⑤崇陵模型考虑了坡长因素的影响，而前两者未考虑；⑥三者的数据基础差异较大，鹤鸣观模型出口共有 26 次暴雨观测数据，李子口仅 9 次，崇陵小流域有 42 次。总的来说，崇陵分布式模型（SDESYM）是前两个模型的进一步发展，其考虑的侵蚀产沙过程与因素更为细致，只要降雨过程数据、不同土地利用类型的水沙关系式及基本 GIS 地图具备，该模型很容易被大范围推广（Yuan et al.，2015）。

表 5-6　鹤鸣观模型、李子口模型与崇陵模型的不同之处

比较项目	鹤鸣观模型	李子口模型	崇陵模型
基本空间单元	20 m×20 m 栅格	地块	30 m×30 m 栅格
塘坝影响	未考虑（因为没有塘坝）	考虑了塘坝泥沙淤积	考虑了塘坝截留
降雨事件	26 次	9 次	42 次
时间步长		均为 10 min	
地表径流		基于水量平衡公式	基于 WetSpa Extension 模型
侵蚀模数计算		径流侵蚀力与侵蚀模数的关系式	侵蚀模数与地表径流的关系式
沟道因子	有沟道通过的栅格，有相关计算公式为，其余栅格为 1	大部分沟道已侵蚀到基岩，未考虑沟道侵蚀	有沟道通过的栅格，其沟道因子为 1.67，其余栅格为 1
坡长因子		未考虑	相关公式计算
适应区域		四川紫色土地区	海河流域土石山区

参 考 文 献

丁志宏，李伟，赵勇刚. 2013. 近 20 年来拒马河流域土地利用变化及其驱动力研究. 海河水利，(5): 27～29.

回凤林，崔红波，韩云. 2016. 唐河流域上游降水量对径流量变化的影响分析. 水利科技与经济，22(5): 79～82.

李晓春. 2009. 唐河流域水文特性分析. 南水北调与水利科技，7(S1): 46～48.

肖培青, 郑粉莉, 张成娥. 2001. 细沟侵蚀过程与细沟水流水力学参数的关系研究. 水土保持学报, 15(1): 54～57.

张亚芳, 姜黎. 2011. 唐河流域西大洋水库上游的水文特性分析. 水科学与工程技术, (2): 20～21.

Allen R G, Pereira L S, Raes D, et al. 1998. Crop Evapotranspiration Guidelines for Computing Crop Water Requirements. Rome: FAO Irrigation and Drainage Paper, No. 56. Food and Agriculture Organization of the United Nations.

Borselli L, Torri D. 2010. EUROSEM-2010: European Soil Erosion Model, Release. http://www.eurosem-soil-erosion.org.

Chow V T. 1964. Handbook of Applied Hydrology. NewYork: McGraw-Hill, Book Company.

De Roo A P J, Offermans R J E, Cremers N H D T. 1996a. LISEM: a single event physically based hydrologic and soil erosion model for drainage basins: II. Sensitivity analysis, validation and application. Hydrol. Process, (10): 1119～1126.

De Roo A P J, Wesseling C G, Ritsema C J. 1996b. LISEM: a single event physically～based hydrologic and soil erosion model for drainage basins: I. Theory, input and output. Hydrol. Process, (10): 1107～1117.

De Smedt D. 1997. Development of a continuous model for sewer system using MATLAB. Brussel: Vrije Universiteit Brussel of MSc. Thesis.

Dickinson R E, Henderson-Sellers A, Kennedy P J. 1993. Biosphere Atmosphere Transfer Scheme(BATS), Version le as Coupled to the NCAR Community Climate Model. Boulder, Colorado: NCAR Technical Note, NCAR.

Ferguson B K. 1998. Introduction to Stormwater, Concept, Purpose and Design. New Jersey: Wiley & Sons, Inc.

Gupta H V, Sorooshian S, Yapo P O. 1999. Status of automatic calibration for hydrologic models: comparison with multilevel expert calibration. J. Hydrol. Eng., (4): 135～143.

Haan C T. Johnson H P, Brakensiek D L. 1982. Hydrological Modelling of Small Watersheds. lowa, Published by American Society of Agricultural Engineers, USA.

Holtan H N. 1961. A concept for infiltration estimates in watershed engineering. Aiche Journal, 150(1): 16～25.

Holtan H N, England C B, Allen W H. 1967. Hydrologic capacities of soils in watershed management. International Hydrology Symposium, Fort Collins, Colorado, 218～226.

Jetten V. 2002. LISEM, Limburg Soil Erosion Model, User's Manual, Version 2.x. The Netherlands: Utrecht Centre for Environment and Landscape Dynamics(UCEL), University of Utrecht, Utrecht.

Li Y, Poesen J, Zhang J. 2000. Gully erosion: an urgent problem needing consideration in China. Leuven, Belgium: Book of Abstracts Int. Symp. on Gully Erosion under Global Change, K.U. Leuven.

Liu B Y, Nearing M A, Risse L M. 1994. Slope gradient effects on soil loss for steep slopes. T. ASAE, 37(6): 1835～1840.

Liu Y B, Gebremeskel S, Smedt F D, et al. 2003. A diffusive transport approach for flow routing in GIS～based flood modeling. J. Hydro., (283): 91～106.

Liu Y B, De Smedt F. 2004. WetSpa Extension, A GIS-Based Hydrologic Model for Flood Prediction and Watershed Management Documentation and User Manual. Brussels PhD dissertation: Vrije Universiteit Brussel.

Lull H W. 1964. Ecological and silvicultural aspects//Chow V T. Handbook of Applied Hydrology. New York: McGraw-Hill.

Maurer T. 1997. Physikalisch Begründete, Zeitkontinuierliche Modellierung des Wassertransports in Kleinen Ländlichen Einzugsgebieten. Karlsruhe: Universität Karlsruhe, Mitteilungen Inst. f. Hydrologie u. Wasserwirtschaft, H. 61, Universität Karlsruhe.

McCool D K, Brown L C, Foster G R, et al. 1987. Revised slope steepness factor for the universal soil loss equation. T. ASAE, (30): 1387～1396.

Molnar P, Ramirez J A. 1998. Energy dissipation theories and optimal channel characteristics of river networks. Water Resour. Res, (34): 1809～1818.

Morgan R P C, Quinton J N, Smith R E, et al. 1998. The European soil erosion model(EUROSEM): a dynamic approach for predicting sediment transport from fields and small catchments. Earth Surf. Proc. Land,(23): 527～544.

Nash J E, Sutcliffe J V. 1970. River flow forecasting through conceptual models. Part I～A discussion of principles. J. Hydrol., (10): 282～290.

Niehoff D, Fritsch U, Bronstert A. 2002. Land-use impacts on storm～runoff generation: scenarios of land-use change and simulation of hydrological response in a meso～scale catchment in SW-Germany. J. Hydrol., (267): 80～93.

Onstad C A. 1984. Depressional storage on tilled soil surfaces. Trans Am Soc Agric Eng, 27: 729～732.

Poesen J, Nachtergaele J, Verstraeten G, et al. 2003. Gully erosion and environmental change: importance and research needs. Catena, 50(2-4): 91～133.

Prosser I P, Rustomji P. 2000. Sediment transport capacity relations for overland flow. Prog. Phys. Geog., (24): 179～193.

Rowe L K.1983. Rainfall interception by an evergreen beech forest, Nelson, New Zealand. J. Hydrol., (66): 143～158.

Schmidt J. 1996. Entwicklung und Anwendung eines physikalisch begründeten Simulationsmodells für die Erosion geneigter landwirtschaftlicher Nutzflächen. Berl. Geogr. Abh., (61): 1～148.

Schulla J. 1997. Hydrologische Modellierung von Flussgebieten zur Abschätzung der Folgen von Klimaänderungen. Zürcher Geographische Schriften 69, Zürich, 187.

Smets T, Borselli L, Poesen J, et al. 2011. Evaluation of the EUROSEM model for predicting the effects of erosion-control blankets on runoff and interrill soil erosion by water. Geotext. Geomembranes, (29): 285～297.

Werner M. 2004. Abschätzung des Oberflächenabflusses und der Wasserinfiltration auf landwirtschaftlich genutzten Flächen mit Hilfe des Modells EROSION 3D. Berlin: GeoGnostic, Endbericht.

Wischmeier W H, Smith D D. 1978. Predicting rainfall erosion losses: a guide to conservation planning. U.S. Dep. Agric., Agric. Handbook No. 537.

Yen B C. 1992. Channel Flow Resistance: Centennial of Manning's Formula. Littleton: Water Resources Publications, USA.

Young R A, Onstad CA, Bosch D D, et al. 1989. AGNPS: a non～point source pollution model for evaluating agricultural watersheds. J. Soil Water Conserv., 44(2): 168～173.

Yuan Z J, Chu Y M, Shen Y J. 2015. Simulation of surface runoff and sediment yield under different land～use in a Taihang Mountains watershed, North China. Soil & Tillage Research, (153): 7～19.

Zehe E, Maurer T, Ihringer J, et al. 2001. Modeling water flow and mass transport in a Loess Catchment. Phys. Chem. Earth(B), 26(7～8): 487～507.

Zinke P J. 1967. Forest interception studies in the United States// Sopper W E, Hull H W. International Symposium on Forest Hydrology Oxford: Pergamon Press: 137～161.

第 6 章 泥沙输移比探讨

6.1 泥沙输移比的研究概况

泥沙输移比（sediment delivery ratio，SDR），这一概念是 1950 年布朗（Brown）为估计美国入河入海的泥沙数量而提出来的。之后有关学者相继进行研究，各自取得一些区域性的经验成果。在流域侵蚀–产沙–输沙系统中，泥沙输移是研究流域侵蚀与产沙关系的关键。泥沙输移比这一概念的应用，使这项研究向定量化方向发展迈进了一步。进行中小流域综合治理规划、防治土壤侵蚀、合理利用水沙资源，无不需要掌握流域产沙情况。在上游总侵蚀量可以估算的情况下，如果知道流域泥沙输移比，就可以预报下游的输沙量，从而满足规划工程设计的需求。通常来说，泥沙输移比数值大小可以反映某流域土壤侵蚀的剧烈程度，比值越大，侵蚀越剧烈，比值越小，侵蚀越缓慢（谢旺成，李天宏，2012）；也可以用来评估某流域水土保持治理效果，比值越大，治理效果越差，比值越小，治理效果越好（景可，2002）。泥沙输移比概念的提出也纠正了人们对土壤侵蚀量理解的错误，严格区分了土壤学中的侵蚀与水文学中的侵蚀含义的不同（刘黎明，1994）。

6.1.1 泥沙输移比的概念

关于泥沙输移比的概念，一直没有准确清晰的表达，各学者的理解也存在差异。美国泥沙工程手册中（1975）的定义是泥沙从侵蚀点向下游任何指定位置移动的过程中，侵蚀泥沙因沿途沉积所减少的程度的量度；中国泥沙手册（1992）的概念是在一定时段内，通过沟道或河流某一断面的输沙量与该断面以上流域总侵蚀量之比；牟金泽和孟庆枚（1982）认为，流域侵蚀泥沙在其通过河流某一断面之前会发生淤积和冲刷，河流断面实测的产沙量与该断面上以上流域全部总侵蚀量之比，即为泥沙输移比；曾伯庆（1983）认为，泥沙输移比为输沙量和产沙量之比，这里的输沙量指流域出口实测泥沙量，产沙量指流域各地类总侵蚀量；唐克丽等（1993）把单位时间内通过控制断面的核定泥沙粒级的输沙量和该断面以上同粒级的侵蚀量之比当作泥沙输移比；王协康等（1999）提出，一定时段和空间范围内，流域某过水断面输出某一粒径的泥沙量和断面以上流域侵蚀同一粒径泥沙量之比为泥沙输移比；陈浩（2000）认为，泥沙输移比是流域出口控制断面的实测输沙量与出口控制断面以上流域总侵蚀量之比；景可（2002）在考虑界定泥沙输移比的 3 个条件，即泥沙粒径、时间系列及空间范围的前提下，给出了比较完整的定义为一定时间和空间范围内，流域某一断面输出小于某一粒级的泥沙量与断面以上侵蚀物同粒级的沙量之比；范昊明和蔡强国（2004）指出，输移至流域每一点的泥沙与水力侵蚀总量之比，即为泥沙输移比，水力侵蚀包括面蚀、沟蚀和河道侵蚀等；许炯心（2008，2009，2010）认为，泥沙输移比等于产沙量与侵蚀量之比，这里的产沙量等于出口控制站所观测到的输沙量，侵蚀量等于各侵蚀源产生的侵蚀量总和。虽然不同的学者对泥沙输移比的说法不尽相同，但是表达式基本一致，即流域出口控制断面实测泥沙量和断面以上总侵蚀量之比（简金世，2011[①]；谢旺成和李天宏，2012）。

6.1.2 泥沙输移比研究概况

20 世纪 60 年代以来是泥沙输移比研究比较活跃的时期，此间许多研究注重地貌及自然地理环境因素对泥沙输移比的影响。流域面积往往被作为主要的控制因素考虑。国外学者普遍认为，泥沙输移比是随流域面积增加而迅速递减的（表 6-1），而且只有在很小的坡耕地上，泥沙输移比可假定为 1.0。

表 6-1 泥沙输移比随流域面积的变化

Roehl 资料（1962 年）				Williams 资料（1972 年）		ASCE 资料（1975 年）	
流域面积（km²）	输移比	流域面积（km²）	输移比	流域面积（km²）	输移比	流域面积（km²）	输移比
5.7	0.17	17.2	0.13	0.5	0.67	0.1	0.53
161	0.12	36.0	0.15	0.7	0.63	0.5	0.39
78.5	0.21	433	0.09	1.3	0.66	1	0.35
19.5	0.13	17.9	0.59	4.5	0.48	5	0.27
272	0.04	1.6	0.55	17.7	0.42	10	0.24
41.3	0.13	190	0.09			50	0.15
24.2	0.10					100	0.13
45.9	0.18					200	0.11
11.8	0.29					500	0.09

但是此类模型缺乏有关泥沙输移过程有物理依据的标志，此外，由于各种地理参数的不确定性，将此类预报模型外延至其他地区和流域是困难的。在我国泥沙输移比的研究直到 70 年代后期才有人注意到。首先，开创这个问题研究的是龚时旸和熊贵枢（1979），后来许多学者陆续开展了这方面的研究（牟金泽和孟庆枚，1982；景可，1989；蔡强国等，1991）。研究区域主要集中在黄河中游，其他地区泥沙输移比研究几乎是空白。直到 80 年代史德明（1983）研究了三峡库区的泥沙输移比，但以往所进行的泥沙输移比研究，除少数小流域为定量研究外，多数属于定性的，至多是半定量研究。这方面的研究还很不成熟，还有许多认识问题存在较大分歧。

史德明（1987）认为，长江三峡库区流域的泥沙输移比为 0.28；刘毅和张平（1995）认为，长江上游除了金沙江干流渡口至屏山段及嘉陵江西汉水谭家坝以上地区泥沙输移比 0.61 为最高外，其余大小水系为 0.14～0.48；张信宝和柴宗新（1996）认为，长江上游泥沙输移比为 0.15～0.61，其中嘉陵江上游的西汉水最高，为 0.61，四川盆地丘陵区和滇东、黔西高原山地也较高，为 0.40～0.41，四川盆地西北、东北部山区最低，为 0.15，其余地区为 0.3 左右；向安东和周港炎（1993）的研究结果表明，长江上游主要流域的泥沙输移比为 0.15～0.61；吴成基和甘枝茂（1998）在汉江流域泥沙输移比研究结果为

---

① 简金世. 2011. 松花江流域不同侵蚀类型区泥沙输移比的估算. 咸阳：西北农林科技大学硕士学位论文。

0.3～0.4；还有汪德麟（1992）对乌江上中游河流输沙量变化规律分析后认为，乌江流域的泥沙输移比为 0.3；文安帮等（2003）对龙川江上游流域水库泥沙淤积资料和水文站输沙量资料进行分析后得出，龙川江流域泥沙输移比为 0.42～0.80，小河口水文站泥沙输移比计算值为 0.26。总之，绝大多数学者比较一致的认为，长江上游的泥沙输移比为 0.3 左右。根据珠江水利委员会有关人员的调查分析，珠江流域的泥沙输移比为 0.39，其中广东境内为 0.36，广西境内为 0.41；海南诸河为 0.26～0.62。

长江流域由于土壤侵蚀流失物质较粗，花岗岩不同流失区的输沙比为 0.4～0.5，金沙江支流小江流域，每年由泥石流输入小江的泥沙多达三四千万吨，仅 1/4 被带入金沙江，其输移比约为 0.25，大大低于黄二丘陵沟壑区的泥沙输移比。三峡库区的总产沙量为 1.56 亿 t，输入库内的泥沙总量为 0.4 亿 t，泥沙输移比为 0.28，由于上、中游某些河流的泥沙输移比比较小，对长江干流泥沙的影响并不显著。如果人为划分某一个粒级来计算长江流域的泥沙输移比，则难以正确评价长江流域土壤侵蚀、输沙、泥沙淤积和产沙现状（蔡强国等，1998）。

我国研究者所进行的 SDR 研究，除少数小流域为定量研究外，多数属于定性的或是半定量的研究。SDR 的研究还很不成熟，还有许多认识问题存在一定的分歧。SDR 受到许多变化的自然因素的影响，大部分 SDR 模型都是在几个特殊的区域利用有限的产沙资料建立起来的。由于泥沙输移过程的复杂性，利用某一单独的模型或只考虑某一单一的因素是很难相对精确地估算 SDR 值的。因此，在对某一区域进行 SDR 估算时，第一，应该分析研究区影响泥沙输移的主导因子，然后运用多个与区域主导因子有关的现有模型进行 SDR 估算，以利于模型间估算结果的相互验证，提高估算的准确性；第二，在构建 SDR 模型时应尽可能地将主要影响因子考虑在内，避免估算的片面性；第三，在构建 SDR 模型时应尽可能地考虑主要因子影响泥沙输移的物理过程，以提高模型的应用范围；第四，从研究方法上来讲可以考虑并尝试将更多、更先进的方法与手段应用到 SDR 的研究中来，如同位素示踪技术、"3S" 技术等；第五，应该指出的是我国的 SDR 研究几乎都集中于黄河和长江流域，其他地区的研究极少。目前，尽管受到一定的条件限制，但至少应将我国几大主要江河流域的 SDR 研究提到议事日程上来。

在流域中，从地面侵蚀至整个泥沙迁移的物理过程是一个复杂的泥沙运移系统。地面侵蚀和沟道输沙是这个系统的两个子系统。地面侵蚀受地质、地貌、土壤、植被、土地利用现状等诸多因素的影响，同时地面侵蚀的产物有一部分将以坡脚、山前堆积、沙沟、沙凼等淤积的形式滞留下来，进入河道的泥沙在输移过程中又将受到沿程河谷地貌、河道比降、工程拦蓄等多种因素影响，产生冲刷、淤积和向系统外耗散，到达流域出口断面的输沙量远小于地面侵蚀量（余剑如等，1991）。该系统的输出，河道出口断面的输沙量与出口断面所控制的流域内地面侵蚀量之比称为输移比，进入河道的泥沙量（即产沙量）与地面侵蚀量之比称为归槽率，因此产沙量既是地面侵蚀子系统的输出，又是河道输沙子系统的输入，由此构成小流域地面侵蚀→产沙→输沙一个完整的泥沙运移系统（刘毅，1990），如图 6-1 所示。目前，在我国求取小流域泥沙输移比的最大困难在于缺乏计算流域侵蚀量的实用公式（牟金泽和孟庆枚，1982）。

输移比SDR $= Y/E = \eta \times \varepsilon$

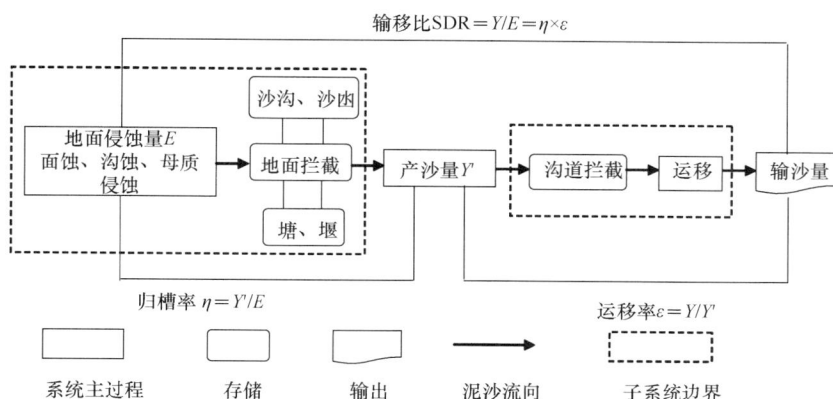

图 6-1　地面侵蚀与沟道输沙系统结构框图

6.2　泥沙输移比影响因子与时空尺度特征

6.2.1　泥沙输移比影响因素分析

影响泥沙输移比的因素错综复杂，很多学者根据自己所做的研究，都曾得出各自相应的结论。Roehl（1962）的研究认为，泥沙输移比只是某一具体流域特征值的函数，与水流情况的变化无关。Williams 和 Berndt（1972）则进一步指出，泥沙输移比可作为沟道平均比降或流域面积的指数函数来计算，而且根据多项回归分析结果表明，沟道平均比降则更具有重要意义。Wolman（1977）认为，随着泥沙运动时在沟道系统的周期性滞留，侵蚀和搬运是不稳定和不连续的，需要加强在不同时间和空间泥沙特性的变化及不同气候和水文要素对侵蚀泥沙的输移与沉积临界值影响的认识。Williams（1975）建立了与泥沙粒径和运移时间有关的具有物理基础的泥沙输移比方程，Novotny（1980）在其基础上分析了泥沙输移机理和流域暴雨及水文特性与泥沙输移比的关系。景可（1989）认为，影响泥沙输移比的因素主要是地质地貌因素、流域侵蚀物质特征、流域径流特征。张凤洲（1993）认为，影响泥沙输移比的因素包括地貌及环境因子，如流域大小、形态及沟道特性，侵蚀物质的粒径与土壤质地结构，植被与地表粗糙度，土地利用状况、工程等。王协康等（1999）对地质因素、泥沙粒径、时变因子下垫面条件、空间尺度、时间尺度等影响泥沙输移比的因素进行了归纳总结，认为影响流域泥沙输移比的主要因素如下：①地貌因素，坡度、坡长、坡形及坡向；②地质条件，土壤颗粒的岩性及其抗蚀性；③下垫面条件，植被、土壤含水量等；④水文气候条件，地面径流、降雨强度、降雨分布、降雨类型、降雨历时等。归纳起来主要有以下 3 方面。

1）洪水特征的影响

一个流域的洪水特征不光反映了该流域的降雨特征，而且也在一定程度上反映了该流域的形态地貌特征，径流深和洪峰流量是反映流域洪水特征的两个重要参数。在径流深和洪峰流量较小时，沟道输沙能力取决于水流挟沙力，但影响水流挟沙力的因素除径流深和洪峰流量外，还有坡降、断面形态及泥沙特性等诸多因素。随着径流深和洪峰流量的加大，沟道输沙能力也呈加大趋势，当增加到某一临界值以后，沟道输沙能力达到几乎不变的最大值，泥沙输移比接近一稳定值。这时沟道的输沙能力取决于泥沙补给的最大值，而与影响挟沙力的因素无关。在中小流域，淤积在沟道中的泥沙很少，所以即使超过临界水深和临界洪峰流量，沟道只起到输送泥沙的通道，泥沙输移比基本在 1 左右；而对于较大的流域，淤积在沟道中的泥沙相对增多，当超过临界水深和临界洪峰流量时，径流不仅把自身挟带的泥沙搬运走，而且还会把淤积的泥沙搬运出河口，从而泥沙输移比大于 1。流域面积越大，淤积量越大，超过临界水深和临界洪峰流量后被搬运的泥沙越多。而对于某一具体流域，上一级沟道径流的最大泥沙挟带量和自身的最大搬运量也基本都是一定值，因此泥沙输移比也趋于一稳定值。

　　2）雨型及土壤前期含水量的影响

　　雨型及土壤前期含水量是影响侵蚀与泥沙输移的重要因素，当暴雨历时短时，往往沟坡与沟道先产流，由于此时侵蚀量相对较小，所以水流具有较大的挟沙能力，使前期滞留的泥沙再次被搬运，形成较大的泥沙输移比。当前期降雨丰富或降雨历时较长时，有利于坡面侵蚀。坡面径流与泥沙下坡会显著加大沟坡的侵蚀量，当然土壤前期含水量对泥沙输移的影响是非常复杂的，缺乏相应的数据，本书还不能定量分析它与泥沙输移比的关系。

　　3）多因素综合影响

　　牟金泽和孟庆枚（1982）、蔡强国等（1991）分别就地貌形态因子与降水水文因子对泥沙输移比的影响单独做了研究，但是暴雨洪水是侵蚀与产沙的动力，地貌形态特征则是影响洪水动力的转化条件，这两因素往往是交互在一起对泥沙输移比产生影响的，这两种因素怎样影响泥沙输移比却不得而知。陈浩（2000）和曹文洪等（1993）综合考虑了影响泥沙输移比的降水水文因素和地貌形态因子，但建立的泥沙输移比计算式考虑的因素不够全面，物理意义不够明确。

　　当然，次暴雨泥沙输移比还受流域地形地貌与其他环境因素的影响。在较小流域（小于 10 km^2），影响泥沙输移比的因素主要是洪峰流量、径流系数、平均含沙量、降雨量、降雨历时；在中小流域（10～100km^2），影响泥沙输移比的主要因素是平均雨深、径流系数、平均含沙量、降雨量、降雨历时；在中大流域（大于 100 km^2），影响泥沙输移比的因素除了中小流域的影响因素外，洪水历时、平均流量模数也成为影响泥沙输移比的两个关键因素。水流平均含沙量越高，水流挟带泥沙的能力越强，因此泥沙输移比较大。其次，降雨历时、降雨量也是影响泥沙输移比的重要因素。短历时暴雨泥沙输移比较大，而降雨历时或降雨量较大时泥沙输移比则较小。这是因为短历时暴雨往往是沟坡与沟道先产流。由于此时侵蚀量相对较小，所以水流具有较大的挟沙能力，使前期滞留的泥沙再次被搬运，形成较大的泥沙输移比。当降雨历时较长或降雨量较大时，有利于坡面侵蚀。坡面径流与泥沙均下沟坡，显著地加大沟坡的侵蚀量，使水流挟沙能力达到饱和，并引起泥沙在沟道滞留，导致泥沙输移比减小。径流系数也是影响泥沙输移比的重要因素，它反映了径流的能量特性，一般来说，径流系数越大，泥沙输移比越大。

6.2.2　泥沙输移比时空尺度特征

　　就泥沙输移比区域分布而言，区内自然地理条件的差异决定了不同地区输移比的差异，时间变化主要受降水和水动力条件的影响。在我国黄土高原，龚时旸和熊贵枢（1979）认为，在黄土丘陵沟壑区，不论大中小流域多年平均泥沙输移比约为 1。牟金泽和孟庆枚（1982）根据暴雨洪水中对冲泻质含量的分析认为，高含沙水流是该区中小流域泥沙输移比为 1 左右的实质所在。景可从地质地貌的角度进行了评述，并根据定性指标分析了泥沙输移比的区域分异规律。蔡强国等（1991）探讨了次降雨条件下单元沟道流域泥沙输移比的分布规律，认为泥沙输移比的年度和次降雨存在侵蚀与产沙暂时不平衡。张胜利等（1994）研究认为，泥沙输移比的大小因时段和空间而异，对于一定的流域，从多年平均情况来看，泥沙输移比是一个比较稳定的值，但系列较短时，其值则不稳定。陈浩（2000）则认为，降雨的时空分布和洪峰增减幅度及径流深度增减幅度决定了次暴雨的泥沙输移比，但年度之间却存在相当大的变幅，这主要是由于受降雨特性和暴雨洪水空间分布特征的影响。从长远来看，流域系统的侵蚀与产沙达到平衡，但就次降雨或年度而言，流域系统经常处于泥沙滞留和滞留的泥沙重新侵蚀搬运的情况。前期滞留的泥沙会因下次暴雨行洪能力增强及较强挟沙水流重新搬运。

1）坡面尺度

Ebisemiju（1990）以野外 19 个小区为基础，根据植被覆盖度把小区分成两类，得到不同下垫面条件的泥沙输移比公式。刘黎明（1994）把泥沙输移比控制在坡面范围内，考虑了泥沙微观物理机制，引入了降雨侵蚀分离能力和径流搬运容量两个概念，探讨了坡面侵蚀泥沙输移比的计算方法，并推导出坡面泥沙输移比计算公式。张光科等（1996）对坡面上单位面积输沙率和单位面积产沙率进行了量纲分析，得出了两者的数学表达式，从而得到山区泥沙输移比的计算式。

2）小流域尺度

曹文洪等（1993）对黄土地区小流域一次暴雨径流深、产沙量及泥沙输移比公式进行回归分析，将小流域的产沙计算与流域产沙的数学模型相联系，层层上推，从而形成一套完整的由降雨预报流域产沙的数学模型；王协康等（1999）将小流域划分为坡面系统和沟道系统，利用因次分析法推求坡面、沟道泥沙输移比的公式。

3）中尺度

由于这一尺度下的研究区面积较大，难以开展可控条件实验，因此这一尺度下泥沙输移比的研究主要是对支流或者干流某河段泥沙输移比大小进行探讨，采用的数据也多以河流泥沙数据为基础（简金世，2011）。Maner（1958）根据得克萨斯州南部等红土丘陵区的研究，得到泥沙输移比关系式；余剑如等（1991）得出了宜昌、西汉水、梓潼江等长江各大小水系及上游各地区，如青藏高原、金沙江下游高中山切割区、横断山切割区、乌江流域灰岩区、川中丘陵区各地的泥沙输移比；吴成基和甘枝茂（1998）等分析了陕南河流泥沙的输移比现状、输移比的时空变化及发展趋势，指出泥沙中推移质比例大，致使该区泥沙输移比远小于 1。

4）时间尺度

蔡强国等（1998）、刘纪根等（2007）研究指出，年度和次降雨泥沙输移比存在侵蚀与产沙暂时的不平衡，沟道存在短期的泥沙滞留与再侵蚀搬运的现象，黄土高原不同流域尺度上的次降雨泥沙输移比一般为 0.3～1.6，对于一定尺度的流域，从多年平均来看，泥沙输移比是一个比较稳定的值。同时，研究还表明，泥沙输移比在年度之间也存在相当大的变幅（蔡强国等，1998），如岔巴沟流域 1959 年的泥沙输移比较大，而在 1960 年、1961 年则变小，到 1962 年、1963 年又增大，1964 年和 1965 年则又变小，1966 年和 1967 年又变大，出现一种交替变化的特征，这主要由于受降雨特性和暴雨洪水空间分布特征的影响。陈浩（2000）在大理河的研究表明，从长期来看，该流域系统的侵蚀与产沙基本可以达到平衡，泥沙输移比约等于 1，但次降雨或分年度泥沙输移比有相当大的变幅，在短期内会经常存在泥沙的滞留和滞留的泥沙被重新侵蚀搬运，而出现泥沙输移比小于 1 和大于 1 的情况。张胜利等（1994）也认为，从多年平均情况看，泥沙输移比是一个比较稳定的值，但系列较短时，其值则不稳定。从以往的研究来看，泥沙输移比研究的时间尺度分为次暴雨、多年平均和宏观尺度 3 种（简金世，2011）。

6.3　泥沙输移比计算

泥沙输移比是指流域某一断面的输沙量与断面以上流域总侵蚀量之比，虽然后来人们对其概念的描述有一定的不同，但基本可以用下式表示：

$$\mathrm{SDR} = \frac{Y}{S} \tag{6-1}$$

式中，SDR 为泥沙输移比；Y 为流域出口控制断面的实测产沙量；S 为流域出口断面以上总的侵蚀量之和。确定泥沙输移比的研究途径主要有以下 3 种：①流域侵蚀量和输沙量对比法；②泥沙平衡法；③物理模型法。流域侵蚀量和输沙量对比法：利用径流小区测定的主要类型土地侵蚀模数资料，根据流域内不同类型土地的面积，类比求算流域侵蚀量，再和流域输沙量对比，计算泥沙输移。土壤流失通用方程（USLE）提出后，一些研究者运用该方程计算流域侵蚀量，求算泥沙输移比。80 年代以来，许多研究者运用RS 技术调查流域环境背景和土地利用，和 GIS 技术单元集成信息，再利用土壤流失通用方程计算流域侵蚀量。理论上，这一方法可以得出流域多年平均泥沙输移比，这一方法存在的主要问题是利用通用土壤流失方程计算求得的流失侵蚀量真实性如何？得出的输移比可靠性如何？泥沙平衡法：通过访问调查，或采用各种测试手段，查明流域泥沙平衡，确定土壤侵蚀量、泥沙堆积量和输出量，求算泥沙输移比。物理模型法：根据侵蚀产沙、泥沙输移、堆积的物理过程，建立坡地和小流域的产沙模型，如美国的 WEPP和荷兰的 LISEM 模型。利用模型可以求算出坡地和小流域内每一单元的侵蚀或堆积量，进而求算泥沙输移比。模型法物理基础明晰，但参数的可靠性确定往往相当困难，这一方法目前尚未实际应用于流域泥沙输移比的求算。确定泥沙输移比，首先要确定流域的侵蚀量，国外的研究方法大多都是以 USLE 或改进的 USLE 来计算分流域或网格的泥沙侵蚀量。

Maner（1958）根据堪萨斯州南部等红土丘陵地区的研究，得出如下的泥沙输移比关系式：

$$\log \mathrm{DR} = 2.962 + 0.869 \log R - 0.854 \log L \tag{6-2}$$

Roehl（1962）利用美国东南部山麓地区野外调查资料得出的关系式为

$$\log DR = 4.5 - 0.23\log 10A - 0.510\log \frac{L}{R} - 2.79\lg BR \tag{6-3}$$

Williams 和 Berndt（1972）在研究 Brushy creek 小流域泥沙输移比后所得的关系式为

$$DR = 0.627SLP^{0.403} \tag{6-4}$$

Mutchler 和 Bowie（1976）的泥沙输移比公式为

$$DR = 0.488 - 0.000\,64A + 0.0099RO \tag{6-5}$$

式中，DR 为泥沙输移比（%）；A 为流域面积，式（6-3）中以 m^2 计，式（6-5）中以 hm^2 计；$\frac{L}{R}$ 为无因次的流域长高比（即沿主沟道测定的流域长度除以分水岭到出口的高差）；BR 为流域河网的加权平均分叉比率；SLP 为主沟道比降（%）；RO 为径流量（cm）。

我国学者牟金泽和孟庆枚（1980）分析了陕北大理河流域各级不同大小流域的泥沙输移比，得出如下计算式：

$$DR = 1.29 + 1.37\ln R_C - 0.025\ln A \tag{6-6}$$

式中，R_C 为沟壑密度（km/km^2）；A 为流域面积（km^2）。

上面的研究只是考虑环境因素与流域面积对流域泥沙输移比的影响，对于降雨与水文因素对泥沙输移比的影响研究得还不够。曹文洪等（1993）利用岔巴沟、韭园沟、南小河沟、赵家川和党家川等流域 36 次暴雨洪水泥沙输移比的实测资料，通过多元回归分析，建立了一次暴雨泥沙输移比的计算式：

$$DR = 0.486A^{-0.08}J^{0.0778}h^{0.0915}T^{0.213} \tag{6-7}$$

式中，J 为主沟比降（%）；h 为一次暴雨径流深（mm）；T 为一次暴雨历时（h）。

蔡强国等（1991）对泥沙输移比与 11 个影响因素之间的关系进行回归分析，通过不同拟合、比较、优化，得到一个表征泥沙输移比（DR）与降雨量（R）、径流系数（C）、最大水流含沙量（S_m）、无量纲雨型因子（E_a/E）关系的幂指数回归方程：

$$DR = 0.0277R^{-0.29}C^{0.19}S_m^{0.59}(E_a/E)^{0.44} \tag{6-8}$$

陈浩（2000）在考虑了水力与地貌特征的影响后，得到了大理河流域系统不同流域尺度多年平均泥沙输移比的预报模型：

$$D_r = 0.657A^{-0.014}G_m^{0.962}H^{0.152} \tag{6-9}$$

式中，D_r 为多年平均泥沙输移比；G_m 为沟道密度（km/km^2）；H 为多年平均径流深（mm）。

李青云等（1995）针对长江上游紫色土丘陵区小流域地面侵蚀及泥沙输移特征，以及资料的可利用性，用演绎法建立了小流域多年平均泥沙输移比模型：

$$SDR = 0.46A^{-0.158} \tag{6-10}$$

式中，SDR 为多年平均泥沙输移比。

刘纪根等（2007）在岔巴沟流域建立了次暴雨泥沙输移比公式：

$$SDR = 0.165 + 0.001\,34S_m - 0.002\,37T - 0.001\,26R + 0.001\,19C \\ - 4.09\times 10^{-5}A + 0.0193 \tag{6-11}$$

正因为泥沙输移比问题如此复杂，所以目前还没有一个普遍适用各种条件下的泥沙输移比关系式。大体上，一部分研究者利用经验统计模型来分别计算输移量与侵蚀量，一部分研究者利用物理分析模型，通过分析影响泥沙输移比的各种因素，根据相应水文水力公式构建物理过程模型。后者应用相对较少，前者应用较多。其次，各学者获得的计算公式往往仅针对具体的研究区域，不能推广应用至其他流域或区域。如何构建适合局部大区域适合的泥沙输移比计算公式仍是今后泥沙输移研究领域需要解决的难题之一（谢旺成和李天宏，2012）。

6.4　四川紫色土地区泥沙输移比探讨

以鹤鸣观小流域与李子口小流域实测水文资料与分布式模型计算结果为依据，利用分布式模型流域侵蚀总量计算值与流域出口产沙总量观测值来计算次降雨泥沙输移比。通过分析鹤鸣观小流域Ⅱ号支沟次降雨泥沙输移比与降雨量、前期含水量、径流系数（表6-2）的关系，发现泥沙输移比与降雨量、平均降雨强度、径流深、前期土壤平均含水量的相关性差，本书只采用径流系数一个参数，得到鹤鸣观小流域次降雨泥沙输移估算公式：

$$SDR = 0.126C^{0.947} \quad (R = 0.674, n = 36) \tag{6-12}$$

式中，C 为径流系数；R 为线性相关系数。

表 6-2　鹤鸣观小流域Ⅱ号支沟次降雨泥沙输移比

降雨时间（年.月.日）	降雨量（mm）	平均降雨强度（mm/h）	径流深（mm）	径流系数 C	前期土壤平均含水量（mm）	泥沙输移比 SDR
1985.6..27	92.5	6.2	37.93	0.410	63.25	0.680
1985.7.11	93.6	10.2	36.13	0.386	48.54	0.233
1985.7.21	35.8	10.7	9.06	0.253	75.34	0.299
1985.8.7	119.7	12.8	42.49	0.355	29.3	0.214
1985.8.19	60.2	5.4	27.27	0.453	76.99	0.812
1985.9.13	85.2	3.7	31.86	0.374	62.96	0.534
1986.7.23	58.1	23.2	16.27	0.280	40.9	0.449
1986.9.8	37	6.2	6.73	0.182	57.69	0.095
1993.6.26	130.7	5.5	20	0.153	37.5	0.336
1993.7.10	55.4	8.3	3.93	0.071	37.07	0.252
1993.8.4	50.4	8.9	6	0.119	45.04	0.326
1993.8.9	86.6	3.3	20.96	0.242	63.14	0.386
1993.8.15	152.8	7.2	74.41	0.487	74.69	0.597
1995.7.18	43.2	4.8	2.68	0.062	76.69	0.116
1995.7.21	26.2	7.1	3.54	0.135	87.31	0.131
1995.8.15	51.1	5.5	3.78	0.074	67.06	0.226
1995.10.13	37.6	6.1	2.11	0.056	57.3	0.463
1996.7.22	78.2	3.4	3.13	0.040	37.41	0.048
1998.5.20	74.2	7.7	3.19	0.043	41.52	0.177
1998.6.30	49.6	9	2.93	0.059	71.32	0.134
1998.8.20	100	7.1	24	0.240	58.53	0.224
2000.7.10	195.4	4.6	46.31	0.237	49.9	0.397
2000.8.16	214.7	11.2	62.05	0.289	65.02	0.226
2001.8.7	43.1	12.9	9.44	0.219	36.83	0.375
2001.8.18	240.8	6.7	63.09	0.262	45.7	0.492
2001.9.2	64.4	3.1	13.2	0.205	71.2	0.438

通过分析李子口小流域次降雨泥沙输移比与降雨量、前期含水量、径流系数（表 6-3）的关系，发现泥沙输移比与降雨量、径流系数、前期土壤平均含水量的相关性差，本书采用平均降雨强度与径流深两个参数，得到李子口次降雨泥沙输移比公式：

$$SDR = 0.165H^{0.10}I^{0.023} \qquad (R = 0.865, n = 9) \qquad (6\text{-}13)$$

式中，H 为径流深（mm）；I 为次降雨平均降雨强度（mm/h）。

表 6-3 李子口小流域次降雨泥沙输移比

降雨时间 （年.月.日）	降雨量 （mm）	平均降雨强度 （mm/h）	径流深 （mm）	径流系数 C	前期土壤平均含水量 （mm）	泥沙输移 比 SDR
2004.8.23	53.8	2.2	5.43	0.101	58.9	0.257
2004.9.1	64.9	2.3	8.05	0.124	70.38	0.205
2004.9.18	73.6	6.8	17.22	0.234	23.69	0.473
2005.7.2	56.4	2.2	9.42	0.167	50.72	0.370
2005.7.17	37.8	2.9	3.63	0.096	22.85	0.291
2005.7.24	95.1	5.4	13.69	0.144	57.38	0.439
2005.8.2	38.4	4.3	7.83	0.204	105.24	0.334
2005.8.17	41.7	1.9	12.22	0.293	75.03	0.313
2005.9.30	45.7	2.1	10.47	0.229	90.56	0.338

以上分析也可以看到，鹤鸣观小流域 II 号支沟次降雨泥沙输移比平均为 0.365，李子口次降雨泥沙输移比平均为 0.336。李子口由于分布有 90 多个塘坝，泥沙淤积比较严重，并且其面积是鹤鸣观小流域 II 号支沟的数倍，所以其次降雨泥沙输移比鹤鸣观小流域 II 号支沟稍小。两个流域的次降雨泥沙输移比在 0.3 左右，这与他人的研究结果比较接近。不过在李子口分布式模型中，塘坝淤积部分的计算不可能非常准确，因而会影响次降雨泥沙输移比计算的准确性。

以上结果说明，四川盆地紫色土地区的地面侵蚀物质一般先以山前坡积、洼地淤积和沟口洪积扇等形式出现，短距离内就地淤积一定数量的泥沙。流域内各大小支流多为石质、卵石及粗沙河床，河床沿程补给沙量有限，而地面侵蚀物质较粗，不易被河流远距离输移。同时，随着流域面积的增大、流程的增长，河床比降逐渐减小、河流挟沙力减弱，所以也会出现淤积现象。因此，四川盆地存在随着流域面积的增加，输移比逐渐减小的趋势。在四川盆地紫色土地区小流域的泥沙侵蚀大部分沉积在流域内部。试验观测表明，在鹤鸣观流域，侵蚀泥沙主要来源于坡面，泥沙主要沉积在坡脚处，沟道边缘也有一定沉积。在李子口小流域，泥沙主要沉积在坡脚与塘坝。

参 考 文 献

蔡强国, 陈浩, 马绍嘉. 1991. 黄土丘陵沟壑区羊道沟小流域次降雨泥沙输移比研究//黄河流域环境演变与水沙运行规律研究文集. 北京: 地质出版社: 105~113.

蔡强国, 王贵平, 陈永宗. 1998. 黄土高原小流域侵蚀产沙过程与模拟. 北京: 科学出版社.

曹文洪, 张启舜, 姜乃森. 1993. 黄土地区一次暴雨产沙数学模型的研究. 泥沙研究, (1): 1~13.

陈浩. 2000. 降雨径流对大理河流域系统泥沙输移比的影响. 水土保持学报, 14(5): 19~27.

龚时旸, 熊贵枢. 1979. 黄河泥沙来源和地区分布. 人民黄河, (1): 7～17.

简金世. 松花江流域不同侵蚀类型区泥沙输移此的估算. 榆林: 西北农林科技大学, 硕士学位论文, 2011.

景可. 1989. 黄土高原泥沙输移比的研究//陈永宗. 黄河粗泥沙来源及侵蚀产沙机理研究文集. 北京: 水利电力出版社: 14～26.

景可. 2002. 长江上游泥沙输移比初探. 泥沙研究, (1): 53～59.

李林育, 焦菊英, 陈杨. 2009. 泥沙输移比的研究方法及成果分析. 中国水土保持科学, 7(6): 113～122.

李青云, 孙厚才, 蒋顺清. 1995. 紫色土丘陵区小流域泥沙输移的分形特征及输移比模型. 长江科学院院报, 12(2): 30～35.

刘纪根, 蔡强国, 张平仓. 2007. 岔巴沟流域泥沙输移比时空分异特征及影响因素. 水土保持通报, 27(5): 6～10.

刘黎明. 1994. 黄土丘陵沟壑区坡面侵蚀泥沙输移比物理模型研究. 中国水土保持, (3): 12～15.

刘毅. 1990. 重点产沙区及人类活动对三峡水库来水来沙条件的影响研究报告. 长江水利委员会水文测验研究所.

刘毅, 张平. 1995. 长江上游流域地表侵蚀与河流泥沙输移. 长江科学院院报, 12(1): 40～44.

牟金泽, 孟庆枚. 1982. 流域产沙量计算中的泥沙输移比. 泥沙研究, (1): 60～65.

史德明. 1983. 长江流域土壤侵蚀特点及其潜在危险. 中国水土保持, (3): 3～6

史德明, 杨艳生, 吕喜玺. 1987. 三峡库周地区土壤侵蚀对库区泥沙来源的影响及其对策//. 北京: 科学出版社.

唐克丽, 熊贵枢, 梁季阳. 1993. 黄河流域的侵蚀与径流泥沙变化. 北京: 中国科学技术出版社.

汪德麟. 1992. 乌江上中游河流输沙量变化规律分析. 水文, (2): 18～23.

王协康, 敖汝庄, 喻国良, 等. 1999. 泥沙输移比问题的分析研究. 四川水力发电, 18(2): 16～20.

文安帮, 张信宝, 王玉宽, 等. 2003. 云贵高原区龙川江上游泥沙输移比研究. 水土保持学报, 17(4): 139～141.

吴成基, 甘枝茂. 1998. 陕南河流泥沙输移比问题. 地理科学, 18(1): 39～44.

向安东, 周港炎. 1993. 长江泥沙输移特征分析. 水文, (6): 8～13.

谢旺成, 李天宏. 2012. 流域泥沙输移比研究过展. 北京大学学报(自然科学版), 48(4): 685～694.

许炯心. 2008. 三峡水库修建前长江宜昌-武汉段泥沙输移比及其影响因子. 山地学报, 26(1): 15～21.

许炯心. 2009. 水土保持措施对无定河流域沟道-河道系统泥沙收支平衡的影响. 中国水土保持科学, 7(4): 7～13

许炯心. 2010. 无定河流域的人工沉积汇及其对泥沙输移比的影响. 地理研究, 29(3): 397～407.

余剑如, 史立人, 冯明汉, 等. 1991. 长江上游的地面侵蚀与河流泥沙. 水土保持通报, 11(1): 9～17.

袁再健, 褚英敏. 2008. 四川省紫色土地区小流域次降雨泥沙输移比探讨. 水土保持通报, 28(2): 36～40.

曾伯灰. 晋局黄土丘陵沟壑区土壤侵蚀与水土保持防护体系. 中国水土保持, 1983(6), 27～30, 342～345

张凤洲. 1993. 谈泥沙输移比. 中国水土保持, (10): 17～18.

张光科, 刘东, 方铎. 1996. 山区流域泥沙输移比计算公式. 成都科技大学学报, (6): 86～92

张胜利, 于一鸣, 姚文艺. 1994. 水土保持水沙效应计算方法. 北京: 中国环境科学出版社.

张信宝, 柴宗新. 1996. 长江上游水土流失治理的思考. 水土保持科技情报, (4): 7～9.

中国水利学会泥沙专业委员会. 1989. 泥沙手册. 北京: 中国环境科学出版社.

Ebisemiju F S. 1990. Sediment delivery ratio prediction equation and deposition patterns in a humid tropical environment. Hydrology, (114): 191～208.

Maner S B. 1958. Factors affecting sediment delivery ratios in the Red Hills physiographic area. Transactions of the American Geophysical Union, 39(4): 669～675.

Mutchler C K, Bowie A J. 1976. Effect of Land Use on Sediment Delivery Ratios. Washington D C: Proceedings of the Third Federal Inter-Agency Sedimentation Conference.

Novotny V. 1980.Delivery of suspended sediment and pollutants from nonpoint sources during overland flow. Water Resources Bull., (11): 965～974.

Roehl J E. 1962. Sediment source areas, delivery ratios and influencing morphological factors. International Association of Hydrology Science, Publ, (59): 202～213.

Vanoni V A. 1975. Sedimentation Engineering. New York: American Society of Civil Engineers.

Williams J R, Berndt H D. 1972. Sediment yield computed with universal equation. Journal of the Hydraulics division, Proceedings of the American Society of Civil Engineers, 98(HY12): 2087～2098.

Williams J R.1975. Sediment routing for agricultural watersheds. Water Resources Bulletin, (11): 965～974.

Wolman M G.1977. Changing needs and opportunities in sediment field. Water Resources Research, (117): 50～54.

第 7 章　减水减沙效益分析

7.1　水土保持措施概述

水土保持措施主要分为生物林草措施、耕作措施和工程措施 3 类。

7.1.1　生物林草措施

水土保持生物林草措施是指在水土流失区植树造林种草，增加地表覆被，保护地表土壤免受雨滴打击；拦蓄径流，涵养水源，调节河川、湖泊和水库的水文状况；增加土壤抵抗水流冲刷的能力，防止土壤侵蚀，并改良土壤，改善生态环境（中国农业百科全书，1996）。林草措施主要是通过林冠截流、林下草灌和枯枝落叶层的拦蓄，以及植物根系对土壤的固结作用，保持水土、涵养水源、改善土壤肥力，它对减少径流泥沙的正面效应已得到大家公认。农作物种植也属于生物林草措施，常见的作物种植方式如下。

（1）轮作：指在同一块土地上，按时间先后顺序种植不同作物的一种生产方式。按照生产任务和种植对象，通常将轮作分为大田轮作和草田轮作。大田轮作以生产粮食或工业原料为主。草田轮作以生产粮食作物和牧草并重。

（2）间作、套种和混播：间作是在同一块土地上，于同一生长期内分行或分带相间种植两种或两种以上作物的栽培方法，如玉米与大豆间作；套种是在同一块地上，在不同时间播种两种以上的不同作物，当前种作物未收获时，就把后种作物播种在前种作物的行间，如小麦与黑豆套种等；混播指在同一块地上，两种作物均匀撒播或混合播种在同一播种行内，或在同一播种行内进行间隔种植，如小麦与豌豆混播等。

7.1.2　耕作措施

水土保持耕作措施是以保水保土保肥为主要目的，以提高农业生产为宗旨，以犁、锄、耙等为耕（整）地农具所采取的改变局部微地形或地表结构的措施。常用的水土保持耕作措施如下。

（1）等高耕作：也叫横坡耕作，表现形式多为梯田，即沿等高线方向用犁开沟播种，利用犁沟、耧沟、锄沟阻滞径流，增大拦蓄和入渗能力，减少水土流失，从而有利于作物生长发育，其普遍见于丘陵或山地地区。

（2）等高沟垄耕作：等高沟垄耕作是在水平等高耕作的基础上进行的一种土壤耕作措施，即沿坡面等高线开犁，形成沟和垄，在沟内或垄上种植作物。因沟垄耕作改变了坡地微地形，将地面耕成有沟有垄，使地面受雨面积增大，减少了单位面积上的受雨量。一条垄等于一个小土坝，沟内积蓄雨水，增加降雨入渗，有效地减少径流量和冲刷量，从而减少土壤养分流失。

（3）垄作区田：在缓坡地或旱塬地，在沿等高线翻耕时，加深加宽沟垄，并横向修筑土挡，使田块形成小区，就建成了垄作区田，垄作区田可以蓄水保肥并防止横向（沿垄沟方向）径流的发生，区田拦截降雨，垄上种植作物。

（4）套犁沟播：沿等高线自坡耕地的上方开始，逐步向下，每耕一犁后，再在原犁沟内再套耕一犁，以加深犁沟，加大其拦蓄径流量。

（5）等高带状间作：沿着等高线将坡地划分为若干条地带，在各条带上交互或轮流地种植密生作物和疏生作物或牧草与农作物的一种坡地保持水土的种植方法。它利用密生作物带覆盖地面、减缓径流、拦截泥沙来保护疏生作物的生长，从而起到比一般间作更大的防蚀和增产作用。

（6）等高带状间轮作：将坡地沿等高线划分成若干条带，根据粮草轮作的要求，分带种植草和粮，一个坡地至少要有两年生（四区轮作）或四年生（八区轮作）草带 3 条以上，沿峁边线则种植紫穗槐或柠条带。其在全国普遍适用，主要用于 25°以下，坡度越陡作用越小，坡度越大带越窄，密生作用比重越大，带与主风向垂直，可作为修梯田的基础。

（7）水平沟：适用于 15°～25°的陡坡耕地，沟口上宽 0.6～1.0 m，沟底宽 0.3～0.5 m，沟深 0.4～0.6m，沟半挖半填，内侧挖出的生土用在外侧作埂，树苗栽在沟底外侧。水平沟一般用于治理荒坡的造林整地，可拦蓄一定的径流泥沙。水平沟耕作是 20 世纪 70 年代末旱地农业技术的重要成果之一，也是目前黄土高原坡耕地上应用比较有效且面积较大的水土保持耕作措施。

（8）少耕免耕：少耕免耕技术是指在上茬作物收获后，后续作物种植时只做极有限的土地耕整或不进行耕整而直接种植后茬作物。长时间的免耕可以使得农田土壤有机质含量不断提高、土壤结构持续改善、土壤的容水能力和入渗性能极大提高，从而达到涵养水源、提高地力、减少水土流失、增加作物产量的目的（袁希平和雷廷武，2004）。

7.1.3　工程措施

水土保持工程措施是指通过改变一定范围内（有限尺度）小地形（如坡改梯等平整土地的措施），拦蓄地表径流，增加土壤降雨入渗，改善农业生产条件，充分利用光、温、水土资源，建立良性生态环境，减少或防止土壤侵蚀，合理开发、利用水土资源而采取的措施。

我国根据兴修目的及应用条件将水土保持工程措施分为山坡防护工程、山沟治理工程、山洪排导工程、小型蓄水用水工程（王礼先，1997）。其中防止坡地土壤侵蚀的水土保持工程措施主要指山坡防护工程，其主要有以下几种。

（1）水平梯田：水平梯田是我国年代久远的水土保持方法，其广泛分布于世界许多地区，如北非、法国、中美洲及亚洲、日本、印度、韩国及东南亚等。梯田的田面呈水平，各块梯田将坡面分割成整齐的台阶，为高标准的基本农田，适宜种植水稻和其他旱作作物、果树等。

（2）鱼磷坑：鱼磷坑是一种水土保持造林整地方法，在较陡的梁峁坡面和支离破碎的沟坡上沿等高线自上而下的挖半月型坑，呈品字形排列，形如鱼鳞，所以称为鱼鳞坑。鱼鳞坑具有一定的蓄水能力，在坑内栽树，可保土保水保肥，可将树植在坑中。平面呈半圆形，长径 0.8～1.5 m，短径 0.5～0.8 m，坑深 0.3～0.5 m，沿等高线布设，上下两行坑口呈"品"字形错开排列。坑两端挖宽深 0.2～0.3 m，呈倒"八"字形的截水沟，形状多为曲线形，用于引导降雨径流入坑。

（3）隔坡梯田：隔坡梯田是沿原自然坡面隔一定距离修筑一水平梯田，在梯田与梯田间保留一定宽度的原山坡植被，使原坡面的径流进入水平田面中，增加土壤水分以促进作物生长。实施过程中，在一个坡面上将 1/3～1/2 面积修成水平梯田，上方留出一定面积（1/2～2/3）的原坡面，坡面产生的径流汇集拦蓄于下方的水平田面上，以在田面产生雨水的叠加效应。修建隔坡梯田较水平梯田省工 50%～75%。特别适用于土地多、劳力少、降水相对较少的地区，在黄土高原具有广泛的适用性，可作为水平梯田的一种过渡形式。

（4）反坡梯田：田面坡向与山坡坡向相反，田面微向内倾斜形成 3°～5°的反坡梯田。反坡梯田具有较强的蓄水保土能力。适用于 15°～25°的陡坡，阶面宽 1.0～1.5 m，外高内低。反坡梯田的修建既解决土壤的冲蚀问题，又可以因地制宜地有效利用水资源，防治农业非点源污染，从而改善区域的生态环境和防治旱涝灾害发生。要求暴雨时各水平台阶间斜坡径流在阶面上能全部或大部容纳入渗，树苗栽种在距阶边 0.3～0.5 m 处，适宜种植旱作和果树。

（5）坡式梯田：指山丘坡面地埂呈阶梯状而地块内呈斜坡的一类旱耕地。它由坡耕地逐步改造而来。为了减少坡耕地水土流失量，则在适应位置垒石筑埂，形成地块雏形，并逐步加高地埂，地块内坡度逐步减小，从而增加地表径流的下渗量，减少地面冲刷。许多地方在边埂上栽桑植果、栽种黄花草等，既巩固了地埂、增加收益，又提高了水土保持效果。20 世纪 50 年代其曾在黄土高原普遍推广，但由于对建设坡式梯田的技术和效益研究不够，实施中埂地间距太宽，地埂质量差等原因，影响了坡式梯田的应用，而被一次性整平的水平梯田所代替（袁希平和雷廷武，2004）。

7.2　水土保持措施效益概述

水土保持措施效益定量计算是水土保持规划及各种水土保持措施实施的重要依据，它是指这些措施的实施所减少的径流和侵蚀产沙量相对于对照的百分数（或比例）。他人研究结果表明，小麦地不同措施的减水效益平均约为 50%，最低为 15%，大豆地减沙效益平均为 73%，最低为 30%。成林林地，如刺槐、柠条、沙打旺保土、保水效益最高，其减水、减沙效益平均高达 82%和 99%；其次为草灌类型，如草木樨、红豆草、紫花苜蓿、幼年沙打旺和柠条林等，并且以草（草木樨、红豆草、紫花苜蓿）灌（柠条）间作为高，减流减沙效益分别为 58%和 77%（卢宗凡等，1988；侯喜禄和曹清玉，1990）；农作物，如谷子、糜子、豆类、玉米、小麦等的水土保持作用最小，其平均减水减沙效益分别为 29%和 56%（张兴昌和卢宗凡，1993；林素兰和孙景华，1997）。各种水土保持耕作措施的减水效益平均在 51%以上，而减沙效益大都大于 70%（平均 61%），其中等高沟垄耕作、垄作区田和套犁沟播减水减沙效益相当，水平沟耕作措施减水减沙效益随坡度变化较大（张兴昌和卢宗凡，1993；林素兰和孙景华，1997；林和平，1993；水建国等，1989）。水土保持工程措施减流效益在 55%以上（平均 68%），减沙效益高于65%（平均 81%），其中水平梯田、隔坡梯田、坡式梯田水土保持效益略高于鱼鳞坑和水平阶（魏玉杰和李华，1992；石生新和蒋定生，1994）。就平均水平而言，水土保持工程措施的减水减沙效益普遍高于生物林草措施和耕作措施，但是由于工程措施耗工、耗时、投入资金大，在现阶段难以大面积推广（袁希平和雷廷武，2004）。

　　另外，在坡地土壤侵蚀研究中，人们发现侵蚀量随坡度的增大而增加，不同的实验小区在相同的状况下，坡度越大土壤侵蚀量越大，而在相同状况的治理小区中，单项水保措施土壤减蚀量也受到坡度变化的影响。坡度越大水土保持单项措施的减蚀效果越明显。现当坡度超过一定界限时，随着坡度的增大，土壤侵蚀量反而减少，对于这个临界坡度，霍顿（Horton. R. E）、伦纳（Renner. F. G）等在本世纪 40 年代对此开展了初步分析，近年来国内的陈法扬（1985）、曹文洪（1993）又从理论及实验上进行了研究，理论上得出的临界坡度为 41.4°～57°，而实验观测得出的值为 25°～40.5°。在紫色土地区，由于土壤质地疏松，抗蚀性和抗冲性都较差，土壤临界坡度不是一个定值，它随着土壤结构及降雨因子的变化应有一定的变化幅度，其值取决于降雨、土壤结构等影响因子之间的相互叠加及抵消。侵蚀作用越强，以黄土为母质形成的土壤表层易侵蚀颗粒及结构的损失就越大，表现为随坡度增大，土壤抗径流剪切及搬运能力增强，所以将土壤视为均一不变的因子而推导出的理论值偏大。从理论分析及实测结果来看，紫色土土壤侵蚀的临界坡度为21.4～45°。根据实际的应用需要和实际情况，选取紫色土的临界坡度为 25°，所以对于水土保持措施的减沙效益，选取 25°为最大坡度作为减蚀分析的最大坡度。张科利等（2000）对我国典型径流小区的坡度变化范围进行分析后认为，坡度范围在 10°～20°的径流小区约占全部径流小区的 40%，表明这一范围的径流小区基本上能代表我国现状小区坡度的平均水平。对该范围坡度内的减蚀效益做出更明确的界定，在流域中进行计算时能够更好地反映单项措施实施的坡度因素的影响，可对单项措施的坡度影响进行分级。

　　不同坡度条件下的水土保持单项措施的减沙效益随着坡度的变化而变化，由于水土保持措施实施地坡度不同，水土保持措施的减沙效益也不同，在坡度较大的地区，侵蚀产沙量较大，单项水土保持措施的减沙效益也较大，并主要集中在 15°～25°的坡度范围内，因此，该坡度范围为水土保持治理的重要坡度范围，其治理的效益也较大（表 7-1）。

表 7-1　不同坡度条件下的水土保持措施减沙效益

措施（t）＼坡度（°）	5	10	15	20	25
林地	8.1	20.1	39.1	54.4	68.9
草地	10.9	27.2	53.1	73.8	93.5

7.3　土地利用/覆被与土壤侵蚀的关系

　　土地利用/覆被变化影响着流域的水文及水土流失过程，尤其对坡耕地来说。土壤侵蚀在很大程度上是由缺乏植被覆盖而引起的，很多地区放弃了传统耕作并恢复植被，这在很大程度上改变了当地的水文响应与输沙过程（Gallart and Llorens，2004；

Lopez-Moreno et al.，2006）。许多研究表明，人类活动影响的土地利用变化对水沙通量产生重要影响（McIntyre，1993；Slaymaker，2001；Van Oost et al.，2000；Boix-Fayos et al.，2008；García-Ruiz et al.，2008；Fiener et al.，2011；Manuel et al.，2011；Yan et al.，2013；Shi et al.，2014）。土地利用/覆被变化改变原有地表植被类型及其覆盖度、径流状况及土壤的理化性质，从而影响土壤侵蚀的发生与发展，成为影响土壤侵蚀的重要因素；反过来，土壤侵蚀又限制土地利用的结构和空间布局，引起土地生产力退化，进一步激化人地矛盾（赵文武，2004[①]；贾俊姝，2009[②]）。

7.3.1　土地利用/覆被变化影响土壤质量

土地利用变化严重引起的土壤退化，如果不能引起人们的重视，最终将动摇人类生存和发展的物质基础。土壤退化过程主要包括侵蚀、盐碱化、潜育化、板结、酸化、贫瘠化、沙化与沙漠化（Turner，1990）。土地利用/覆被变化可影响能量交换、水交换、侵蚀（或堆积），以及生物循环和作物生产等土壤生态过程（郭旭东等，1999）。土地利用方式和土地覆被类型的空间组合影响着土壤养分的迁徙规律，不同的土地单元对营养成分的滞留和转化有不同的作用，土壤肥力演变是土壤圈物质循环的实质内容（贾俊姝，2009）[②]。根据联合国粮农组织在非洲多个国家所做的研究，在 1982～1984 年，农业生产活动给土壤养分平衡带来了极大的影响，平均每公顷损失 22 kg 的氮素、2.6 kg 的磷及 15 kg 的钾，个别国家的情况更加严重，使得土壤养分日渐衰竭（Smaling and Fresco，1993）。傅伯杰等（1999）研究了黄土丘陵区土地利用变化对流域土壤侵蚀、土壤养分和土壤水分分布的影响，探讨了不同二地利用结构和类型对土壤元素分布的影响规律，提出了合理的土地利用配置。胡金明和刘兴土（1999）对三江平原土壤质量的研究发现，大面积开荒和不合理的耕作制度是这一地区土壤退化严重、土壤侵蚀急剧的主要原因。

7.3.2　土地利用/覆被变化影响土壤侵蚀

研究土地利用/覆被变化对土壤侵蚀的影响可以为区域资源的合理开发、生态整治与环境建设服务（姚华荣和崔保山，2006）。戴昌达等（1998）研究认为，导致洪涝灾害加剧最大最直接的因素首先是随着人口的膨胀，大面积砍伐森林，大规模垦殖坡地，自然植被覆盖率大幅度下降，促使水土流失面积扩大，程度加强，地表径流增多。每当一场大暴雨后，降雨的大部分没有被自然植被截流与保护，迅速夹带表层泥沙注入江、河、湖、水库，一方面增大当时的洪峰流量；另一方面，从山坡上冲刷下来的泥沙淤塞洞道及湖泊水库，降低了河流行洪能力和湖泊调蓄洪水容量（贾俊姝，2009）。

影响土壤侵蚀的因素涉及气候、地形、土壤、植被等多个方面，其中，森林砍伐、草地过牧、围湖造田、陡坡开荒等不合理的人类土地利用方式往往是导致土壤侵蚀的主要原因之一（赵文武等，2006）。土地利用可以通过改变地形条件、土壤性质、植被覆盖等来影响土壤侵蚀的发生和发展（Briedey and stankoviansky，2003；Fu et al.，2000；Martinez-femandezetal et al.，1995；柳长顺等，2001）。土壤侵蚀作为土地利用/覆盖变化

① 赵文武. 2004. 黄土丘陵沟壑区土地利用变化与土壤侵蚀. 北京：中国科学院生态环境研究中心博士学位论文.
② 贾俊姝. 2009. 大通县土地利用/覆被变化与土壤侵蚀的研究. 北京：北京林业大学博士学位论文.

引起的主要环境效应之一（温志广，2003），是自然和人为因素叠加的结果，不合理的土地利用和地表植被覆盖的减少对土壤侵蚀具有放大效应（柳长顺等，2001；邹亚荣等，2002）。土地利用/土地覆盖变化与土壤侵蚀关系的研究已逐渐成为土地利用/覆被变化研究和土壤侵蚀研究一项重要的新课题。

　　我国已有很多学者研究了土地利用变化对土壤侵蚀的影响，认为由于人类不合理的土地利用引发土壤侵蚀、土地退化、水资源短缺、海水入侵等生态环境问题。傅伯杰等（2002）通过野外对坝库泥沙的实测和利用 ^{137}Cs 及 ^{210}Pb 技术分析，研究了黄土沟壑丘陵区小流域土地利用变化对土壤侵蚀的影响；赵晓丽等（1999）建立了土壤侵蚀分类系统和强度分析模型，用来分析西藏中部地区土壤侵蚀动态变化；潘剑君和张桃林（1999）利用遥感影像对比分析了不同时期的土壤侵蚀面积变化，并研究了江西省余江县的土壤侵蚀时空演变；范建容等（2001）分析了四川省李子溪流域两期不同土地利用下的土壤侵蚀状况；李明贵和李明品（2000）研究了呼伦贝尔盟水土流失与土地利用的关系，发现不同坡度上的耕地对水土流失的贡献不同；雷会珠等（2000）探讨了黄土高原丘陵沟壑区的土地利用与土壤侵蚀关系，发现不合理的土地利用是导致土壤侵蚀的主要原因；陈松林（2000）以福建省延平区为例，在 GIS 的支持下，将土壤侵蚀图与土地利用现状图进行叠加分析，发现不同土地利用类型土壤侵蚀程度差异显著；喻权刚（1998）的研究发现，年土壤侵蚀量与平耕地所占比例呈负相关，而与坡耕地所占比例呈正相关；朱连奇等（2003）以福建省山区为例，探讨了土地利用/覆被变化对土壤侵蚀的影响规律；杨子生等（2004）分析了 1960～2000 年的宾川县土地利用/覆被变化及其引起的土壤侵蚀变化特征；吴秀芹等（2005）以贵州省喀斯特发育典型的一个小流域为例，探讨了土地利用类型、坡度格局和高度格局 3 方面与土壤侵蚀的关系，研究发现，喀斯特山区土地利用/覆被和土壤侵蚀之间的关系与其他地区不尽相同；姚华荣和崔保山（2006）采用 GIS 空间分析与传统统计分析相结合的方法，研究了澜沧江流域云南段土地利用及其变化对土壤侵蚀的影响；周自翔和任志远（2006）利用 GIS 软件研究了陕北黄土高原土地利用强度与土壤侵蚀强度之间的相互关系。

　　由于研究尺度不同，土地利用和土壤侵蚀的作用机制也会发生明显的变化（傅伯杰等，2003；Mitasova et al.，2001）。在坡面尺度上，土壤侵蚀的研究往往是基于小尺度的特征，针对雨滴溅蚀、片蚀、细沟侵蚀、浅沟侵蚀过程等开展土壤流失机理方面的研究，并建立相应的模型；在小流域尺度上，土壤侵蚀的研究需要在地块/坡面尺度研究成果的基础上，综合考虑小流域尺度上气象、水文、地貌、土壤、植被等因子的时空变异特征，通过一些过程模型、分布式模型或尺度上推出的方法来进行土壤侵蚀的预测或评价；在区域尺度上，由于土壤侵蚀因子的时空变异较大，而且难以通过直接观测或重复实验来开展土壤侵蚀的研究，往往是通过尺度转换、宏观评价等方法来实现。在过去的水土保持学科领域中，往往强调侵蚀过程对改变土壤肥力的影响，进而说明对降低农业产量的影响（柯克比和摩根，1987）。现在人们已开始把注意力转向侵蚀所造成的其他严重后果方面，如大量沉积物所引起的环境污染，农业区域地表径流迁移化学物质所造成的水源污染等，土壤侵蚀本身是一种大范围内的非点源污染（李清河等，1999）。因此，加强土地利用变化和土壤侵蚀效应具有十分重要的理论和实践意义（贾俊姝，2009）。

7.4　土地利用/覆被的产流产沙实例分析

7.4.1　鹤鸣观小流域不同土地利用类型产流产沙

　　为了研究四川紫色土地区不同土地利用方式的产流产沙特征，在前面所述的 3 个径流小区进行了长期的观测试验。通过对 1983～2004 年径流小区 121 场降雨径流观测资料的分析发现，1983～2004 年 3 个小区的径流系数与侵蚀模数有明显的减少趋势。前一阶段（1983～1986 年 49 场降雨）3 个小区径流深与降雨量有很好的正相关关系（线性相关系数在 0.9 以上），与平均降雨强度的相关性很差，侵蚀模数与降雨量、平均降雨强度有一定的相关性（线性相关系数在 0.554～0.739）；后一阶段（1987～2004 年 72 场降雨）3 个小区径流深与降雨量、平均降雨强度的相关性都很差，侵蚀模数与降雨量的相关性很差，与平均降雨强度的相关性较好（线性相关系数在 0.8 左右）。

　　在降雨条件相同的情况下，第一阶段（1983～1986 年）Ⅰ号小区径流系数最大，Ⅲ号小区最小，如图 7-1（a）所示，侵蚀模数（t/km²）Ⅲ号小区最大，Ⅱ号小区最小，如图 7-2（a）所示；第二阶段（1987～2004 年）Ⅲ号小区径流系数、侵蚀模数（t/km²）都是最大的，Ⅰ号小区最小，分别如图 7-1（b）、7-2（b）所示，并且Ⅲ号小区的侵蚀

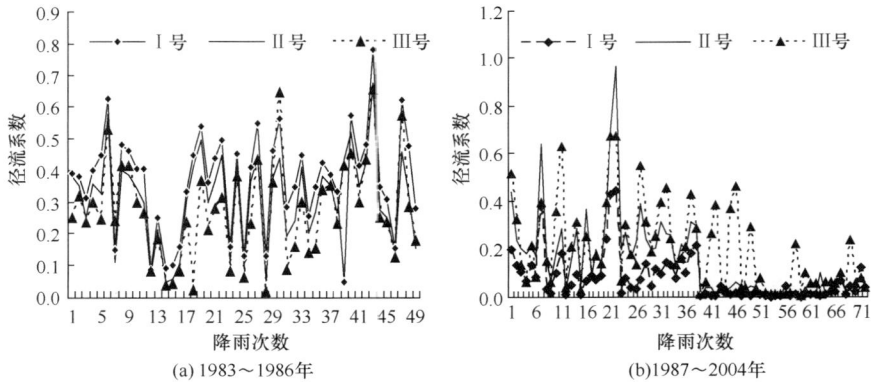

(a) 1983～1986年　　　　　　　　　　　　(b)1987～2004年

图 7-1　鹤鸣观小流域 3 个径流小区径流系数对比

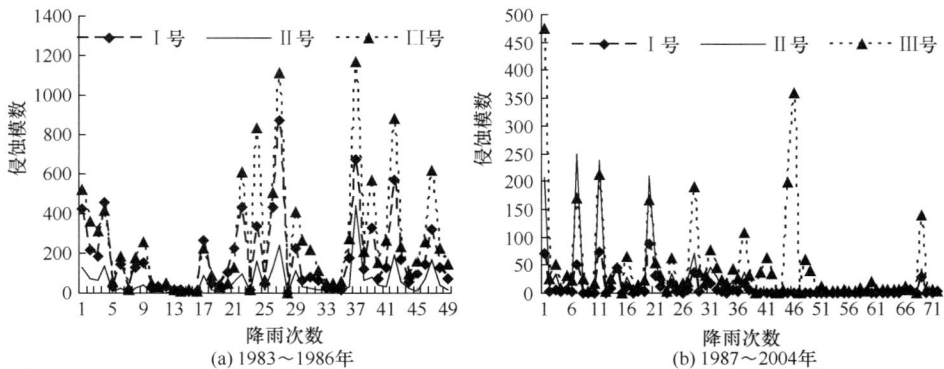

(a) 1983～1986年　　　　　　　　　　　　(b) 1987～2004年

图 7-2　鹤鸣观小流域 3 个径流小区侵蚀模数对比

模数远远高于其余两个小区。也就是说，在相同的降雨条件下，荒地的径流系数＞自然坡耕地＞自然灌木林；梯地的径流系数＞有水土保持措施的灌木林＞林地。坡耕地的侵蚀模数＞荒地＞自然灌木林；梯地的侵蚀模数＞有水土保持措施的灌木林＞林地。

7.4.2　崇陵小流域不同土地利用类型产流产沙

对比分析崇岭小流域径流小区的产流产沙情况发现，在降雨条件相同的情况下，裸地小区的产沙模数（M_s，t/km^2）、径流系数（α）明显大于其他小区，荒地小区次之，侧柏小区最小，灌草小区介于松树小区与荒地小区之间（表 7-2）。由此可见，在这几类径流小区中，植被覆盖是引起其产沙模数、径流系数差异的主要原因，侧柏小区的径流系数小于松树小区的原因可能是侧柏的树冠截留能力比松树强，进而使得侧柏小区的产沙模数也小于松树小区；荒地小区和裸地小区的差别说明在大清河山区枯枝落叶能显著减少地表降雨径流，进而减少土壤侵蚀，当然其减水减沙的效果比树木、灌草差（袁再健和孙倩，2016）。

表 7-2　相同降雨条件下各径流小区产沙模数与径流系数比较

降雨次数	荒地小区		裸地小区		侧柏小区		松树小区		灌草小区	
	M_s	α	M_s	α	M_s	α	M_s	α	M_s	α
1	70.0	0.60	549.4	0.92	15.0	0.27	25.0	0.43	13.0	0.21
2	20.1	0.46	121.9	0.70	19.0	0.08	25.0	0.17	16.0	0.10
3	104.1	0.57	911.5	0.97	29.0	0.26	28.0	0.26	39.0	0.16
4	11.9	0.80	48.1	0.83	7.1	0.13	7.2	0.06	19.0	0.24
5	6.0	0.60	46.7	0.72	2.0	0.07	3.5	0.06	21.3	0.13
6	8.1	0.61	16.9	0.97	6.6	0.13	5.3	0.07	23.0	0.56
7	3.4	0.57	1.3	0.63	3.0	0.01	9.0	0.19	12.7	0.05
8	2.8	0.51	3.5	0.72	4.4	0.05	11.0	0.15	9.5	0.06
平均值	28.3	0.59	212.4	0.81	10.8	0.12	14.3	0.17	19.2	0.19

7.5　鹤鸣观小流域水土保持措施的减沙效益分析

7.5.1　鹤鸣观小流域主要水土保持措施

鹤鸣观小流域的水土保持措施包括生物林草措施、耕作措施和工程措施 3 类，如种植水保林，种植草灌，坡改梯，以及修建淤地坝、塘库、截水沟、蓄水池、沉沙函等水土保持工程措施。从 1985 年开始，鹤鸣观小流域经过两年观测以后，分别于 1987～1989年及 1991～1992 年对小流域进行全面的水土流失综合治理，共治理水土流失面积 0.414 km^2，治理度为 86%。流域内共进行坡改梯工程 8.93 hm^2，建成淤地坝两座，至 1991 年基本淤平时，共淤地 0.56 hm^2；修、扩建埝塘 6 口，增加蓄水能 5800 m^3；修建灌溉渠、截流沟、排洪沟 32 条计 9.71 km，配套修建蓄水池、沉沙函 74 个，形成了拦、蓄、引、灌、排有机结合的坡面工程防护体系。在改造原有天然次生疏林的基础上，新增桤柏混交造林 12.03 hm^2，种草、灌木 5.83 hm^2，存活率在 85%以上。流域林草（灌）地面积

占宜林宜草地面积的 90.1%；加上田埂栽桑、庭院建园，林草覆盖度由治理前的 16.2%
提高到 1995 年的 58.2%（表 7-3，表 7-4）。同时，在流域内大力推行水土保持耕作制度，
坚持挑沙面土等传统保土习俗，改顺坡耕种为横坡垄作，加上普遍的合理间、套作，有
效地增加了汛期流域坡面的地表保护，流域水土流失逐渐得到了控制，土地利用结构趋
于合理，生态环境逐渐得到改善。

表 7-3　鹤鸣观小流域治理前后的土地利用状况

地类	治理前（1985 年）面积	比例（%）	治理后（1995 年）面积	比例（%）	对比增加面积	比例（%）
非生产用地	7.11	8.9	4.93	6.2	−2.18	−2.7
梯田（地）	6.55	8.2	15.48	19.4	8.93	11.2
坡耕地	15.36	19.2	8.60	10.8	−6.76	−8.4
疏林地	9.68	12.1	3.07	3.8	−6.61	−8.3
成林	11.80	14.7	30.47	38.0	18.67	23.3
草灌地	7.11	8.9	12.95	16.2	5.83	7.3
荒地	22.39	28.0	4.50	5.6	−17.88	−22.4
总计	80.00	100	80.00	100	0	0

表 7-4　鹤鸣观小流域采用的水土保持工程措施

埝塘		淤地坝		沟渠		池凼	
口	容积（m³）	座	面积（km²）	条	长度（km）	个	容积（m³）
6	5800	2	0.56	32	9.71	74	700

7.5.2　鹤鸣观小流域水土保持措施减水减沙效益分析

通过工程措施、生物措施和水土保持农业技术措施的合理配置，改变流域微地貌、
微地形，从而改变径流产沙的边界条件，提高土壤抗蚀抗冲能力，达到降低土壤侵蚀量
的目的。鹤鸣观小流域进行了水土保持林草和水土保持工程措施治理以后取得明显的减
水减沙效益。流域的侵蚀产沙规律呈现明显的变化。

从 1989 年开始，流域的侵蚀模数和洪水含沙量均呈下降趋势，主要是由于水土保持
措施在改变了微地形后，改变了流域下垫面的特征，起到了抑制流域产沙的作用（表 7-5）。

表 7-5　鹤鸣观小流域 II 号支沟治理前后径流与产沙

年份	年降水（mm）	汛期降水（mm）	比例（%）	年径流（mm）	汛期径流（mm）	比例（%）	输沙模数（t/km²）	洪水含沙量（kg/m³）
1985	1039.6	929.5	89.4	364.1	349.5	96.0	2199.0	9.826
1986	623.7	495.0	79.4	69.3	66.0	95.2	265.9	9.029
1987	1162.8	1064.8	91.6	382.3	376.4	98.5	1403.5	4.867
1988	937.4	874.8	93.3	243.7	232.3	95.3	380.4	2.549
1989	1016.7	803.8	79.1	274.3	259.3	94.5	538.6	3.595
1990	757.9	591.3	78.0	138.9	132.6	95.5	52.3	0.539
1991	859.6	751.2	87.4	203.0	199.1	98.1	595.7	4.376
1992	875.4	751.3	85.8	175.9	171.4	97.4	69.6	0.899
1993	1027.5	865.3	84.2	346.3	334.0	96.4	426.9	1.912
1994	720.9	543.1	75.3	85.3	77.7	91.1	11.3	0.463
1995	768.6	676.9	88.1	110.3	103.4	93.7	16.1	0.400
平均	890.0	758.8	85.3	217.6	209.2	96.1	541.8	

根据鹤鸣观多年水文资料分析，鹤鸣观流域的水文年划分为丰水年（大 1100mm）、平水年（900～1100mm）及枯水年（小于 900mm），取 3 种不同水文年减沙效益的均值，得到单项水土保持措施减水减沙效益均为定值。

另外，通过鹤鸣观分布式侵蚀产沙模型的计算可以看出，在降雨条件类似的情况下，治理前的水土流失量大大高于治理后的流失量。

（1）梯地减水减沙：紫色土的侵蚀以坡耕地侵蚀最为严重。坡改梯工程这种基本的水土保持坡面工程措施，对改变地形、减水减沙、改良土壤、增加产量、改善生态环境等都有很大作用。根据他人的研究表明，相对于顺坡耕种的坡耕地，鹤鸣观小流域梯地可减少汛期坡面地表径流 8.9%～19.6%，减少坡面侵蚀产沙 71.1%～86.6%，多年平均减少地表径流 11.4%，减少产沙 75.1%，且减水减沙效益比较稳定。该流域小区试验表明，梯地减水效益远低于减沙效益，是因为流域坡面土层浅薄，土壤持水容量小，壤中流沿坡面汇流过程中转化为地面径流的比例大。与坡耕地相比，梯地表现出稳定的、较强的减沙能力，主要是由于坡改梯工程改变了坡面微地形，降低地表径流流速，从而使径流挟沙能力大大减小。

（2）林草工程减水减沙：植被可以阻截部分降雨能量，使土壤表面免于雨滴击溅，对防止溅蚀具有重要意义。植被对地表的保护作用主要取决于植被覆盖率，一般随着覆盖率的增加，侵蚀作用迅速降低，当植被覆盖率超过 60%后，地表将基本无土壤侵蚀发生。人工造林地地表植被与枯枝落叶层状况对于减轻侵蚀的作用也很大。

该流域径流小区试验资料表明，人工林地在前 4 年的减水减沙效益是较小的，汛期平均减水 23.5%，减沙 14.5%，从第 5 年起，减水减沙效益发生飞跃，减水幅度在 60%以上，减沙幅度在 90%以上。4 年后，地表植被得到了恢复，林木覆盖率也有所提高，小区最大覆盖率可达 60%，而大量枯枝落叶对地表的覆盖，使减水减沙作用突出。随着林木的进一步郁闭，减水减沙作用进一步增加，到第 8 年，最大覆盖率达 85%，地表径流减少达 97.9%，坡面产沙量仅有 $0.6t/km^2 \cdot a$，完全可以忽略不计。

草灌小区观测结果表明，草灌等低地植物能迅速形成郁闭，切实保护地表，减轻雨滴的击溅破坏作用，增加地表糙率，减缓径流流速，提高土壤抗冲能力，从而使减水减沙作用变得十分明显。草地在当年汛期表现出较好的减沙作用，前 4 年平均减沙幅度为 63.3%，由于草灌地无工程措施配合，所以其减水作用不及工程造林地，前 4 年平均减水 18.8%，以后由于点种的灌木（黄荆、马桑）逐渐建群，汛期地表覆盖率达 80%～90%，减水减沙作用逐渐增大。草灌地由于根系扎根浅，增加地面下渗能力大于林地，减水作用小于林地；但草灌地能迅速覆盖地表，减沙作用十分迅速有效。

以上研究表明：①鹤鸣观小流域的水土保持措施起到了很好的减水减沙效益，对农业生产带来了积极效果。通过分布式模型定量的计算分析，也能够明显地看出，在类似的降雨条件下，治理后的水土流失量大大小于治理前的流失量。②在各类土地利用方式中，荒地的径流系数＞自然灌木林＞坡耕地＞梯地＞有水土保持措施的灌木林＞林地，坡耕地的侵蚀模数＞荒地＞梯地＞自然灌木林＞有水土保持措施的灌木林＞林地。③在大清河土石山区，各种土地利用方式的径流小区产沙模数与径流系数从小到大依次为侧柏林＜松树林＜灌草地＜荒地＜裸地，这与紫色土地区相关研究结果大致相同（袁再健等, 2006); 侧柏小区的径流系数、产沙模数小于松树小区; 而枯枝落叶覆盖通过减少地表径流、地表溅蚀, 从而大大减少水土流失量。④水土保持措施减水减沙效果明显, 其中林草措施效益最好, 坡改梯减水减沙效益次之, 但考虑到农业生产, 坡改梯能提高农业产量, 增加经济效益; 因此, 在四川紫色土流域, 宜采用生物林草措施与坡改梯相结合的水土保持措施, 在坡度较陡的地方退耕还林, 在缓坡地带坡改梯。

参 考 文 献

曹文洪. 1993. 土壤侵蚀的坡度界限研究. 水土保持通报, 13(4): 1～5.

陈法扬. 1985. 不同坡度对土壤冲刷量影响试验. 中国水土保持, (2): 18～19.

陈松林. 2000. 基于 GIS 的土壤侵蚀与土地利用关系研究. 福建师范大学学报(自然科学版), 16(1): 106～109.

戴昌达, 唐伶俐, 王文, 等. 1998. 我国洪涝灾害加剧的主要因素与进一步抗洪减灾应取的对策. 自然灾害学报.

范建容, 柴宗新, 刘淑珍, 等. 2001. 基于 RS 和 GIS 的四川省李子溪流域土壤侵蚀动态变化. 水土保持学报, 15(4): 25～28.

符素华, 刘宝元, 路炳军, 等. 2009. 官厅水库上游水土保持措施的减水减沙效益. 中国水土保持科学, 7(2): 18～23.

傅伯杰, 陈利顶, 马克明. 1999. 黄土丘陵区小流域土地利用变化对生态环境的影响—以延安市羊圈沟流域为例. 地理学报, 54(3): 241～246.

傅伯杰, 陈利顶, 王军, 等. 2003. 土地利用结构与生态过程. 第四纪研究, 23(3): 247～255.

傅伯杰, 邱扬, 王军, 等. 2002. 黄土丘陵小流域土地利用变化对水土流失的影响. 地理学报, 57(6): 25～28.

郭旭东, 陈利顶, 傅博杰. 1999. 土地利用/土地覆被变化对区域生态环境的影响. 环境科学进展, 7(6): 66～75.

国家技术监督局. 2000. 中华人民共和国国家标准. 水土保持综合治理技术规范(第 5 版). 北京: 国家技术监督局发布.

侯喜禄, 曹清玉. 1990. 陕北黄土丘陵沟壑区植被减沙效益研究. 水土保持通报, 10(2): 33～40.

胡金明, 刘兴土. 1999. 三江平原土壤质量变化评价与分析. 地理科学, 19(5): 417～421.

黄河水利委员会绥德水土保持科学试验站. 1981. 水土保持试验研究成果汇编(第 2 集).

贾俊姝. 2009. 大通县土地利用/覆被变化与土壤侵蚀研究. 北京: 北京林业大学, 博士学位论文.

柯克比 M J, 摩根 R P C. 1987. 土壤侵蚀. 王礼先译. 北京: 水力电力出版社.

雷会珠, 杨勤科, 焦锋. 2000. 黄土高原丘陵沟壑区的土壤侵蚀与土地利用. 水土保持研究, (6): 25～28.

李明贵, 李明品. 2000. 呼盟黑土丘陵区不同土地利用水土流失特征研究明. 中国水土保持, (10): 23～26.

李清河, 李昌哲, 孙保平, 等. 1999. 土壤侵蚀与非点源污染预测控制. 水土保持通报, 19(4): 54～57.

李清河, 齐实. 2000. 黄土区小流域土壤侵蚀模型系统解析. 水土保持通报, 20(1): 28～31.

林和平. 1993. 水平沟耕作在不同坡度上的水土保持效应. 水土保持学报, 7(2): 63～69.

林素兰, 孙景华. 1997. 辽北低山丘陵区坡耕地土壤流失方程的建立. 土壤通报, 28(6): 251～253.

柳长顺, 齐实, 石明昌. 2001. 土地利用变化与土壤侵蚀关系的研究进展. 水土保持学报, 15(S1): 10～13, 17.

卢宗凡, 苏敏, 李够霞. 1988. 黄土丘陵区水土保持生物和耕作措施的研究. 水土保持学报, 2(1): 37～48.

潘剑君, 张桃林. 1999. 应用遥感技术研究余江县土壤侵蚀时空演变. 水土保持学报, 5(4): 81～84.

山西省水土保持科学研究所. 1982. 1955～1981 年山西省水土保持科学研究所径流测验资料.

石生新, 蒋定安生. 1994. 几种水土保持措施对强化降水入渗和减沙的影响试验研究. 水土保持研究, 1(1): 82～88.

水建国, 孔繁根, 郑俊臣. 1989. 红壤坡地不同耕作影响水土流失的试验. 水土保持学报, 3(1): 84～90.

魏玉杰, 李华. 1992. 花岗片麻岩地区坡耕地改造途径及其效益分析. 水土保持通报, 12(6): 26～32.

温志广. 2003. 河北省水土流失与防治对策. 石家庄师范专科学校学报, 5(6): 56～58.

吴秀芹, 蔡运龙, 蒙吉军. 2005. 喀斯特山区土壤侵蚀与土地利用关系研究——以贵州省关岭县石板桥流域为例. 水土保持研究, 12(4): 46～48.

杨子生, 贺一梅, 李云辉. 2004. 近40年来金沙江南岸干热河谷区的土地利用变化及其土壤侵蚀治理研究——以云南宾川县为例. 地理科学进展, 23(2): 16～25.

姚华荣, 崔保山. 2006. 澜沧江流域云南段土地利用及其变化对土壤侵蚀的影响闭.环境科学学报, 26(8): 1362～1371.

喻权刚. 1998. 遥感信息研究黄土丘陵区土地利用与水土流失.郑州: 黄河水利出版社.

袁希平, 雷廷武. 2004. 水土保持措施及其减水减沙效益分析.农业工程学报, 20(2): 296～300.

袁再健, 蔡强国, 秦杰, 等. 2006. 鹤鸣观小流域不同土地利用方式的产流产沙特征. 资源科学, 28(1): 70～74.

袁再健, 孙倩. 2016. 海河流域大清河土石山区不同空间尺度水沙关系分析. 资源科学, 38(4): 750～757.

张安邦, 上官周平, 焦菊英, 等. 2010. 黄土高原水保措施减水减沙效益评价系统.水土保持通报, 30(1): 171～175.

张科利, 刘宝元, 蔡永明. 2000. 土壤侵蚀预报研究中的标准小区问题论证.地理研究, 19(3): 297～302.

张兴昌, 卢宗凡. 1993. 农作物水土保持效益的数值化综合评价.水土保持学报, 7(2): 51～56.

赵斌, 傅伯杰, 吕一河, 等. 2006. 多尺度土地利用与土壤侵蚀. 地理科学进展, 25(1): 24-33.

赵晓丽, 张增祥, 王长有, 等. 1999. 基于 RS 和 GIS 的西藏中部地区土壤侵蚀动态监测.水土保持学报, 5(2): 44～50.

中国农学会土壤肥料研究会, 水利电力部黄河水利委员会. 1986. 全国梯田学术讨论会论文汇编.

中国农业百科全书总编辑委员会土壤卷编辑委员会. 中国农业百科全书——土壤卷. 1996. 北京: 农业出版社.

周自翔, 任志远. 2006. GIS 支持下的土地利用与土壤侵蚀强度相关性研究——以陕北黄土高原为例. 生态学杂志, 25(6): 629～634.

朱连奇, 许叔明, 陈沛云. 2003. 山区土地利用/覆被变化对土壤侵蚀的影响.地理研究, 22(4): 432～438.

邹亚荣, 张增祥, 周全斌, 等. 2002. 基于 GIS 的土壤侵蚀与土地利用关系分析.水土保持研究, 9(l): 67～69.

Boix-Fayos C, De Vente J, Martínez-Mena M, et al. 2008. The impact of land use change and check～dams on catchment sediment yield. Hydrol. Process, 22(25): 4922～4935.

Brierley G, Stankoviansky M. 2003. Geomorphic respenses to landuse change. Catena, 51(3-4): 173～179.

Fiener P, Auerswald K, Van Oost K. 2011. Spatio-temporal patterns in land use and management affecting surface runoff response of agricultural catchments-a review. Earth-Sci. Rev., 106(1-2): 92～104.

Fu B J, Chen L D. 2000. Agricultural landscape spatial pattem analysis in the semiarid hill area of loess plateau, China. Journal of Arid Environments, (44): 291～303.

Fu B J, Chen L D, Ma K M, et al. 2000. The relationships between land use and soil conditions in the hilly area of the loess Plateau in northern Shanxi, China. Catena, (39): 69～78.

Gallart F, Llorens G. 2004. Observations on land cover changes and water resources in the headwaters of the Ebro catchment, Iberian Peninsula. Phys. Chem. Earth, (29): 769～773.

García-Ruiz J M, Regüés D, Alvera B, et al. 2008. Flood generation and sediment transport in experimental catchments affected by land use changes in the central Pyrenees. J. Hydrol, 356(1-2): 245～260.

Horton R E. 1945. Erosional development of streams and their drainage basins, hydrophysical approach to quantitative morphology. Geol. Soc. Amer. Bull. 56(3): 275～370.

Lopez-Moreno J I, Begueria S, Garcia-Ruiz J M. 2006. Trends in high flows in the central Spanish Pyrenees: response to climatic factors or to land-use change? Hydrol. Sci. J., (51): 1039～1050.

Manuel L V, Noemí L R, José Maria G R, et al. 2011. Assessing the potential effect of different land cover management practices on sediment yield from an abandoned farmland catchment in the Spanish Pyrenesss. J. Soil. Sediment, (11): 1140~1455.

Martinez-Femandez J, LoPez-Bermudez F, Romero-Diaza N. 1995. Land use and soil-vegetation relationships in a Mediterranean eceosystem: EI Ardal, Murcia, Spain. CATENA, 25(l): 153~167.

McIntyre S C. 1993. Reservoir sedimentation rates linked to long-term changes in agricultural land~use. J. Am. Water Resour. As, 29(3): 487~495.

Mitasova H, Mitas L, Brown W M. 2001. Multiscale simulation of land use impact on soil erosion and deposition pattems// Sustaining the Global Farm, 1163-1169.

Renner F G. 1936. Conditions influencing erosion of the Boise river watershed. V. S. Dept. Agric Tech. Bull.

Shi Z H, Huang X D, Ai L, et al. 2014. Quantitative analysis of factors controlling sediment yield in mountainous watersheds. Geomorphology, (226): 193~201.

Slaymaker O. 2001. Why so much concern about climate change and so little attention to land use change. The Canadian Geographer / Le Géographe canadien, 45(1): 71~78.

Smaling E M A, Fresco L O. 1993. A decision support model for monitoring nutrient balances under agricultural land use(nutmon). Geoderma, (60): 235~256.

Turner B L II .1990. Two types of global environmental change: definitional and spatial scale issues in their human dimensions. Globla Environmental Change, 1(1): 14~22.

Van Oost K, Govers G, Desmet P J J. 2000. Evaluating the effects of changes in landscape structure on soil erosion by water and tillage. Landscape Ecol., (15): 577~589.

Yan B, Fang N F, Zhang P C, et al. 2013. Impacts of land use change on watershed streamflow and sediment yield: an assessment using hydrologic modelling and partial least squares regression. J. Hydrol., (484): 26~37.

Yuan Z J, Chu Y M, Shen Y J. 2015. Simulation of surface runoff and sediment yield under different land~use in a Taihang Mountains watershed, North China. Soil & Tillage Research, (153): 7~19.

第 8 章　土地利用变化情景下的侵蚀产沙分析

8.1　侵蚀产沙情景分析研究概况

8.1.1　土壤侵蚀情景分析的意义

情景分析法是系统工程多目标规划筛选方法的一种扩展（Kronvang et al.，1999；Terpstra and Vanm，2001；徐中民，1999）。情景分析与传统趋势分析的区别在于前者在定量分析中嵌入了定性分析，以指导定量分析的进行，所以情景分析是一种定性与定量分析相结合预测与评价的方法（孙启宏和段宁，1997；岳珍和赖茂生，2006）。在应用情景分析法时，先创建一个基础情景用来反映环境现状，并给出根据预期的或可能的规划与增长轨迹而估计出的未来变化。然后，在此基础上生成 1 个或多个情景，其中包含对未来发展的各种不同假设（孙启宏和段宁，1997）。情景分析法的最大优势是使管理者能发现未来变化的某些趋势，从而避免过高或过低估计未来的变化及其影响（岳珍和赖茂生，2006；Du and Greigb，2007）。土壤侵蚀情景分析的意义在于通过不同情景的设定，形成相应的计算方案进行定量计算（刘忠等，1999；郭怀成等，1999；张振兴等，2002），从而反映不同情景下土壤侵蚀水平及各种情景方案的优劣，并对其进行比较，为综合治理水土流失和控制土壤侵蚀总量提供参考和建议（许红梅等，2008）。

8.1.2　土壤侵蚀情景分析概况

目前，合理配置和调整土地利用方式是水土流失综合治理的主要途径之一（金争平等，1992；Wischmeier and Smith，1978；Descroix et al.，2001；付福林和乔信，2000）。土地利用格局动态变化的实质是人类为满足社会经济发展需要，不断调整配置各类土地利用的过程。研究土地利用格局的变化与土壤侵蚀过程的响应，有助于了解土地利用格局变化对生态环境的影响，同时通过调整人类社会经济活动，改变土地利用格局，促使土地利用更趋合理，使得人类活动与生态环境和谐发展（余新晓和秦富仓，2007；蔡庆和唐克丽，1992；史志华，2003[①]）。人们分析土地利用变化对水土流失的影响可以分为三个阶段：第一阶段，通过实验分析不同土地利用模式对水土流失的影响（黄志霖等，2005；丁华等，2007；高光耀等，2013）；第二阶段，基于长系列的水土流失观测数据，统计分析土地利用方式改变对流域水土流失模拟的影响；第三阶段，将不同土地利用情景模式作为模型输入，利用分布式水文模型定量分析土地利用变化对水土流失的影响，

---

① 史志华. 2003. 基于 GIS 和 RS 的小流域景观格局变化及其土壤侵蚀响应. 武汉：华中农业大学博士学位论文。

如运用 SWAT 模型定量评价流域不同土地利用变化情景模式对水土流失的影响（肖军仓等，2013；陈腊娇等，2012；庞靖鹏等，2007；代堂刚等，2014；胡晓英和王杰，2014）。许红梅等（2008）采用情景分析法，评价了黄河中游砒砂岩地区长川流域实施不同水土保持和退耕还林（草）措施对土壤侵蚀的影响。结果表明，水土保持生物措施和工程措施减少土壤侵蚀的效益显著，而退耕还林（草）对流域总体土壤侵蚀的影响不大。水土保持和退耕还林（草）的组合情景方案对土壤侵蚀的影响较大，但部分组合情景的土壤侵蚀甚至可低于土壤侵蚀背景值；杨翠林和秦富仓（2010）建立了流域景观格局特定情景，并在 ArcView 软件中利用模型模拟分析了大沟头流域景观格局动态变化对流域土壤侵蚀景观格局的影响；赵静和赵学义（2015）基于 SWAT 分布式水文模型，并设定了 3 种土地利用情景模式，定量探讨了不同土地利用情景模式对大洋河流域水土流失的影响。

8.2　崇陵小流域土地利用变化侵蚀产沙情景分析

8.2.1　小流域土地利用变化情景设置

崇陵小流域各土地利用类型中，草地面积 231.98hm^2（占总面积的 37.85%，主要为白草和羊胡子草），林地 203.23 hm^2（占 33.16%，主要树种为油松、侧柏和刺槐），灌木 58.96 hm^2（占 9.62%，主要为荆棘和酸枣），坡耕地 81.27 hm^2（占 13.26%，主要作物为玉米和大豆），建设用地 31.63 hm^2（占 5.16%），沟渠 5.45 hm^2（占 0.89%），堰塘 0.38 hm^2（占 0.06%）。

以当前崇陵小流域土地利用状况为基准，即 37.85% 的草地、33.16% 的林地、9.62% 的灌木林、13.26% 的坡耕地、5.16% 的建设用地、0.89% 的沟渠及 0.06% 的堰塘。从坡度上来看，少于 5° 的面积占流域总面积的 36.09%，5°～10° 的占 42.33%，大于 10° 的占 21.58%。为此，根据流域主要土地利用类型并考虑坡度对侵蚀的影响，设置了 14 种土地利用变化情景（表 8-1），所有情景中建设用地、堰塘和沟渠与基准相同，具体为把崇陵小流域其余 93.89% 的面积全部变成林地（情景 1）或灌木林（情景 2）或草地（情景 3）或坡耕地（情景 4）；坡耕地与林地混合，其中坡度小于 10° 的为坡耕地（情景 5）或者坡度小于 5° 的为坡耕地（情景 6），其余为林地；坡耕地与灌木林混合，其中坡度小于 10° 的为坡耕地（情景 7）或者坡度小于 5° 的为坡耕地（情景 8），其余为灌木林；坡耕地与草地混合，其中坡度小于 10° 的为坡耕地（情景 9）或者坡度小于 5° 的为坡耕地（情景 10），其余为草地；坡耕地、林地、灌木林混合，其中坡度小于 5° 的为坡耕地，大于 10° 的为灌木林，其余为林地（情景 11），或者大于 10° 的为林地，其余为灌木林（情景 12）；坡耕地、草地、林地混合，其中坡度小于 5° 的为坡耕地，大于 10° 的为草地，其余为林地（情景 13），或者大于 10° 的为林地，其余为草地（情景 14）。当然，5° 和 10° 选择仅针对崇陵小流域具体情况（情景 5～情景 14）。

表 8-1 崇陵小流域土地利用变化情景设置

土地利用方式		林地	灌木林	草地	坡耕地	堰塘	建设用地	沟渠	合计
基准	面积（hm²）	203.23	58.96	231.98	81.27	0.38	31.63	5.45	612.89
	占比（%）	33.16	9.62	37.85	13.26	0.06	5.16	0.89	100
情景 1	面积（hm²）	575.44	0	0	0	0.38	31.63	5.45	612.89
	占比（%）	93.89	0	0	0	0.06	5.16	0.89	100
情景 2	面积（hm²）	0	575.44	0	0	0.38	31.63	5.45	612.89
	占比（%）	0	93.89	0	0	0.06	5.16	0.89	100
情景 3	面积（hm²）	0	0	575.44	0	0.38	31.63	5.45	612.89
	占比（%）	0	0	93.89	0	0.06	5.16	0.89	100
情景 4	面积（hm²）	0	0	0	575.44	0.38	31.63	5.45	612.89
	占比（%）	0	0	0	93.89	0.06	5.16	0.89	100
情景 5	面积（hm²）	120.37	0	0	455.07	0.38	31.63	5.45	612.89
	坡度	>10º	0	0	≤10º				
	占比（%）	19.64	0	0	74.25	0.06	5.16	0.89	100
情景 6	面积（hm²）	367.88	0	0	207.56	0.38	31.63	5.45	612.89
	坡度	>5º			≤5º				
	占比（%）	60.02	0	0	33.87	0.06	5.16	0.89	100
情景 7	面积（hm²）	0	120.37	0	455.07	0.38	31.63	5.45	612.89
	坡度		>10º		≤10º				
	占比（%）	0	19.64	0	74.25	0.06	5.16	0.89	100
情景 8	面积（hm²）	0	367.88	0	207.56	0.38	31.63	5.45	612.89
	坡度		>5º		≤5º				
	占比（%）	0	60.02	0	33.87	0.06	5.16	0.89	100
情景 9	面积（hm²）	0	0	120.37	455.07	0.38	31.63	5.45	612.89
	坡度			>10º	≤10º				
	占比（%）	0	0	19.64	74.25	0.06	5.16	0.89	100
情景 10	面积（hm²）	0	0	367.88	207.56	0.38	31.63	5.45	612.89
	坡度			>5º	≤5º				
	占比（%）	0	0	60.02	33.87	0.06	5.16	0.89	100
情景 11	面积（hm²）	247.51	120.37	0	207.56	0.38	31.63	5.45	612.89
	坡度	5º~10º	>10º		≤5º				
	占比（%）	40.38	19.64	0	33.87	0.06	5.16	0.89	100
情景 12	面积（hm²）	120.37	247.51	0	207.56	0.38	31.63	5.45	612.89
	坡度	>10º	5º~10º		≤5º				
	占比（%）	19.64	40.38	0	33.87	0.06	5.16	0.89	100
情景 13	面积（hm²）	247.51	0	120.37	207.56	0.38	31.63	5.45	612.89
	坡度	5º~10º		>10º	≤5º				
	占比（%）	40.38	0	19.64	33.87	0.06	5.16	0.89	100
情景 14	面积（hm²）	120.37	0	247.51	207.56	0.38	31.63	5.45	612.89
	坡度	>10º		5º~10º	≤5º				
	占比（%）	19.64	0	40.38	33.87	0.06	5.16	0.89	100

8.2.2 崇陵小流域产流产沙对土地利用变化情景的响应

各情景的产流产沙分析：为了便于对比 14 种情景的产流产沙，把 1985～2000 年的 42 次降雨事件分成了 3 组，分别是降雨量≤40 mm 的为一组，共 15 次降雨事件；降雨量＞70 mm 的为一组，共 11 次，其余的为一组，共 16 次。每组的平均径流和泥沙对比如图 8-1 和图 8-2 所示。

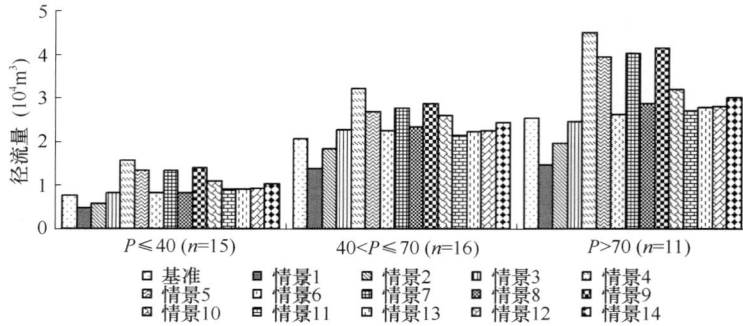

图 8-1　崇陵小流域不同土地利用情景下平均径流量分组对比

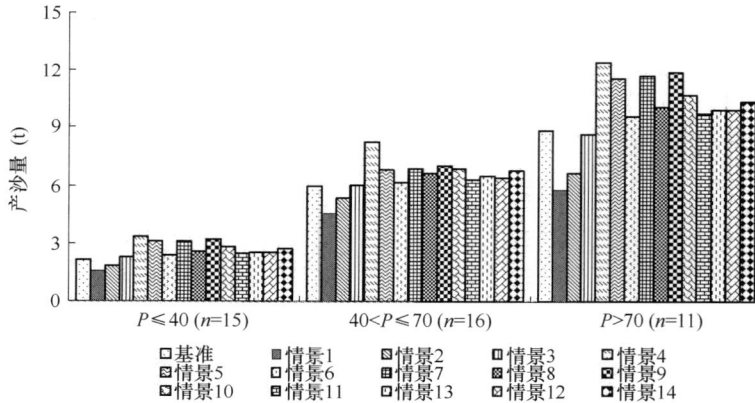

图 8-2　崇陵小流域不同土地利用情景下平均产沙量分组对比

通过以上情景分析可以看出：①与基准相比较，情景 1 减水减沙最为显著，其次是情景 2，而情景 4、情景 5、情景 7、情景 9 增加了径流和泥沙。也就是说，如果崇岭小流域林地增加 60.73%（无灌木林、草地和坡耕地，情景 1），地表径流将约减少 37.92%，产沙约减少 27.63%；而如果灌木林增加 84.27%（无林地、草地和坡耕地，情景 2），地表径流和产沙量分别约减少 19.34% 和 16.31%（图 8-1，图 8-2，表 8-2）。②情景 3 的产流产沙与基准相当，也就是说，流域面积 56.04% 的草地的水土流失与 33.16% 的林地、13.26% 的坡耕地及 9.62% 的灌木林相当。③情景 11 的产流产沙与情景 12、情景 13 相当，而情景 6 稍大于基准。此外，图 8-1 和图 8-2 说明，随着降雨量的增加，流域产流产沙也显著增加，但当次降雨量大于 40 mm 时，其增加的幅度减缓。

表 8-2　崇陵小流域产流产沙对土地利用变化的响应（与基准相比）（%）

降雨量		$P \leqslant 40\text{mm}$	$40\text{mm}<P\leqslant 70\text{mm}$	$P>70\text{mm}$	平均值
径流量	情景 1	−38.25	−33.40	−42.12	−37.92
	情景 2	−24.70	−10.69	−22.62	−19.34
	情景 3	7.91	9.66	−2.91	4.89
	情景 4	102.36	55.82	77.19	78.45
	情景 5	72.38	30.08	55.25	52.57
	情景 6	7.21	9.40	3.71	6.77
	情景 7	74.63	34.14	58.98	55.92
	情景 8	7.12	13.27	13.22	11.20
	情景 9	80.52	38.78	63.82	61.04
	情景 10	42.62	26.15	25.99	31.59
	情景 11	17.94	3.87	6.53	9.45
	情景 12	20.57	8.66	10.36	13.20
	情景 13	18.35	7.54	9.94	11.94
	情景 14	34.42	17.44	18.82	23.56
产沙量	情景 1	−25.28	−23.29	−34.33	−27.63
	情景 2	−13.49	−10.74	−24.71	−16.31
	情景 3	6.56	0.47	−2.26	1.59
	情景 4	57.05	38.00	40.58	45.21
	情景 5	43.80	14.66	30.70	29.72
	情景 6	10.67	3.50	8.38	7.52
	情景 7	45.76	15.03	32.42	31.07
	情景 8	20.99	11.23	13.84	15.35
	情景 9	48.91	17.44	34.62	33.66
	情景 10	31.32	14.88	20.91	22.37
	情景 11	16.39	5.68	9.93	10.67
	情景 12	19.17	8.69	12.29	13.38
	情景 13	17.85	7.09	11.80	12.25
	情景 14	26.33	13.77	17.17	19.09

8.2.3　土地利用方式及坡度对流域产流产沙的影响

图 8-1 和图 8-2 表明，流域增加树灌覆盖可以减少产流产沙，而增加坡耕地会增加产流产沙（表 8-2）。崇陵小流域 4 种主要土地利用类型产流产沙有一定差异，径流系数和侵蚀强度相比较：林地＜灌木＜草地＜坡耕地。

坡度对水土流失影响较大，从情景 4 到情景 5，坡度大于 10°的变成林地，径流和泥沙分别减少 25.88%和 15.49%；从情景 5 到情景 6，再把坡度为 5°～10°的也变成林地，相对于基准而言，径流和泥沙分别减少 45.80%和 20.66%（表 8-2）；从情景 4 到情景 7，坡度大于 10°的变成灌木林，径流和泥沙分别减少 22.54%和 14.14%；从情景 7 到情景 8，再把坡度在 5°～10°的也变成灌木林，径流和泥沙分别减少 44.71%和 15.71%；同样，从情景 4 到情景 9、情景 9 到情景 10，坡度大于 10°或 5°的变成草地，径流和泥沙也有不同程度的减少。此外，当坡度大于 10°时，林地、灌木、草地的产流产沙差异不大（情景 5、情景 7、情景 9、情景 11、情景 13）。因此，在海河流域大清河土石山区，当坡度大于 10°时，应退耕还林还草，而坡度在 5°～10°的，建议种树或灌木，耕地最好选择在坡度小于 5°的地方。

参 考 文 献

蔡庆, 唐克丽. 1992. 植被对土壤侵蚀影响的动态分析. 水土保持通报, 6(2): 47～51.

陈腊娇, 朱阿兴, 秦承志, 等. 2012. 流域土壤侵蚀关键源区的效益评价. 资源与生态学报: 英文版, 2(3): 138～143.

代堂刚, 任继周, 王杰. 2014. 基于 SWAT 模型的云南渔洞水库土壤侵蚀研究. 人民长江, 5(1): 83～86.

丁华, 张勇, 夏进, 等. 2007. 大连市水土流失控制模拟研究. 环境科学研究, 3(4): 168～172.

付福林, 乔信. 2000. 皇甫川流域重点治理开发的成效与做法. 中国水土保持, 21(5): 13～15.

高光耀, 傅伯杰, 吕一河, 等. 2013. 干旱半干旱区坡面覆被格局的水土流失效应研究进展. 生态学报, 1(5): 12～22.

郭怀成, 徐云麟, 邹锐. 1999. 不完备信息条件下流域环境系统规划方法研究. 环境科学学报, 19(4): 421～426.

胡晓英, 王杰. 2014. 潇湘水源地土地利用对土壤侵蚀影响定量研究. 人民长江, 17(1): 14～17.

黄志霖, 傅伯杰, 陈利顶. 2005. 黄土丘陵区不同坡度、土地利用类型与降水变化的水土流失分异. 中国水土保持科学, 4(2): 11～18, 26.

金争平, 史培军, 候福昌. 1992. 黄河皇甫川流域土壤侵蚀系统模型和治理模式. 北京: 海洋出版社.

刘忠, 刘鸿亮, 马倩如. 1999. 青岛市大气环境质量控制规划研究. 环境科学研究, 12(6): 4～16.

庞靖鹏, 刘昌明, 徐宗学. 2007. 基于 SWAT 模型的径流与土壤侵蚀过程模拟. 水土保持研究, 6(2): 88～93.

孙启宏, 段宁. 1997. 环境决策支持系统中两类模型方法的整合. 环境科学研究, 10(5): 31～34.

肖军仓, 罗定贵, 王忠忠. 2013. 基于 SWAT 模型的抚河流域土壤侵蚀模拟. 水土保持研究, 1(2): 14～18, 24.

徐中民. 1999. 情景基础的水资源承载力多目标分析理论及应用. 冰川冻土, 21(2): 99～106.

许红梅, 高清竹, 江源. 2008. 黄河中游砒砂岩地区长川流域土壤侵蚀情景分析. 生态与农村环境学报, 24(1): 10～14.

杨翠林, 秦富仓. 2010. 大沟头小流域不同土地利用格局下土壤侵蚀情景模拟研究. 水土保持研究, 17(4): 82～86.

余新晓, 秦富仓. 2007. 流域侵蚀动力学. 北京: 科学出版社.

岳珍, 赖茂生. 2006. 国外"情景分析"方法的进展. 情报杂志, 24(7): 59～61, 64.

张振兴, 郭怀成, 陈冰, 等. 2002. 干旱地区经济–生态环境系统规划方法与应用. 生态学报, 22(7): 1018～1027.

赵静, 赵学义. 2015. 不同土地利用变化情景模式对大洋河水土流失影响研究. 水利天地, (5): 20～22.

Descroix L, Viramontes D, Vauclin M, et al. 2001. Influence of soil surface features and vegetation on runoff and erosion in the western SierraMadre(Durango, northwest Mexico). Catena, 43(2): 115～135.

Du Inkera P N, Greigb L A. 2007. Scenario analysis in environmental impact assessment: improving explorations of the future. Environmental Impact Assessment Review, 27(3): 206～219.

Kronvang B, Svendsen L M, Jensen J P, et al. 1999. Scenario analysis of nutrient management at the river basin scale. Hydrobiologia, (410): 207～212.

Terpstra J, Vanm A.2001. Computer aided evaluation of planning scenarios to assess the impact of land-use changes on water balance. Physics and Chemistry of the Earth(B), 26(7/8): 523～527.

Wischmeier W H, Smith D D. 1978. Predicting rainfall erosion losses–A guide to conservation planning// Agriculture Handbook No. 537. Washington D C: USDA.

第9章　主要结论与研究展望

9.1　主　要　结　论

9.1.1　四川紫色土地区的研究结果

针对四川紫色土地区水土流失情况与研究现状，以四川南部县鹤鸣观小流域为研究区，以李子口小流域为模型推广流域，基于升钟水土保持试验站多年观测数据与实地考察分析成果，在分析坡面–子流域（支沟）–小流域（李子口小流域）3 个尺度的次降雨侵蚀产沙特征的基础上，初步建立了基于次降雨的小流域分布式侵蚀产沙模型，并且分析了流域的次降雨泥沙输移比与水土保持措施的治理效果，结果表明以下内容。

（1）本书的研究初步探讨了四川盆地紫色土地区坡面–子流域（支沟）–小流域 3 个尺度的侵蚀产沙特征，发现这 3 个不同尺度的侵蚀产沙主要取决于地表径流量（而径流量主要由降雨量决定），并且随着尺度的增大，其次降雨泥沙输移比有减小的趋势。

（2）本书的研究针对四川紫色土蓄满产流区小流域侵蚀产沙特征，运用计算机 VB 语言和 ArcGIS 软件，构建了一个有一定物理基础的分布式侵蚀产沙模型，鹤鸣观分布式模型以 10min 为计算时段，以栅格与地块为单元，以次降雨为基础，模拟了流域的侵蚀产沙过程，该模型能计算出每一栅格与地块的产流量与侵蚀量，进而刻画了小流域水土流失分布情况；该模型精度较高，参数容易获取，计算机操作也非常简单。该模型的结构与原理能够直接运用到其他类似流域。

（3）分布式模型充分考虑了上坡来水来沙对下坡的影响，运用了径流侵蚀力指标，具有一定的物理基础；模型较好地反映了流域水土保持措施效果，实施造林等水土保持措施后流域土地利用方式发生变化，流域的蓄水能力大大增强，流域的水土流失量明显减少。

（4）已有的关于紫色土地区泥沙输移比的研究为多年平均的计算结果，本书的研究重点考虑了次降雨泥沙输移比，对影响次降雨泥沙输移比的降雨因子、土壤前期含水量、地貌形态因子进行了初步分析，构建了四川盆地紫色土地区小流域次降雨泥沙输移比计算式。从多次降雨来看，小流域次降雨泥沙输移比约为 0.33。次降雨侵蚀的泥沙大部分沉积，降雨量、径流系数与土壤前期含水量能较好地表达流域次降雨泥沙输移比。

9.1.2　海河流域土石山区的研究结果

针对海河流域土石山区土壤侵蚀情况，以崇陵小流域为典型，在 WetSpa Extension 模型的基础上，建立了基于次暴雨的小流域分布式侵蚀产沙模型，并且利用该模型探讨了流域土地利用变化情景下的产流产沙，结果表明以下内容。

（1）由于在崇陵小流域 363 次降雨事件中，只有 42 次在流域出口产沙，因此，本书的研究构建了基于次暴雨事件的分布式侵蚀产沙模型（DSESYM），并且该模型具有较高的精度，验证表明，其地表径流和产沙模拟的 NSE 值为 0.70～0.78，PBIAS 值为 18.23%～30.22%。

（2）土地利用变化情景分析表明，在海河流域土石山区 10°以上退耕还林还草或种植灌木，其水土保持效果相当，而在 5°～10°，林地和灌木减水减沙效果较草地好。因此，建议在该地区 5°以下可以开垦种植，5°～10°种树或灌木，10°以上种草或灌木（因为该地区年降水量在 500 mm 左右，10°以上种草、灌木更易存活）。

（3）在海河流域土石山区，微型径流小区、普通径流小区、微型小流域、小流域及中大流域这 5 种空间尺度的产沙模数与地表径流深具有较好的线性正相关性，可以用比例函数来拟合，且侧柏、松树、灌草与有枯枝落叶覆盖的荒地小区具有相近的水沙关系，微型小流域与小流域水沙关系类似，两个中大流域的水沙关系类似。径流小区（包括微型径流小区）与小流域（包括微型小流域）的产沙模数与次降雨量也有较好的线性正相关关系。

9.2　研　究　展　望

（1）进一步探讨侵蚀产沙的尺度问题与模型的尺度转换。当然这需要进一步采集相关数据（主要是不同尺度次降雨径流产沙、流量等同步资料）。

（2）进一步加强分布式侵蚀产沙模型的物理基础与推广价值。由于缺乏足够的数据支持，沟道侵蚀、塘坝淤积的研究不够深入，本书的研究构建的分布式模型的有些关系式来源于经验公式，并且有些资料参考了他人的研究成果，这些都是限制该模型适用性的因素。

（3）进一步探讨小流域泥沙输移规律与水土保持效益。由于缺乏相应的数据支持，本书的研究只是初步分析了研究流域的次降雨泥沙输移比与水土保持效益。

另外，气象要素的空间异质性对流域水沙关系的影响也是一个值得深入研究的科学问题，需进一步研究中大尺度分布式侵蚀产沙模型。

致　　谢

本书在撰写过程中，得到了广东省科学院李定强副院长，博士生导师中国科学院地理科学与资源研究所蔡强国研究员，博士后合作导师中国科学院遗传与发育生物学研究所农业资源研究中心沈彦俊研究员，所在单位——广东省生态环境技术研究所领导以及广东省农业环境综合治理重点实验室同事的大力支持。在此，我谨对所有帮助过我的领导、师长、同事、朋友致以衷心的感谢！本书是本人近十多年来的工作总结，书中有些章节已发表在国内外期刊中，具体包括：第 1 章有些内容已发表在"地理科学进展"上（见《分布式侵蚀产沙模型研究进展》）；第 3 章、第 7 章有些内容已发表在"资源科学"上（见《鹤鸣观小流域不同土地利用方式的产流产沙特征》《四川紫色土地区流域侵蚀产沙的空间尺度效应初探》与《海河流域大清河土石山区不同空间尺度水沙关系分析》）；第 2 章和第 4 章有些内容已发表在《农业工程学报》（见《四川紫色土地区典型小流域分布式产汇流模型研究》）《水土保持研究》（见《嘉陵江李子口小流域侵蚀产沙模型初探》与《川北紫色土区典型小流域径流特征分析》）、《地理研究》（见《四川紫色土地区鹤鸣观小流域分布式侵蚀产沙模型》）；第 5 章、第 8 章有些内容已发表在 *Soil & Tillage Research*（见 *Simulation of surface runoff and sediment yield under different land-use in a Taihang Mountains watershed，North China*）；第 6 章的部分内容已发表在《水土保持通报》上（见《四川紫色土地区小流域次降雨泥沙输移比探讨》），在此对这些期刊表示感谢！另外，本专著参考了大量国内外相关文献，在此对这些专家学者致谢！